LEICHTE DAMPFANTRIEBE

AN LAND, ZUR SEE, IN DER LUFT

TECHNISCH-WIRTSCHAFTLICHE UNTERSUCHUNG ÜBER DIE
AUSSICHTEN VON VORWIEGEND LEICHTEN DAMPFANTRIEBEN IN
ORTSFESTEN KRAFTWERKEN, AUF LANDFAHRZEUGEN
SEESCHIFFEN UND IN DER LUFTFAHRT

VON

FRIEDRICH MÜNZINGER

ZUGLEICH ZWEITE, VOLLSTÄNDIG UMGEARBEITETE AUFLAGE
VON
„DIE AUSSICHTEN VON ZWANGLAUFKESSELN"

MIT 202 ABBILDUNGEN UND 20 ZAHLENTAFELN

SPRINGER-VERLAG BERLIN HEIDELBERG GMBH
1937

ISBN 978-3-642-93744-6   ISBN 978-3-642-94144-3 (eBook)
DOI 10.1007/978-3-642-94144-3

DEM ANDENKEN

AN MEINE EINSTIGEN LEHRER

PROFESSOR ALOIS RIEDLER

GEB. 15. MAI 1850   GEST. 25. OKTOBER 1936

UND

PROFESSOR JOHANNES STUMPF

GEB. 4. APRIL 1862   GEST. 18. NOVEMBER 1936

Vorwort.

Der Umstand, daß die erste unter dem Titel „Die Aussichten von Zwanglaufkesseln" erschienene Auflage dieses Buches schon nach einem Jahre vergriffen war, zeigt das dem Zwanglauf entgegengebrachte Interesse. Sie behandelte nur ortsfeste Dampferzeuger und ging nicht wesentlich über den Inhalt meines Vortrages auf der Hauptversammlung des Vereines Deutscher Ingenieure im Sommer 1935 hinaus. Weitere Beschäftigung mit dem Thema fand ihren Niederschlag in einer Arbeit „Über leichte Kessel für schnelle Schiffe", der in der Zeitschrift „Schiffbau, Schiffahrt und Hafenbau" erschienen ist, und in einem in London vor der Institution of Mechanical Engineers gehaltenen Vortrage "Modern forms of water-tube boilers for land and marine use" und bestärkte mich in der Überzeugung, daß Zwanglaufkessel auch auf Bahnen und Schiffen große Bedeutung haben und in der Luftfahrt noch bekommen werden.

Das Buch behandelt Dampfantriebe unter technischen Gesichtspunkten und mit Rücksicht auf ihre Stellung im Vierjahresplan beim Ersatz hochwertiger flüssiger, vor allem ausländischer Öle durch einheimische, weniger hochwertige flüssige oder womöglich feste Brennstoffe. Bei Verkehrsmitteln hängt die Eignung von Dampfantrieben davon ab, ob sie ähnlich leicht wie Verbrennungsmotoren gebaut werden können. Aber auch für ortsfeste Dampfkessel, mit denen sich der Kern des Buches befaßt, paßt der Titel „Leichte Dampfantriebe" insofern, als Zwanglaufkessel Dampferzeuger von ausgesprochen kleinem Gewicht sind.

Das erste Kapitel erörtert die Lage infolge unserer Armut an Erdöl und schildert die Mittel zur Behebung unserer Abhängigkeit in der Versorgung mit Mineralölen vom Ausland sowie die für die deutsche Kraftwirtschaft sich ergebenden Folgerungen. Das zweite Kapitel behandelt außer Kesseln mit natürlichem Umlauf und mit Zwanglauf für ortsfeste Kraftwerke ausgesprochene Sonderkessel und die Verbrennung unter hohem Überdruck. Das dritte Kapitel erörtert die Aussichten ganzer Dampfantriebe an Land, zur See und in der Luft, das letzte ein paar allgemeine Fragen.

Das Buch ist der meines Wissens erstmalige Versuch einer einheitlichen Darstellung der Aussichten von Dampfantrieben an Land, zur See und in der Luft im Wettbewerb mit Verbrennungsmotoren und wohl überhaupt die erste größere nicht lediglich nach thermischen Gesichtspunkten orientierte Untersuchung der Eignung von Dampfantrieben für die Luftfahrt. Hierzu war ein Eingehen auf das Verhalten von Verbrennungsmotoren und die Betriebsbedingungen auf den behandelten Gebieten unerläßlich. Ich habe daher insbesondere diejenigen in der Literatur zerstreuten, den Flugbetrieb betreffenden Dinge herausgearbeitet, ohne deren Kenntnis die Eignung von Dampfantrieben nicht beurteilt werden kann, wobei sich das Fehlen einheitlicher Bezeichnungen als recht störend erwies. Beim Erlangen von Unterlagen über Luftfahrzeuge und Schiffe war ich völlig, über erdgebundene Verkehrsmittel fast ganz auf Veröffentlichungen angewiesen und konnte über manche Dinge nicht die gewünschte Auskunft bekommen. Wegen etwaiger hierdurch sowie durch den Umstand, daß ich das Buch in einer Zeit stärkster beruflicher Anspannung schreiben mußte, verursachter Schwächen müßte ich um Nachsicht bitten.

Der Text ist möglichst knapp gehalten; Darstellung und Abbildungen, bei denen auf klare Unterschriften geachtet wurde, nehmen auf Leser, die keine Ingenieure sind, Rücksicht. Die Eigenart mehrerer Abbildungen führte zur Wahl eines bei dem Umfang des Buches etwas ungewöhnlichen Formates.

So wie ich mit meinen Büchern „Die Leistungssteigerung von Großdampfkesseln" (1922), „Höchstdruckdampf" (1924) und „Dampfkraft" (1933) den Bau leistungsfähigerer ortsfester Dampferzeuger zu fördern versuchte, macht vorliegendes Buch einen ähnlichen Versuch mit Bezug auf den Bau leichter Dampfantriebe für Kraftwerke, erdgebundene Verkehrsmittel, Seeschiffe und die Luftfahrt.

Daß Zwanglaufkessel keine vorübergehende Mode sind, kann bereits heute als erwiesen gelten. Aber so wenig wie vor bald 30 Jahren Steilrohrkessel das Ende von Schrägrohrkesseln bedeuteten, so wenig werden Zwanglaufkessel in absehbarer Zeit das Ende von Dampferzeugern mit natürlichem Wasserumlauf sein. Vor allem sollte man sich davor hüten, von ihnen Dinge zu erwarten, die sie nicht erfüllen können, damit nicht wie seinerzeit bei Einführung der Kohlenstaubfeuerungen auf grundlos überspannte Erwartungen eine ebenso unbegründete Enttäuschung folgt.

Den Herren Dipl.-Ing. Erythropel und Dipl.-Ing. Stroehlen bin ich für ihre tatkräftige Unterstützung bei Durchführung der Rechnungen zu Dank verpflichtet. Die Verlagsbuchhandlung Julius Springer hat weder Mühen noch Kosten für eine würdige Ausstattung gescheut.

Das Schicksal hat die deutschen Ingenieure vor ungewöhnlich schwere, aber auch ungewöhnlich reizvolle Aufgaben gestellt. Möge das Buch zu ihrer Lösung nach seinem bescheidenen Vermögen beitragen.

Berlin-Charlottenburg, Kranzallee 59, Ostern 1937.

Friedrich Münzinger.

Inhaltsverzeichnis.

I. Heutiger Stand im Wärmekraftmaschinenbau und Problemstellung des Buches.

A. Grundlagen und Ziele.

Baurat **Wilhelm Schmidt**, Kassel,
1858 bis 1924.
Schöpfer der modernen Heißdampf- und
Höchstdruckdampftechnik.

1. Einleitung. Dieses Buch will die Aussichten leichter Dampfantriebe an Land, auf der See und in der Luft untersuchen und Wege weisen, die nach Ansicht des Verfassers bei der Entwicklung leichter, für die angegebenen Zwecke geeigneter Dampfantriebe beschritten werden sollten. Auf fast allen diesen Gebieten haben Dampfantriebe besonders durch die in den letzten Jahren im Kesselbau erzielten Fortschritte einen mächtigen Auftrieb im Wettbewerb mit Verbrennungsmotoren erfahren, die in jahrzehntelanger Arbeit dem jeweiligen Verwendungszweck weitgehend angepaßt wurden und in Gebiete eingedrungen sind, die früher ausschließlich der Dampfkraft vorbehalten zu sein schienen. Im Flugwesen hat der Verbrennungsmotor zur Zeit freilich die völlige Alleinherrschaft. Wenn es das Buch trotzdem unternimmt, auch hier die Aussichten von Dampfantrieben zu prüfen, so geschieht es außer wegen des Interesses, das ihre einheitliche Darstellung bei so verschiedenen Anwendungen wie beispielsweise ortsfesten Kraftwerken auf der einen, Flugzeugen auf der anderen Seite bietet, deshalb, weil die Mittel für den Bau leichter Dampfantriebe so vervollkommnet sind, daß ihr Einbau auch in Luftschiffe und Flugzeuge in greifbare Nähe gerückt ist. Freilich darf man sich über die Zeit, die ihre Einführung in die Luftfahrt auch unter günstigen Voraussetzungen dauern würde, keinen übertriebenen Erwartungen hingeben.

Ein Teil der folgenden Ausführungen beschäftigt sich mit den grundsätzlichen Vor- und Nachteilen von Dampf- bzw. motorischen Antrieben, ein zweiter Teil mit den besonderen Arbeitsbedingungen auf den verschiedenen Gebieten und ein dritter Teil mit volkswirtschaftlichen und nationalpolitischen Belangen, weil alle diese Zusammenhänge beachtet werden müssen. Wenngleich die Verhältnisse in ortsfesten Kraftwerken die Grundlage der Erörterungen bilden, so muß man sich doch sehr davor hüten, die Dinge einseitig vom Standpunkt der Erbauer und Betreiber solcher Anlagen zu betrachten, weil manches, was ihnen als selbstverständlich oder zweckmäßig erscheint, es auf anderen Gebieten durchaus nicht immer ist.

Beginn und Schluß des Buches bilden Ausführungen allgemeiner Art, deren Beachtung meines Erachtens für den Erfolg nicht weniger wichtig ist als die das behandelte Thema betreffenden technischen Erörterungen.

2. Krafterzeugung und öffentliches Interesse. Schon die großen Unterschiede in den Betriebsbedingungen für Kraftantriebe an Land, auf der See und in der Luft erfordern vielseitige technische und wärmewirtschaftliche Überlegungen, unter denen die folgenden drei Dinge in den letzten Jahren immer größere Bedeutung erlangt haben:

1. Maßnahmen zum Ersatz fremder durch einheimische Rohstoffe,

2. Maßnahmen, um Brennstoffe in ihrem ursprünglichen oder in einem nur wenig veredelten Zustand tunlichst vielseitig verwerten zu können,

3. Maßnahmen zur Gewährleistung des sicheren Arbeitens unserer lebenswichtigen Einrichtungen und Energiequellen in Krisenzeiten.

Diese Maßnahmen, deren Bedeutung in friedlichen Zeiten eine andere ist als in Tagen der Not, kehren in ihrem Widerstreit untereinander und mit anderen wichtigen Einflüssen in den folgenden Abschnitten immer wieder. Außer ihrer ohne weiteres ersichtlichen Auswirkung rücken sie zwei wichtige Gegenstände in den Vordergrund:

Abb. 1. Kopf des zweiteiligen Schnelltriebwagens der deutschen Reichsbahn (Fliegender Hamburger).

die Bedeutung der haushälterischen Verwendung unserer Arbeitskräfte und finanziellen Mittel für den Bau von Anlagen zur Gewinnung bzw. Veredelung von Brennstoffen und

die Bedeutung einer angemessenen Zahl der zum Betrieb (im weitesten Sinne verstanden) einer Maschine insgesamt benötigten Leute oder mit anderen Worten die richtige Bewirtschaftung der verfügbaren Arbeitskräfte bei der Energieerzeugung und ihren Hilfsbetrieben.

In ruhigen Zeiten wird im allgemeinen ein Überfluß an geeigneten Menschen herrschen, in Zeiten nationaler Not werden aber viele davon ihrer gewöhnlichen Tätigkeit entzogen. Es kommt daher darauf an, dann mit den übrig gebliebenen wenigstens den Betrieb der lebensnotwendigen Kraftanlagen (im weitesten Sinne verstanden) aufrecht erhalten zu können. Hierbei handelt es sich aber nicht nur um eine Frage der Organisation, sondern auch darum, die betreffenden Maschinen so zu bauen und solche Typen zu wählen, daß ihr Betrieb auch im Notfalle nicht aus Mangel an geeigneten Bedienungsmannschaften oder Brennstoffen in Frage gestellt wird.

Zu Punkt 1 ist zu sagen, daß der Ersatz ausländischer durch einheimische Mineralöle oder womöglich durch einheimische feste Brennstoffe nicht nur Devisen spart und Tausenden von Volksgenossen dauernd Brot und Arbeit gibt, sondern uns von einer Versorgungsquelle freimacht, die gerade dann versiegen kann, wenn Öl bitter notwendig ist wie das liebe Brot. Maschinen, die mit den verschiedenartigsten Kohlen auskommen, können daher unter Umständen mehr am Platze sein als andere, wärmewirtschaftlich bessere, aber auf eine in Krisenzeiten vielleicht nicht erhältliche Kohlensorte oder gar auf Öle angewiesene.

Zu Punkt 2 ist zu sagen, daß der technische Fortschritt nicht nur die Verbesserung von Wirkungsgrad, Leistung und Preiswürdigkeit einer Wärmekraftmaschine, sondern auch ihre Anspruchslosigkeit mit Bezug auf die für sie geeigneten Brennstoffe anstreben muß. Eine gute Lösung dieser Aufgabe ist von größtem allgemeinem Interesse, denn sie bedeutet bei festen Brennstoffen einen einfacheren Abbau oder eine billigere Aufbereitung mancher Kohlen, die Ausnutzungsmöglichkeit sonst wertloser Flöze oder das Freimachen von in beschränkten Mengen vorhandenen hochwertigen Kohlensorten für die Ausfuhr oder für Zwecke, für die sich mindere Qualitäten nicht eignen. Bei flüssigen Brennstoffen aber bedeutet sie, soweit es sich um eingeführte Mineralöle handelt, die Verwertbarkeit wenig raffinierter Öle, d. h. eine Ersparnis an Devisen, soweit die Öle dagegen aus einheimischer Kohle gewonnen werden, geringere Anlage- und Betriebskosten der zu ihrer Herstellung erforderlichen Anlagen und eine größere Freiheit in der Durchführung unseres nationalen Mineralölprogrammes.

Zu Punkt 3 schließlich ist zu sagen, daß der Umstand manchmal eine wichtige Rolle spielt, ob eine Wärmekraftmaschine im Notfall auch von ungeschulten Leuten bedient werden kann oder ob bei einer Maschine wesentlich weniger Menschen als bei einer anderen nötig sind, um sie zu warten und mit all den Betriebsstoffen und Ersatzteilen zu versehen, die ihr Betrieb verlangt. Ein mit teuren Leichtkraftstoffen arbeitender Rennwagen- oder Flugmotor braucht z. B. zwar weniger unmittelbare Bedienung als eine gleich starke, robuste, mit Kohlen beheizte Dampfmaschinenanlage, schneidet aber wesentlich ungünstiger ab, sobald man all die Leute mit in Betracht zieht, die zum Herstellen und Transport der erforderlichen Treib- und Schmieröle, zum Herstellen und Einbauen von Ersatzteilen und zu den anderen Hilfeleistungen nötig sind.

Diese Zusammenhänge sind wenig bekannt und werden oft nicht beachtet. Insbesondere sind sich Konstrukteure und Betriebsleiter nicht immer bewußt, wie sehr sie unter Umständen durch Inkaufnahme einer kleinen Unbequemlichkeit oder durch verhältnismäßig geringfügige konstruktive oder sonstige Änderungen in dieser Beziehung der Allgemeinheit nutzen könnten. Selbstverständlich kann keine Rede davon sein, Kraftmaschinen nur unter diesen Gesichtspunkten zu beurteilen. Aber der einzelne Ingenieur muß sich immer wieder fragen, wie er innerhalb seines engen Arbeitsbereiches zum Erreichen des großen allgemeinen Zieles, die deutsche Energiewirtschaft möglichst „wirtschaftlich", „wirkungsvoll" und „krisenfest" zu gestalten, seinen Beitrag leisten kann. Denn so wahrscheinlich viele Erschwerungen und Beschränkungen, unter denen wir heute leben, über kurz oder lang wegfallen, so unwahrscheinlich ist es, daß große Staaten in absehbarer Zeit wieder auf Maßnahmen zur Sicherung des Betriebes ihrer lebenswichtigen Einrichtungen in Krisenzeiten verzichten werden, zu denen zahlreiche öffentliche und industrielle Kraftwerke und viele Verkehrsmittel gehören. Die Bemerkung des Verfassers aus dem Jahre 1933 über ökonomische Organisationen[3] „Die verheerenden Folgen der Überrationalisierung sollten gegen Systeme zur Vorsicht mahnen, die nur so lange lebensfähig sind, wie alle ihrem Aufbau zugrunde liegenden Voraussetzungen erfüllt werden", gilt sinngemäß auch für manche thermische Kraftquellen und sollte ein weiterer Grund sein, wenigstens bei ihnen auf „Rekordwärmeverbrauche" und „Wundermaschinen" nicht den übertriebenen, häufig nicht einmal rein finanziell berechtigten Wert zu legen, wie dies vielfach geschieht.

Zahlentafel 1 bis 3 enthalten einige kennzeichnende Werte der deutschen Brennstoff- und Energiewirtschaft. Zur Ermittlung der in industriellen Anlagen (Eigenanlagen) ungefähr verbrauchten Kohlenmenge (auf Steinkohleneinheiten umgerechnet) wurde mit einem Kohlenverbrauch von 1 kg/kWh gerechnet[4]. Für Krafterzeugung in ortsfesten

Zahlentafel 1. Kohlenförderung im deutschen Reiche
in den Jahren 1934 und 1935.

		Stein-kohle	Braun-kohle
Tatsächliche Förderung			
Jahr 1934	Millionen t	124,9	137,3
Jahr 1935	Millionen t	143,0[1]	147,3
Gesamtförderung auf Steinkohleneinheiten[2] umgerechnet			
Jahr 1934	Millionen t	155,4	—
Jahr 1935	Millionen t	175,8	—

---

[1] Ab 1. März 1935 einschließlich Saarland.

[2] 2 t ungewaschene Steinkohle gleich 9 t Rohbraunkohle gesetzt. (Von den Organen der Kohlenwirtschaft benutztes Umrechnungsverhältnis.)

[3] Die deutsche Energiewirtschaft. Z. VDI 1934 S. 229.

[4] Da viele Eigenanlagen mit Gegendruckturbinen ausgestattet sind, ist das auf die reine Stromerzeugung in ihnen entfallende Brennstoffgewicht erheblich kleiner. Der Kohlenverbrauch der Eigenanlagen für reine Krafterzeugung beträgt daher im Durchschnitt schätzungsweise nur 0,5 kg/kWh.

Anlagen (Elektrizitätswerken und industriellen Anlagen), in der Schiffahrt und bei Eisenbahnen wurden somit unmittelbar, d. h. ohne Berücksichtigung der Kohlenmengen, die in Form von Koksofen-, Hochofen- und anderen Gasen für denselben Zweck verfeuert wurden, im deutschen Reiche verbraucht im Jahre 1934 rd. 34,8 Millionen t bzw. 22,4 vH, im Jahre 1935 rd. 38,4 Millionen t bzw. 21,9 vH der deutschen Kohlenförderung. Die Krafterzeugung spielt also in der deutschen Brennstoffwirtschaft eine sehr wichtige Rolle. Dadurch, daß in Zukunft ein erheblicher Teil unseres Verbrauches an flüssigen Brennstoffen und anderen mineralischen Ölen aus einheimischer Kohle gewonnen werden muß, wird sich unsere Kohlen- und Energiewirtschaft fühlbar ändern und ein von den bisherigen Verhältnissen abweichendes Gepräge erfahren.

Zahlentafel 2. Kohlenverbrauch des deutschen Reiches nach Hauptverbrauchergruppen im Jahre 1935 auf Steinkohleneinheiten[1] umgerechnet. (Nach Statistischer Übersicht über die Kohlenwirtschaft im Jahre 1935.)

	1934		1935	
	Millionen t	vH der deutschen Kohlenförderung[1]	Millionen t	vH der deutschen Kohlenförderung[1]
Hausbrand	36,8	23,7	38,7	22,0
Bergmannskohlen (Deputat)	2,1	1,4	2,6	1,5
Wasserwerke	0,3	0,2	0,3	0,2
Gaswerke	6,1	3,9	6,1	3,5
Zechenselbstverbrauch	17,9	11,5	19,3	11,0
Industrie	51,4	33,0	61,0	34,7
Schiffahrt	2,8	1,8	3,4	1,9
Eisenbahnen	12,7	8,1	13,0	7,4
Elektrizitätswerke	9,3	6,0	10,5	6,0
Summe	139,4	89,6	154,9	88,2

3. Entwicklungsstadium einer Maschine und Brennstoffwahl. In der Regel findet mit der Verbesserung einer Wärmekraftmaschine eine Ausweitung der in ihr verwendbaren Brennstoffe statt. Zuweilen sind die Vorteile hochwertiger, vor allem flüssiger Brennstoffe aber so durchschlagend, daß es verfehlt wäre, sie durch feste Brennstoffe zu ersetzen. Dies gilt z. B. für manche ortsfeste Anlagen, die nur ein paar hundert Stunden im Jahre laufen, aber schnell vom kalten Zustand auf Vollast kommen müssen. In der internationalen Schiffahrt ist Öl wegen seiner leichten Bunkerung, dem Wegfall an Bedienungsmannschaften, dem sauberen und einfachen Betrieb, dem Gewinn an Laderaum usw. Kohle häufig so überlegen, daß sich auch ölarme Länder wie Deutschland diesem Umstand nicht entziehen können. Bei Fahrzeugen und in der Luftfahrt ist die Überlegenheit flüssiger Brennstoffe noch größer, weil sie in leichten, kompendiösen, einfach regelbaren Motoren mit dem geringsten Gewicht die größte Arbeit leisten.

Zahlentafel 3. Leistungsfähigkeit und Stromerzeugung der öffentlichen Elektrizitätswerke und der Eigenanlagen im deutschen Reiche. (Nach dem Statistischen Jahrbuch für das deutsche Reich 1936 und Elektrizitätswirtschaft 1936, S. 812.)

		1934	1935
A. Öffentliche Elektrizitätswerke			
Leistungsfähigkeit:			
Dampfkraft	Millionen kW	6,65	6,84
Wasserkraft[2]	Millionen kW	1,17	1,30
Summe	Millionen kW	7,82	8,14
Stromerzeugung:			
Dampfkraft	Milliarden kWh	14,01	16,35
Wasserkraft	Milliarden kWh	2,94	4,64
Summe	Milliarden kWh	16,95	20,99
Mittlerer Kohlenverbrauch	kg/kWh	0,663	0,643
B. Eigenanlagen			
Leistungsfähigkeit insgesamt	Millionen kW	5,22	—
Stromerzeugung			
Dampfkraft	Milliarden kWh	9,56	—
Wasserkraft	Milliarden kWh	1,35	—
Sonstige Kraftquellen	Milliarden kWh	2,34	—
Summe	Milliarden kWh	13,25	15,00[4]
Ungefährer Kohlenverbrauch[3]	Millionen t	10,0[4]	11,5[4]

---

[1] Bezogen auf die auf Steinkohleneinheiten umgerechnete Kohlenförderung des deutschen Reiches.
[2] Laufwerke und Speicherwerke.   [3] Geschätzte Werte.   [4] Auf Steinkohleneinheiten umgerechnet.

Ganz allgemein läßt sich aber sagen, daß ein Brennstoff um so höheren Anforderungen genügen muß, je höhere Ansprüche an eine Maschine gestellt werden. Beispielsweise ist bei kohlegefeuerten Dampfkesseln wegen des Schmelzens der Asche nur eine verhältnismäßig niedrige spezifische Feuerraumbelastung zulässig. Bei Verfeuern der praktisch aschefreien Öle eröffnen sich daher Dampfkesseln viel größere konstruktive Möglichkeiten. Die Spitzenleistungen von Rennwagen- und Flugzeug-Ottomotoren[1] sind nur mit in umständlichen Destillierverfahren gewonnenen Leichtkraftstoffen erzielbar. Die immer höheren Verdichtungsgrade und Zylindertemperaturen zwingen sogar dazu, sie durch geeignete Mittel [z. B. Zusatz von etwa 1 vT des sehr giftigen Bleitetraäthyl, Pb $(C_2H_5)_4$] genügend klopffest zu machen. Hierdurch wird aber nicht nur der Brennstoff verteuert und die Zahl der brauchbaren Brennstoffe eingeengt, sondern man braucht außerdem Einrichtungen, die den Betrieb verwickeln und erschweren.

Für die Beurteilung der Aussichten von Wärmekraftmaschinen ist daher unter anderem der

Abb. 2. Zweimotoriges Junkers Schnellflugzeug Ju 86. Antrieb durch zwei 600 PS-Jumo 205 C-Dieselmotoren. Höchstgeschwindigkeit 315 km/h. Bietet bei Ausführung als Verkehrsflugzeug Platz für 10 Fluggäste. Dieses Flugzeug machte den 5800 km-Ohnehaltflug Dessau-Bathurst.

Umstand wichtig, ob sie mit billigen, leicht herstellbaren Ölen oder gar mit Kohle Ähnliches leisten können wie auf teure Öle angewiesene. Zur Zeit sind Dampfantriebe die einzigen marktfähigen Wärmekraftmaschinen, die mit Kohle oder den billigsten Ölen betrieben werden können, weshalb ihnen schon infolge unserer Armut an natürlichen Ölen in manchen Fällen große Bedeutung zukommt, in denen dies bei anderen Staaten nicht zutrifft. Da die Umwandlung der Brennstoffwärme in Dampfenergie im Kessel erfolgt, muß sich dieses Buch vorwiegend mit Kesseln, und da für viele Zwecke Zwanglaufkessel besondere Vorteile bieten, vor allem mit ihnen beschäftigen.

4. Mineralölverbrauch Deutschlands. Im Jahre 1936 dürften in Deutschland etwa 1 Million t Benzin vorwiegend für Ottomotoren, etwa 800 000 t Gasöl für Dieselmotoren und etwa 190 000 t Heizöl für Ölfeuerungen (für Kraft- und andere Zwecke), also insgesamt rd. 2 Millionen t Mineralöle verbrannt worden sein. Die deutsche Einfuhr von Mineralölen überhaupt betrug in den ersten 6 Monaten des Jahres 1936 1,8 Millionen t mit einem Werte von rd. 87,5 Millionen RM oder rd. 4,1 vH des Wertes unserer gesamten Einfuhr, während nur rd. 0,15 Millionen t mit einem Wert von rd. 15 Millionen RM (also in stark vergüteter Form, wie als Schmieröle usw.) ausgeführt wurden.

Im Jahre 1933 wurden rd. 10 vH, im Jahre 1935 bereits rd. 33 vH unseres Gesamtverbrauches an Mineralölen in Deutschland gedeckt. Trotz zunehmender Eigenerzeugung hat aber die Mineralöleinfuhr gegenüber dem Jahre 1935 mengen- und wertmäßig um rd. 18 vH zugenommen und sich infolge des Baues deutscher

Zahlentafel 4. Mineralöleinfuhr im Jahre 1934.

Einfuhr	Rohöl	Benzin, Leichtöl, Treib- und Heizöl, mineralisches Schmieröl
	Tausend t	Tausend t
Deutschland . . .	277	2462
Großbritannien . .	1939	7761
Frankreich	4322	1621
Italien	143	2686

Krack- und Raffinieranlagen stark zugunsten der Rohstoffe verschoben. Bei den anderen großen europäischen Staaten sehen nach Zahlentafel 4 die Verhältnisse ähnlich aus.

---

[1] Dem Vorschlag des VDI entsprechend werden Vergasermotoren mit Fremdzündung und Vorverdichtung im folgenden mit Ottomotoren bezeichnet.

Maßgebende Sachverständige rechnen mit einer Verdoppelung unseres Verbrauches an Treib- und Heizölen in 5 Jahren. Diese Zahlen überraschen nicht, wenn man bedenkt, daß die deutsche Erzeugung von Personen- und Lastkraftwagen von 52000 im Jahre 1932 auf 240000 im Jahre 1935 gestiegen, Abb. 3, und das Preisniveau des deutschen Personenkraftwagens in 10 Jahren auf beinahe $^1/_4$ seiner jenesmaligen Höhe gefallen ist.

Noch gewaltiger aber wird der Mineralölverbrauch großer Staaten im Kriegsfall. Frankreich rechnet mit einem jährlichen Treibstoffbedarf von 4,8 Millionen t für Heer und Wirtschaft, der Kriegsbedarf Japans soll sogar 15 Millionen t/Jahr betragen. Die japanische Marine hält stets einen Vorrat von 2 Millionen t Erdöl; der gesamte durch Regierungsverordnungen festgesetzte, für einen Jahresbedarf der Flotte ausreichende Erdölvorrat in Japan beträgt etwa 3 Millionen t. Großbritannien und Frankreich sollen schließlich große z. T. bombensichere Tanklager für Millionen Tonnen Treibstoffe anlegen.

Die Bedeutung mineralischer Öle für das Leben großer Völker kann daher gar nicht hoch genug eingeschätzt werden, hängt doch die Existenz eines Staates entscheidend davon ab, ob er jederzeit über auskömmliche Ölmengen verfügt. Eine Staatsleitung muß daher auf eine ausreichende, in ihren Gesamtwirtschaftsplan passende Versorgung des Landes mit mineralischen Ölen in Friedens- und in Kriegszeiten allergrößten Wert legen. Dabei wird für Staaten wie Deutschland das Stapeln großer eingeführter Vorräte wohl immer nur als Notbehelf dienen dürfen, das Hauptaugenmerk aber auf die Ölerzeugung aus einheimischen festen Brennstoffen gerichtet sein müssen. Da aber im Kriegsfall der Verbrauch viel größer als in normalen Zeiten ist und die Anlagen zur Gewinnung künstlicher Öle noch teuer sind, ist zu ihrer Entlastung danach zu streben, daß vor allem Wärmekraftmaschinen für lebenswichtige Zwecke tunlichst mit solchen natürlichen oder künstlichen Brennstoffen betrieben werden können, die auch im Kriegsfall erhältlich sind, d. h. mit natürlichen und geschwelten Kohlen und gewissen Gasen. Soweit dies aber nicht möglich ist, sollten sie wenigstens einen kleinen spezifischen Brennstoffverbrauch haben und mit möglichst vielerlei und solchen Ölsorten arbeitsfähig sein, die im Kriegsfall am ehesten verfügbar sind.

Wie unsicher die Grundlage der Versorgung der Welt mit Erdölen ist, zeigt Zahlentafel 5.

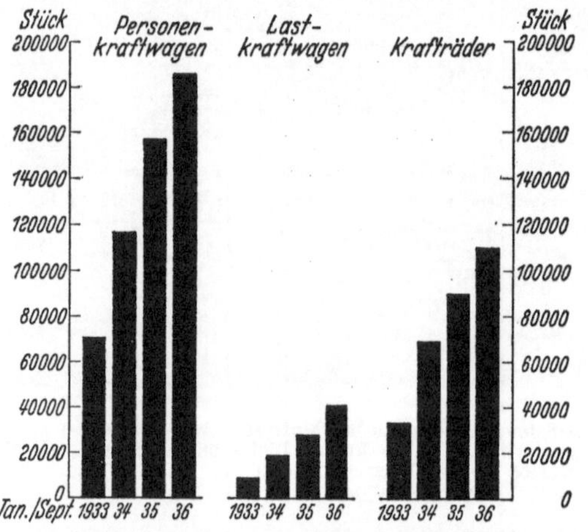

Abb. 3. Deutsche Erzeugung von Kraftfahrzeugen von 1933 bis 1936.

Zahlentafel 5. Mutmaßliche Lebensdauer der hauptsächlichsten bekannten Ölvorkommen unter Annahme einer gleichbleibenden, dem Werte des Jahres 1935 entsprechenden Förderung. (Nach einer Mitteilung des Institutes für Konjunkturforschung.)

	Jahre		Jahre
Vereinigte Staaten von Amerika .	15	Iran	39
Rußland	22	Venezuela	11
Irak	110	Niederländisch-Indien	23

5. Das deutsche Mineralölprogramm. Deutschland blieb daher nichts übrig, als Mineralöle künstlich aus Steinkohle und Braunkohle zu erzeugen und auch andere große Staaten folgen ihm auf diesem Wege nach. Die unzulänglichen deutschen Erdölvorkommen, deren Förderung aber seit 1933 erheblich gesteigert wurde, Abb. 4, und der hohe Stand unserer chemischen Industrie sind die Ursache der führenden Stellung Deutschlands in der Gewinnung von Öl aus Kohle. Sie war im großen aber erst möglich, als eine zielbewußte Staatsgewalt die für eine lebens- und leistungsfähige Mineralölindustrie erforderlichen Voraussetzungen schuf. Hierzu gehörte vor allem ein ausreichender Zollschutz (Zoll auf 1 t Gasöl 96 RM) und andere Maßnahmen, um einheimische künstliche Öle wettbewerbsfähig mit eingeführten natürlichen zu machen. Eine zweite wichtige Voraussetzung war das Schaffen eines genügenden Absatzes des bei gewissen Ölgewinnungsverfahren anfallenden Schwelkokses.

Künstliche Öle lassen sich erzeugen durch

Schwelung geeigneter Brennstoffe und Verarbeitung des Schwelteeres,

unmittelbare Kohlenverflüssigung (I. G. Farbenindustrie-Bergius) und

Synthese nach dem Verfahren von Fischer-Tropsch.

Auf die verwickelten Einzelheiten kann hier nicht näher eingegangen werden. Es wird vielmehr nur in ganz großen Zügen gezeigt, wie eng die rationelle Gewinnung künstlicher Öle mit planvoller Energieerzeugung zusammenhängt und welche Rücksichten Ölerzeuger und Ölverbraucher im Interesse

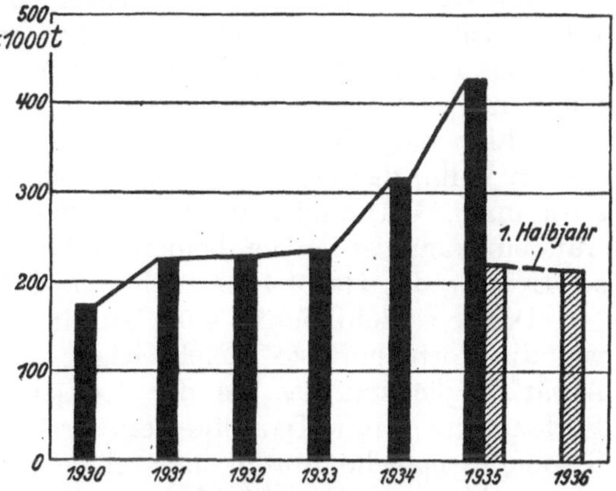

Abb. 4. Deutsche Erdölförderung von 1930 bis 1936.

eines guten Gesamtergebnisses aufeinander nehmen müssen. Auch auf diesem Gebiete gilt die alte Erfahrung, daß das Verfahren mit „höchstem Wirkungsgrad", das hier die restlose Umwandlung der brennbaren Kohlensubstanz in flüssige Brennstoffe bedeuten würde, aus finanziellen und anderen Gründen nicht immer das vorteilhafteste ist.

Als Beispiel der künstlichen Ölgewinnung wird die kombinierte Schwelung und Verarbeitung des Schwelteers gewählt, weil dem Verfasser hierüber die meisten Unterlagen zur Verfügung stehen und weil es zur Zeit wohl das in Deutschland am meisten angewandte Verfahren ist. Schon wegen der jungen Entwicklung der Gewinnung künstlicher Öle ist es wohl möglich, daß der eine oder andere der folgenden Schlüsse durch die Wirklichkeit nicht bestätigt werden wird. Dieser Umstand ist aber hier auch weniger wichtig als eine Darlegung der grundsätzlichen Zusammenhänge zwischen dem deutschen Ölprogramm und der deutschen Energieerzeugung.

Der beim Schwelen anfallende Schwelteer kann durch Destillation, durch Druckspaltung (Kracken) oder durch Wasserstoffanlagerung (Hydrieren) weiter verarbeitet werden. Destillation zerlegt den Teer in seine verschieden hoch siedende Fraktionen, Druckspaltung lagert den Wasserstoff um, Hydrieren sättigt die ungesättigten Kohlenwasserstoffverbindungen mit Wasserstoff.

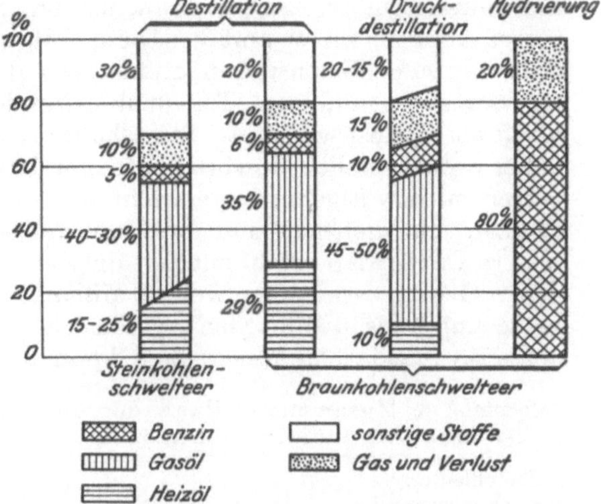

Abb. 5. Übersicht über die bei verschiedenen Verarbeitungsverfahren von Schwelteer anfallenden Produkte. Nach Oetken.

Abb. 5 zeigt, daß je nach dem benutzten Verfahren recht verschiedene Mengen von Heizöl, Gasöl, Benzin und anderen hier nicht weiter interessierenden Stoffen anfallen. Für die Wahl eines bestimmten Verfahrens spielt daher außer seiner Wirtschaftlichkeit und den erforderlichen Anlagekosten unter anderem der Umstand eine Rolle, welche Stoffe und in welchen Mengen unsere Gesamtwirtschaft benötigt. Hierbei muß in erster Linie an die Gewinnung künstlicher Schmieröle gedacht und daher die Ölgewinnung so geleitet werden, daß sie den allgemeinen Interessen am besten dient. Dies wird nur dann befriedigend gelingen, wenn alle Beteiligten, also auch die Krafterzeuger sich dieser Aufgabe anpassen. Im allgemeinen kann man sagen, daß die Gewinnung eines bestimmten Öles um so billiger ist und um so geringere Anlagekosten verlangt, je höher sein Siedepunkt liegt. Um wenigstens einen Anhalt von der

Größenordnung der Anlagekosten zu geben, sei erwähnt, daß bei derselben Jahreserzeugung eine Anlage zum Gewinnen von Dieselöl bzw. Benzin aus Schwelteer bis schätzungsweise 50 vH bzw. 100 vH mehr kosten dürfte als eine Anlage zum Gewinnen von Heizöl. Da derartige Anlagen noch sehr teuer sind, fällt ein Kapitalmehrbedarf von 50 vH bzw. 100 vH schwer ins Gewicht. Ähnliches, wie das weiter vorn über die Bestrebungen nach tunlichst universaler Verwertbarkeit fester Brennstoffe in ihrem natürlichen oder doch nur wenig veredelten Zustand Gesagte gilt daher im großen und ganzen auch für Treiböle. Auch hier wäre der Idealzustand, daß eine bestimmte Maschine tunlichst das Öl verwerten kann, das gerade erhältlich ist, und tunlichst mit einer möglichst billigen Sorte auskommt. Während man aber bei der Hydrierung rd. 80 vH des Teeres in Benzin verwandeln kann, ist bei den beiden anderen in Abb. 5 angegebenen Verfahren die Ausbeute an Heizöl oder Gasöl beträchtlich kleiner.

Dieser Gesichtspunkt muß bei einer rationellen Ölwirtschaft ebenso beachtet werden wie die vorteilhafteste gleichzeitige Gewinnung von Treib- und Schmierölen und die Absatzmöglichkeit des bei der Kohlenverschwelung anfallenden Schwelkokses, dessen Verfeuerung unter Dampfkesseln erst nach erheblichen Anstrengungen gelang. Insbesondere manche Braunkohlenschwelkokse haben eine für ihre allgemeine Verwendung ungünstige bröcklige, staubförmige Beschaffenheit. Es glückte schließlich, auch für sie geeignete Feuerungen und Großgeneratoren (Winkler-Wühl-Generatoren, die unter anderem das für die Benzinsynthese benötigte Wassergas liefern) zu bauen und ihnen dadurch auch in der chemischen Industrie große Absatzgebiete zu erschließen. Für die Zwecke aber, die formbeständigen, staubfreien Schwelkoks verlangen, wird die Rohkohle vor der Verschwelung brikettiert oder der fertige Schwelkoks in geeigneter Weise behandelt. Auch diese Verfahren sind noch in der Entwicklung begriffen. Wenngleich formbeständiger stückiger Schwelkoks seine allgemeine Verwendbarkeit erleichtert, so wird man, solange er nennenswert teurer als anderer Schwelkoks ist, darauf achten müssen, daß mindestens die Großverbraucher den Schwelkoks womöglich so abnehmen und verfeuern können, wie er anfällt. Diese Aufgabe ist nicht einfach, weil sie beim derzeitigen Stand unserer Erfahrungen außer besonderen Feuerungen bestimmte Transportgefäße auf der Bahn und zum Teil auch besondere Transport- und Bunkervorrichtungen im Kraftwerk selbst verlangt. Staubhaltige oder leicht zerbröckelnde Schwelkokse werden daher wahrscheinlich am vorteilhaftesten in wenigen großen Kraftwerken verfeuert, die sich besser auf ihre Eigenheiten einrichten können als z. B. die Bahnen mit ihrem weitläufigen Betrieb, die vielleicht nur formbeständigen, stückigen Schwelkoks brauchen können.

In Deutschland steht zur Zeit die Verschwelung von Braunkohle im Vordergrund. Bei einem Gesamtvorkommen von 22 Milliarden t wird der Vorrat an schwelwürdiger Braunkohle auf 5 bis 6 Milliarden t geschätzt, die etwa 385 Millionen t Teeröl liefern. Unser derzeitiger Bedarf an Mineralölen könnte also bei restloser Verschwelung dieses Vorrates etwa 100 Jahre lang gedeckt werden. Steinkohlenverschwelung hat vor allem bei schlecht backenden jüngeren Kohlen, die nur minderwertigen Hochtemperaturkoks liefern, Bedeutung, weil sie einen vorzüglichen Schwelkoks gibt, der besonders für

Zahlentafel 6. Zusammenstellung der derzeitigen Großhandelspreise für 100 kg einiger wichtiger Kraftstoffe in Deutschland.

Steinkohlenteeröl	7,25 ÷ 11,00 RM
Braunkohlenteeröl	12,85 RM
Heizöl (deutsch)	12,00 RM
Gasöl (ausländisch)	16,10 RM
Dieselöl	15,50 ÷ 18,00 RM
Normales Fahrbenzin	29,00 RM
Benzin-Benzol-Gemisch	33,00 RM
Bleibenzin für Flugzeuge unter 500 PS (Oktanzahl 80)	34,30 RM
Bleibenzin für Flugzeuge über 500 PS (Oktanzahl 87)	38,80 RM

den Hausbrand, Generatoren usw. Gas- und Zechenkoks überlegen sein soll. Die Verhältnisse liegen hier aber für den Bergbau aus dem Grunde nicht ganz einfach, weil Steinkohlenschwelkoks in Wettbewerb mit Gas- und Zechenkoks und mit Magerkohlen treten würde.

Abb. 6 gibt einen ungefähren Überblick über den deutschen Bedarf an Treib- und Heizölen und die Art seiner Deckung durch Eigenherstellung und Einfuhr in den Jahren 1935 und 1936/37.

Die eigenartige Lage des deutschen Marktes von festen und flüssigen Brennstoffen stellt somit dem deutschen Kraftmaschinenbau u. a. folgende 3 Aufgaben:

1. Die Entwicklung von Wärmekraftmaschinen, die statt mit flüssigen mit einheimischen festen oder gasförmigen Brennstoffen — und wo dies nicht möglich ist — mit weniger hochwertigen Mineralölen betrieben werden können. Im letzteren Falle sollen sich die Maschinen außerdem für möglichst vielerlei Öle eignen.

2. Die Entwicklung billiger, einfacher Wärmekraftmaschinen von hohem thermischem Wirkungsgrad für den Betrieb mit flüssigen Brennstoffen, um den unvermeidlichen Verbrauch an Treib- und Heizölen tunlichst zu verringern.

3. Die Ausnutzung der durch flüssige Brennstoffe erschlossenen konstruktiven Möglichkeiten, um da, wo flüssige Brennstoffe verwendet werden müssen, wenigstens mittelbare Vorteile zu erzielen.

Die erste Aufgabe bedingt unter anderem den Bau von Kesseln und Feuerungen, die mit billigen Ölen oder Kohle Ähnliches leisten wie es bisher nur mit teuren Ölen möglich war, und die Entwicklung leichter Dampfkraftanlagen, um auch gewichtsmäßig ähnlich günstig abzuschneiden wie bei Verbrennungsmotoren. Der zweiten Aufgabe dient unter anderem das dauernde Steigern des Verdichtungsgrades von Ottomotoren und ihr Ersatz durch Dieselmotoren. Bei ölgefeuerten Dampfantrieben dagegen muß das Bestreben in erster Linie auf die Verbesserung von Kessel und Brenner gerichtet sein. Die dritte Aufgabe bedingt unter anderem höhere spezifische Feuerraumbelastungen und Rauchgasgeschwindigkeiten, damit die Kessel von Dampfantrieben leicht, kompendiös und billig werden. Bei allen drei Aufgaben kommt Zwanglaufkesseln große Bedeutung zu.

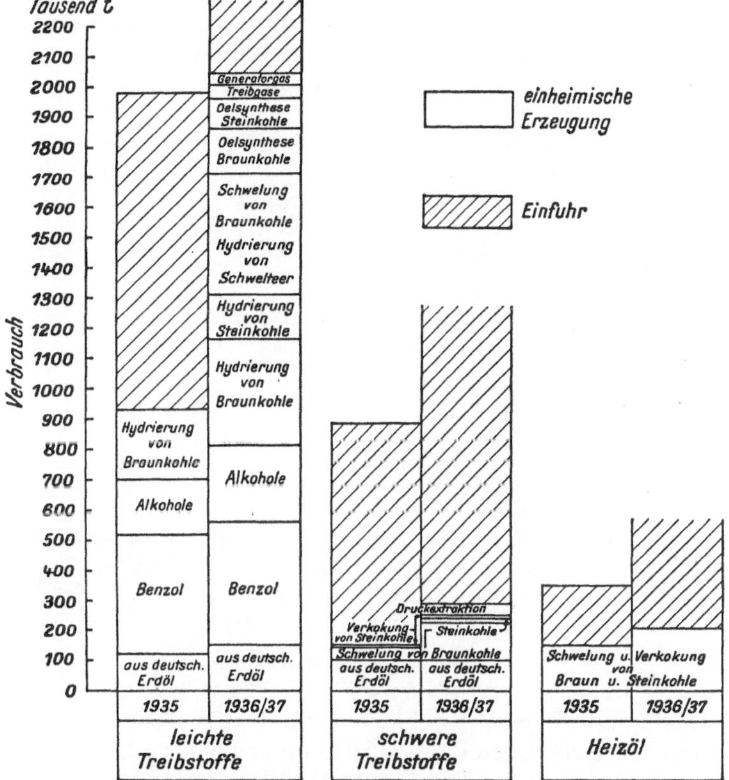

Abb. 6. Übersicht über die ungefähre Deckung des deutschen Bedarfes an Treib- und Heizöl. Nach Oetken.

6. Fernwirkung technischer Fortschritte. In einer Zeit, in der sich Erfindungen und Verbesserungen jagen wie heute, muß ein Ingenieur, der über das unmittelbar vor ihm liegende hinaussehen will, die gegenseitige Bedingtheit vieler technischer Fortschritte und die Auswirkung des auf einem Gebiete erzielten Fortschrittes auf ein anderes sorgsam beachten.

Im Anfangsstadium der Entwicklung einer Maschine ist z. B. die Zahl der in ihr verwertbaren Brennstoffe meist (auf wenige hochwertige Qualitäten) beschränkt. Der technische Fortschritt weitet aber die Zahl der verwertbaren Brennstoffe oft nicht nur aus, sondern macht zuweilen minderwertige Brennstoffe zu hochwertigen. Vervollkommnete Feuerungen bewirkten, daß Rohbraunkohlen, die bis etwa 1925 als „minderwertig" galten, heute als ein vorzüglicher Brennstoff angesehen werden; Staubfeuerungen und Unterwindzonenwanderroste vollbrachten bei gasarmen und grusförmigen Steinkohlen Ähnliches und mit der zunehmenden Vervollkommnung von Ottomotoren wurde aus dem vor etwa 25 Jahren als Ersatz abgelehnten Benzol ein sehr begehrter Motorenbrennstoff.

Schließlich verwandelt sich nicht selten die durch eine Neuerung zunächst bewirkte Verwicklung nach einiger Zeit in eine Vereinfachung einer Maschine. Bei Kohlenstaubfeuerungen z. B. wurde wegen der anfänglich notwendigen Zentralaufbereitungsanlage ein Kraftwerk komplizierter als bei Rosten. Sie wurden aber allmählich so vereinfacht, daß manche Brennstoffe, wie Rohbraunkohlen, mit ihnen heute bequemer verarbeitet werden können als mit Rosten. Ihre Vervollkommnung wirkte aber auch in die Breite, weil sie nicht nur eine entsprechende Vervollkommnung mechanischer Roste nach sich zog, sondern gestattete, mit derselben Feuerung außer Steinkohle und Braunkohle auch Schwelkoks zu verfeuern, was für das deutsche Mineralölprogramm wichtig ist.

Die Fortschritte in der Schweißtechnik endlich ermöglichten den Ersatz geschmiedeter durch die billigeren geschweißten Kesseltrommeln. Außerdem konnten Siederohre aus mehreren Stücken zuverlässig zusammengeschweißt werden, was den Bau von Kesseln mit natürlichem Wasserumlauf erleichterte und die Herstellung von Zwanglaufkesseln überhaupt erst gestattete. Zwanglaufkessel aber haben ähnlich, wie es seinerzeit bei Staubfeuerungen mit auf Roste der Fall war, wieder eine Vereinfachung ihres schärfsten Wettbewerbers, des Wasserrohrkessels mit natürlichem Umlauf, zur Folge gehabt. Diese gegenseitige gewissermaßen im Kreislauf sich vollziehende Befruchtung der verschiedensten Gebiete und Maschinen ist eine kennzeichnende Eigentümlichkeit der heutigen Technik, die Möglichkeiten hierzu zu erkennen und in die richtigen Bahnen zu leiten, eine der schönsten Aufgaben des modernen Ingenieurs. Sie verlangt außer Wachsamkeit, Wissen und Anschmiegungsfähigkeit Phantasie, die für den schöpferischen Ingenieur ebenso unerläßlich, wie dem reinen „Verwaltungsingenieur" oft fremd und unsympathisch ist.

Abb. 7. Städtische Gastankstelle.

Auch der Bau leichter Dampfkraftantriebe dürfte nicht nur unmittelbare Vorteile zeitigen, sondern sich auch auf andere Gebiete segensreich auswirken. Dieses Bewußtsein aber muß wieder mithelfen, über die unvermeidlichen Kinderkrankheiten bei der Einführung leichter Dampfantriebe hinwegzukommen.

B. Heutiger Stand im Wasserrohrkesselbau.

1. Einleitung. Bei der Entwicklung leichter Dampfantriebe spielt der Bau geeigneter leichter Kessel eine bedeutsame Rolle; auf gewissen Gebieten, wie bei Dampfantrieben für die Luftfahrt, ist er und nicht die Entwicklung geeigneter Dampfmaschinen oder -turbinen das eigentliche Problem. Wasserrohrkessel werden daher in diesem Buche breiter als die anderen Bestandteile von Dampfkraftanlagen behandelt. Hierbei wird von Kesseln für ortsfeste Anlagen ausgegangen und bei Erörterung der Teilgebiete, soweit es sich um Kessel handelt, nur das hervorgehoben, was von ortsfesten Dampferzeugern abweicht. Auf konstruktive Einzelheiten wird ebensowenig eingegangen wie auf theoretische Spitzfindigkeiten, so interessant sie auch im einzelnen Falle sein mögen.

2. Die Hauptentwicklungstendenzen im Kesselbau. Obgleich Dampfkessel die ältesten Wärmekraftmaschinen sind, wurden auf keinem Gebiete des Wärmekraftmaschinenbaues in den letzten 20 Jahren so grundlegende Fortschritte wie bei ihnen erzielt. Unser Wissen über die Vorgänge in der Feuerung, den Wärmeübergang, die Mechanik des natürlichen Wasserumlaufes, die Speisewasseraufbereitung usw. hat während dieser Zeit ebenso zugenommen, wie sich die Fabrikationsverfahren und die Stahlherstellung vervollkommnet haben. Die Anforderungen an Wirkungsgrad, hohe Spannung und Überhitzung des Frischdampfes, kleinen Platzbedarf, geringes Gewicht und niedrigen Preis sind einerseits immer größer geworden, andererseits haben Stähle mit früher unvorstellbaren Eigenschaften im Verein mit den Fortschritten der Schweißtechnik und der wärmetechnischen Forschung zu ganz neuen Bauformen geführt.

Mechanische Roste und Staubfeuerungen wurden, was Einfachheit, Wirkungsgrad, Leistung und die Verfeuerung wasser- und aschereicher Brennstoffe betrifft, außerordentlich verbessert. Für Hochgeschwindigkeitskessel werden Rauchgasgeschwindigkeiten von 25 bis

Abb. 8. Ansicht eines Velox-Kessels. *a* Elektromotor, *b* Zahnradvorgelege, *c* Gasturbine, *d* Kompressor.

75 m/s vorgeschlagen, Velox-Kessel arbeiten sogar mit 200 bis 300 m/s. Auch die chemische Aufbereitung des Speise- bzw. Zusatzwassers wurde sehr verbessert und tritt in immer schärferen Wettbewerb mit Destillier- und Dampfumformeranlagen, bei denen übrigens im allgemeinen auch eine chemische Vorbehandlung des Speisewassers nötig ist.

Höchstdruckdampf hat seit etwa 1934 auch in Deutschland einen starken Auftrieb erfahren. Nach Schöne waren am 1. August 1936 in Deutschland 51 Kessel mit 1300/1500 t/h Gesamtleistung über 100 at Genehmigungsdruck und 100 Kessel mit 4000/5000 t/h Gesamtleistung über 50 at Genehmigungsdruck in Betrieb oder im Bau. Dies darf aber nicht über die Tatsache hinwegtäuschen, daß fast 60 vH aller deutschen Kessel noch mit Drücken unter 10 at arbeiten und nur 1,3 vH für Dampfdrücke von über 20 at genehmigt sind. Mit Bezug auf die stündliche Dampferzeugung ist aber der Anteil von Kesseln für höhere Drücke weit größer, weil die hierfür allein in Frage kommenden Wasserrohrkessel eine wesentlich größere Heizfläche und spezifische Belastung als die vielfach sehr kleinen Großwasserraumkessel haben. An den erzielten Fortschritten sind fast alle Industrievölker beteiligt; es wäre ein müßiges Unterfangen, festzustellen zu versuchen, welches von ihnen den wertvollsten Beitrag geleistet hat.

Abb. 9. Fitch-Kessel (Entwurfsjahr 1785). Erster Vorschlag eines Zwanglaufkessels.

Vielen dieser Neuerungen gemeinsam ist der Umstand, daß die ihnen zugrunde liegende Idee schon vor langer Zeit konzipiert wurde. Engrohrige Zwangdurchlaufkessel schlug Fitch bereits im Jahre 1785 vor, Abb. 9, der Gedanke, die Verbrennung unter hohem Überdruck durchzuführen und den Kraftbedarf des erforderlichen Gebläses durch eine von den Kesselabgasen angetriebene Gasturbine zu decken, findet sich im Jahre 1904 in der deutschen Patentschrift 170 229, Abb. 10[1]. Der für den Erfolg entscheidende Schritt, nämlich die Schaffung nach diesen Verfahren arbeitender marktfähiger

---

[1] In primitiverer Form sogar schon im Jahre 1864 in einem französischen Patent.

Kessel konnte aber erst vor kurzer Zeit getan werden, weil die theoretischen, konstruktiven, baustofflichen und fabrikatorischen Voraussetzungen für eine erfolgreiche Lösung früher fehlten. Die überraschende Fülle neuer Kesseltypen erklärt sich nicht zuletzt dadurch, daß die Fabrikationsverfahren, die Stahlherstellung und die Kunst des Konstruierens allmählich eine solche Stufe erreicht haben, daß heute fast jede gestellte Aufgabe technisch lösbar ist. Die große Ausweitung des technisch Möglichen macht es aber immer schwerer, die Aussichten einer Neuerung sicher vorauszubeurteilen, zumal die Kapitalkraft moderner Unternehmungen die Investierung außerordentlicher Summen in Entwicklungsarbeiten und infolgedessen die Überwindung sehr großer Schwierigkeiten gestattet. Dadurch entsteht für die Beurteilung ein schwer übersehbares Element der

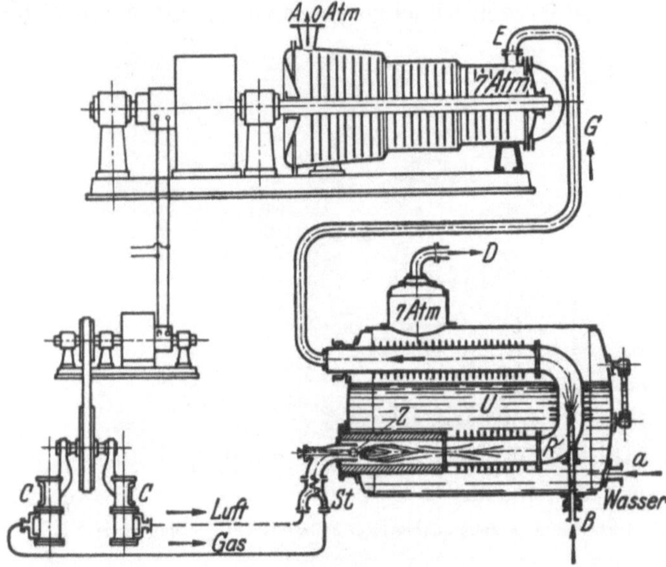

Abb. 10. Vorschlag einer durch einen Kompressor, der durch die Kesselabgase angetrieben wird, aufgeladenen Brennkammer aus dem Jahre 1904.

Unsicherheit, weil die betreffenden Firmen Risiken auf sich nehmen und kostspielige Versuche durchführen können, vor denen kleinere Unternehmungen von Anfang an zurückschrecken würden.

Aber auch in der Technik waltet ein Gesetz des Ausgleiches, denn den Vorteilen neuer Ideen und Konstruktionen stehen fast immer Schwächen gegenüber und nur selten sind die Vorteile so groß, daß das Neue dem Bekannten unbedingt erheblich überlegen ist [1]. Es ist daher oft ein müßiges Unterfangen, unter verschiedenen in Wirklichkeit praktisch gleichwertigen Konstruktionen die absolut beste feststellen zu wollen. Aber so wie die Menschheit bei den Charakteren der Helden ihrer

Stücke ganz hell oder ganz dunkel liebt, so neigen viele Ingenieure dazu, über einen in die Augen fallenden Vorteil einer Maschine deren Schattenseiten völlig zu übersehen. Tut dann noch eine geschickte Reklame das ihrige, so finden oft Neuerungen von zweifelhaftem Werte zum Schaden einer gesunden Entwicklung unverdiente Aufmerksamkeit. Je vielgestaltiger die Lösungsmöglichkeiten werden, um so mehr sollte aber der Kompromißcharakter technischer Schöpfungen Veranlassung geben, das Für und Wider verschiedener Konstruktionen kritisch gegeneinander abzuwägen und von Fall zu Fall die geeignetste auszuwählen.

Mangelnde Erfahrung über die beim Übergang zu hohen Drücken, Dampftemperaturen und Kesselleistungen auftretenden Erscheinungen hatten Schäden und Störungen zur Folge, die teils mit Recht, teils mit Unrecht unzureichendem Wasserumlauf zugeschrieben wurden und den Wunsch laut werden ließen, sich von der Unsicherheit und den Zufälligkeiten des natürlichen Umlaufes zu befreien. Man wandte sich daher dem Zwanglauf zu, der seit den fernen Zeiten Fitchs die Kesselbauer immer wieder vergeblich beschäftigt hat. Es ist ein Zeichen der außerordentlichen Stoßkraft der modernen Technik, daß es nur etwa 10 Jahre dauerte, bis Zwanglaufkessel zu einer betriebsbrauchbaren Maschine durchgebildet und in die Praxis eingeführt werden konnten. Am 1. August 1936 waren nach Schöne insgesamt 329 mit eigenen Feuerungen versehene Zwanglaufkessel, davon

---

[1] Diese Erscheinung zeigt sich jetzt auch bei Zwanglaufkesseln, weil zunehmende Erfahrung es als notwendig erwies, immer weitere Kontroll-, Regel- oder Sicherheitsvorrichtungen anzubringen oder immer stärkeren Gebrauch von Sonderbaustoffen und -konstruktionen oder ähnlichen verteuernden Mitteln zu machen. Dadurch verringert sich aber der Vorsprung, den die neuen Bauarten vor bekannten mit Bezug auf Preis oder Einfachheit anfänglich zu bieten schienen, und ihre Überlegenheit wird schließlich nicht so groß, wie auf Grund der ursprünglichen durch ihre Einfachheit bestechenden Entwürfe erwartet werden konnte.

305 Zwangumlaufkessel[1] (La Mont, Löffler, Velox) in Betrieb und im Bau, von denen auf Landdampfkessel 239 mit 4700 t/h, auf Schiffskessel 86 mit 2780 t/h, auf Lokomotivkessel 4 mit 27 t/h Dampferzeugung entfielen. Die größte Dampfleistung eines dieser Kessel beträgt 160 t/h, der höchste Druck 180 at.

Beim Suchen nach den Haupttendenzen, die der neueren Entwicklung im gesamten Wasserrohrkesselbau (für Land- und Schiffahrtzwecke) ihren Stempel aufgedrückt haben, stößt man auf folgende 4 Punkte, von denen zwei die Feuerung und zwei den eigentlichen Kessel betreffen:

1. Das Suchen nach einer preiswerten, einfachen, für die verschiedenartigsten Kohlen brauchbaren Universalfeuerung, deren kennzeichnendster Vertreter zur Zeit die Krämer-Feuerung ist und über kurz oder lang vielleicht die Schmelzkammerfeuerung werden wird.

2. Die immer ausgedehntere Verwendung von Öl zum Beheizen von Kesseln und Versuche, seine Überlegenheit über feste Brennstoffe für den Bau von Kesseln auch konstruktiv auszunutzen. Der kennzeichnendste Vertreter dieser Tendenz ist zur Zeit der Velox-Kessel.

3. Den Ersatz des natürlichen Wasserumlaufes durch Zwanglauf.

4. Den Versuch, Kessel und Turbine in eine Einheit zusammenzufassen. Er äußerte sich zunächst im Bau so großer ortsfester Kessel, daß ein einziger auch für sehr große Turbinen ausreicht. Dies ist aber nur der Anfang einer Entwicklung, die auf völliges Verschmelzen von Kessel, Turbine und Hilfsmaschinen in einen untrennbaren vollautomatischen Organismus abzielt. Ihr kennzeichnendster Vertreter ist zur Zeit die Hüttner-Turbine, die meines Wissens erstmals die erfinderische Betätigung auf dieses Ziel lenkte und zu ihm führende Wege angab.

Abb. 11. Ansicht eines neuzeitlichen großen Sektionalkessels mit allseitig gekühltem Feuerraum.

Der Zwanglauf ist ein besonders wirkungsvolles Mittel für den Bau leichter Dampfantriebe von hoher Leistungsfähigkeit, hat also eine weit über den eigentlichen Kesselbau hinausgehende Bedeutung.

3. Brennstoff und Kesselkonstruktion. Die Gefahr des Schmelzens der Kohlenasche zwingt bei Rosten und noch mehr bei Staubfeuerungen zu weitgehender Auskleidung des Feuerraumes mit Verdampfungsheizflächen, sogenannten Kühlflächen, damit die Feuerraumtemperatur unter dem Aschenschmelzpunkt bleibt. Die Verbindung dieser Kühlflächen mit dem eigentlichen Kessel verlangt bei natürlichem Wasserumlauf teure und umständliche Steig- und Fallrohre, Abb. 11, die die Zugänglichkeit und das Anbringen von Schau- und Stocheröffnungen erschweren und auch sonst hinderlich sind. Bei Zwanglauf dagegen ist nicht nur die Verbindung der Kühlflächen mit dem Kessel, sondern auch die Herstellung der Kühlflächen selbst billiger und einfacher und dem Feuerraum bzw. den Kühlflächen kann wesentlich leichter die für gute Verbrennung vorteilhafteste Form gegeben werden, was besonders bei sehr hohen spezifischen Feuerraum- und Heizflächenbelastungen wertvoll ist. Damit die Zündung auch bei Teillast gut erfolgt, darf aber bei heizwertarmen oder nassen Brennstoffen der Feuerraum oft

---

[1] Darunter 77 La Mont-Zusatzanlagen.

nicht in dem mit Rücksicht auf den tiefen Schmelzpunkt ihrer Asche erwünschten Maße mit Kühlflächen ausgekleidet oder die Verbrennungsluft nicht so weit vorgewärmt werden, wie es im Interesse eines guten Kesselwirkungsgrades erwünscht wäre. Im ersten Falle verlassen die Rauchgase den Feuerraum bei Vollast mit einer so hohen Temperatur, daß vor den Überhitzer noch Berührungskesselheizfläche geschaltet werden muß. Auch im zweiten Fall kann deren Einbau notwendig werden, weil es besonders bei hohen Frischdampfdrücken infolge der starken Speisewasservorwärmung durch Anzapfdampf unter Umständen nicht möglich ist, die Rauchgase im Ekonomiser und Luftvorwärmer auf eine angemessene Temperatur abzukühlen, Fall IIa und IIb in Abb. 12. Der Einbau einer Berührungsheizfläche für eine Gasabkühlung von nur 50 bis 100° vor dem Überhitzer wird aber besonders bei manchen Strahlungs-Steilrohrkesseln im Gegensatz zu Zwanglaufkesseln unverhältnismäßig teuer und unbequem. Schließlich spielt es bei Zwangdurchlaufkesseln keine Rolle, ob das Speisewasser sehr heiß in den Ekonomiser eintritt, während man bei Kesseln mit natürlichem Wasserumlauf eine Verdampfung im Ekonomiser von mehr als etwa 10 vH der Speisewassermenge zur Zeit nicht gern zuläßt.

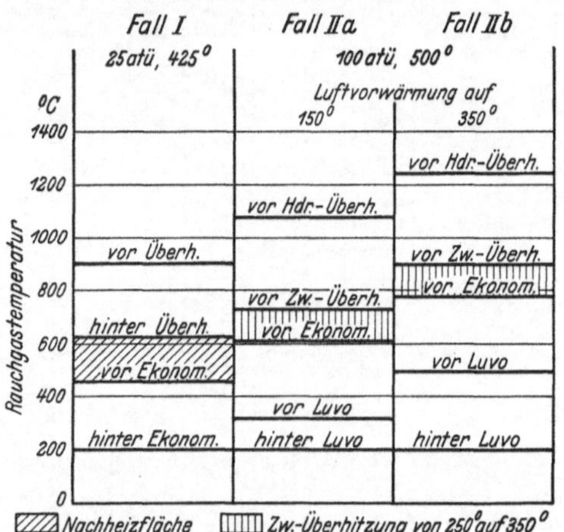

Abb. 12. Rauchgastemperaturen an verschiedenen wichtigen Stellen bei einem 25 atü- und bei zwei 100 atü- Kesseln bei gleicher Abgastemperatur (200°).

Bereits im letzten Abschnitt wurde darauf hingewiesen, daß bei flüssigen Brennstoffen viel höhere Feuerraumbelastungen als bei aschehaltigen festen zulässig sind. Spezifische Feuerraumbelastungen von 3 Millionen kcal/m³ h sind bei Ölfeuerungen keine Seltenheit mehr und Kessel mit Belastungen bis zu 8 Millionen kcal/m³ h haben sich bestens bewährt. Um derart hohe Werte erreichen zu können, muß der Feuerraum nicht nur vollkommen gekühlt, sondern auch so gestaltet sein, daß die Verbrennung verlustlos und ohne örtliche „heiße Stellen" erfolgt. Dies ist aber bei Zwanglauf leichter möglich als bei natürlichem Wasserumlauf. Außerdem können durch schlecht bediente oder falsch gebaute Ölbrenner oder durch irgendwelche Zufälligkeiten gerade bei hoher Feuerraumbelastung starke Nachverbrennungen auftreten, die bei Kesseln mit natürlichem Umlauf Fallrohre unter Umständen zu Steigrohren machen und dadurch Kessel und Turbine gefährden. Bei Zwanglauf kann dies nicht passieren und besonders stark belastete oder bedrohte Siederohre können unschwer unter allen Umständen mit genügend Wasser versorgt werden. Bei Öl und Gas ist daher Zwanglauf besonders wertvoll.

4. Kesselanlagen für Sonderfälle. Bei ortsfesten Anlagen kommen Sonderkessel vor allem für Spitzen- und Momentankraftwerke in Betracht, die entweder nur wenige hundert Stunden im Jahr in Betrieb sind oder sehr schnell vom kalten Zustand auf Vollast kommen müssen. Reine Spitzenwerke haben bei Fernversorgungsnetzen oder in Großstädten Bedeutung, weil die unter Umständen nur selten auftretende Spitze nicht über lange Leitungen transportiert zu werden braucht oder weil in Großstädten die Verlegung der benötigten Kabel manchmal unverhältnismäßig teuer wird. Momentankraftwerke sollen die Versorgung besonders wichtiger, an Fernleitungen angeschlossener Stromabnehmer bei Leitungs- oder anderen Störungen schnell übernehmen, z. B. wenn bei einer Wasserkraftanlage große Wasserknappheit eintritt (vielleicht nur alle paar Jahre einmal). Infolge der kurzen jährlichen Betriebsdauer sind niedrige Anlagekosten und geringer Bedarf an Bedienung wichtiger als kleiner spezifischer Wärmeverbrauch und hoher Kesselwirkungsgrad. Da auch die Brennstoffkosten keine wesentliche Rolle spielen, bietet Öl auch deshalb Vorteile, weil Brennstoffzufuhr und -stapelung, sowie der Kessel selbst am einfachsten werden, Entaschungsvorrichtungen wegfallen und der Kessel am schnellsten hochgeheizt werden kann. Da man solche Werke möglichst dicht beim Verbrauchsschwerpunkt errichtet, ist Öl auch deshalb erwünscht, weil keine Belästigungen der Umlieger durch Flugasche zu befürchten sind und der Platzbedarf des ganzen Werkes am kleinsten wird.

Weit größere Bedeutung haben aber ölgefeuerte Sonderkessel für Schiffe, Landfahrzeuge und die Luftfahrt, weil es hier ganz besonders auf leichtes Gewicht und geringen Raumbedarf ankommt. Hoher Wirkungsgrad ist bei Schiffen und Landfahrzeugen unschwer erzielbar, nicht aber immer bei Flugzeugen, wo er besonders erwünscht wäre, weil, wie noch gezeigt wird, das zu seiner Verwirklichung benötigte Mehrgewicht von Kessel und Hilfsmaschinen unter Umständen größer wird als das ersparte Mindergewicht an mitzuschleppendem Brennstoffvorrat.

Ölgefeuerte Kessel haben das kleinste Gewicht, den geringsten Raumbedarf und den höchsten Wirkungsgrad. Mindestens bei ortsfesten Anlagen kommen sie aber in Deutschland nur in Ausnahmefällen in Betracht und auch bei Landfahrzeugen, wo Öl erhebliche technische Vorteile bietet, sucht man es durch feste einheimische Brennstoffe zu ersetzen. Ein solcher Ersatz ist vor allem bei Fahrzeugen wichtig, die auch in Krisenzeiten unentbehrlich sind. Der Einwand, daß der Ölverbrauch auf dem einen oder anderen Gebiete so klein sei, daß er in unserer Gesamtwirtschaft keine Rolle spiele und es daher zwecklos wäre, ihn unter Unbequemlichkeiten zu vermeiden zu versuchen, ist abgesehen davon, daß viele kleine Teile eine fühlbare Summe ausmachen, auch deshalb falsch, weil ein großes Ziel, d. h. im vorliegenden Falle weitgehende Befreiung von einer gefährlichen Abhängigkeit vom Ausland, nur erreicht werden kann, wenn auf allen Gebieten mit gleicher Bereitwilligkeit hieran gearbeitet und das Anzustrebende dem einzelnen immer wieder zum Bewußtsein gebracht wird.

Ähnlich erwünscht ist natürlich auch der Ersatz anderer Auslandsstoffe, wie sie z. B. zum Herstellen legierter Stähle für Siederohre und Trommeln von Kesseln für hohen Druck benötigt werden. Da bei Zwanglaufkesseln die Siederohrdurchmesser erheblich kleiner als bei Kesseln mit natürlichem Wasserumlauf sind, reichen selbst für hohe Drücke gewöhnliche Stähle aus, so daß der Zwanglauf auch in dieser Beziehung Vorteile bietet. Bei Zwangdurchlaufkesseln fallen schließlich noch die bei hohen Drücken teueren Kesseltrommeln weg.

C. Wettbewerb zwischen Dampfkraftmaschinen und Verbrennungsmotoren.

1. Wärmeverbrauch. a) Ortsfeste Anlagen. In kohlegefeuerten (ölgefeuerten Kondensationskraftwerken mit großen modernen Dampfturbinen und Frischwasserkühlung sind etwa folgende Wärmeverbräuche für eine PSh[1] bzw. eine an den Generatorklemmen nutzbar abgegebene kWh (d. h. einschließlich aller Verluste im Kraftwerk) sicher erzielbar:

Frischdampf-zustand	Zwischen-überhitzung	Wärmeverbrauch	
		kcal/PSh	kcal/kWh
65 at, 500⁰	ohne	2100 (2050)	3000 (2900)
100 at, 500⁰	mit	1950 (1900)	2800 (2700)

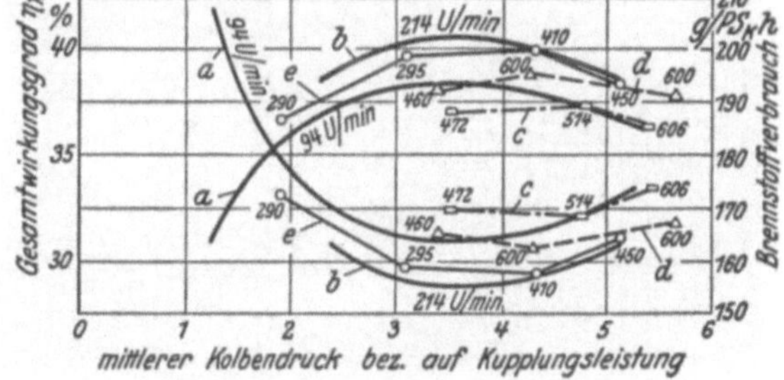

Abb. 13. Brennstoffverbrauch und Gesamtwirkungsgrad einiger großer MAN-Dieselmotoren bezogen auf die Leistung an der Kupplung. Nach Laudahn.
Die eingetragenen Zahlen bedeuten die Drehzahl bei dem betreffenden Versuch. Alle Brennstoffverbrauche sind auf einen unteren Heizwert von 10000 kcal/kg umgerechnet.
a 15000 PS-Motor in Elektrizitätswerk Hamburg-Neuhof,
b 12000 PS-Motor in Elektrizitätswerk Hennigsdorf,
c 3100 PS-Motor der „Leipzig",
d 3550 PS-Motor der „Bremse",
e 7100 PS-Motor der „Deutschland".

Bei großen ortsfesten Dieselmotoren kann man im Dauerbetrieb mit einem Verbrauch von 165 bis 180 g/PSh rechnen, Abb. 13. Den auf den Brennölverbrauch bezogenen Verbrauch an Schmieröl gibt Johnson für große Schiffsdieselmotoren zu etwa 18 g/PSh an. Eine ölbefeuerte, mit 100 at und 500⁰ Frischdampfzustand und Frischwasserkühlung arbeitende Dampfanlage verbraucht somit um etwa 10 vH mehr

---

[1] Soweit nicht ausdrücklich etwas anderes gesagt ist, wird im folgenden unter PS und PSh immer eine nutzbare (effektive) PSe und PSeh verstanden.

Brennstoff als Dieselmotoren. Man darf aber annehmen, daß in einigen Jahren mit der Frischdampftemperatur auf etwa 550⁰ und daher ohne Zwischenüberhitzung bei Frischwasserkühlung mit dem Frischdampfdruck auf etwa 100 at gegangen werden kann, wodurch der Wärmeverbrauch die heute nur mit Zwischenüberhitzung erzielbaren Werte erreichen würde. Trotz ihrer überlegenen Wärmeausnutzung kommen Diesel-

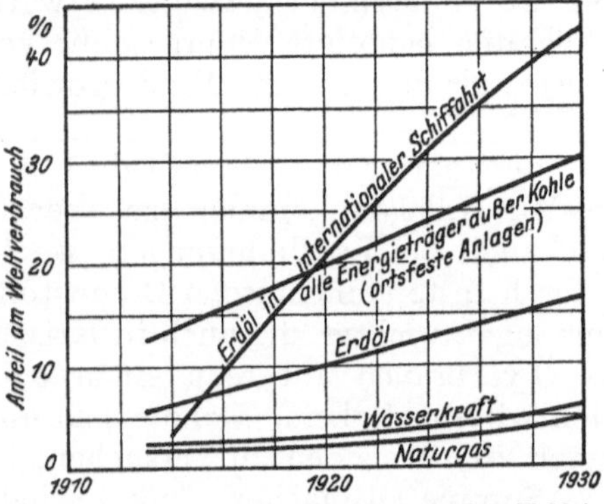

Abb. 14. Anteil der Energieträger (außer Kohle) am gesamten Weltverbrauch und Anteil des Erdöles am Energieverbrauch der internationalen Schiffahrt.

motoren für größere deutsche Kraftwerke, von Ausnahmefällen (z. B. Spitzenwerk Hennigsdorf mit 12000 PS-Motoren und Hamburg-Neuhof mit 15000 PS-Motoren) abgesehen, wegen des teuren Treiböles und der hohen Anlagekosten nicht in Betracht.

b) Schiffsanlagen. Ganz anders liegen schon infolge der mittelbaren Vorteile flüssiger Brennstoffe die Verhältnisse in der Seefahrt, siehe S. 4. Während 1914 nur 3,5 vH des Brennstoffverbrauches der internationalen Schiffahrt durch Öl gedeckt wurden, war dieser Anteil im Jahre 1933 bzw. 1935 auf 45,4 bzw. 48,9 vH gestiegen und dürfte inzwischen 50 vH überschritten haben, Abb. 14. Die unerreichte Wärmeausnutzung in Dieselmotoren,

zum Teil wohl auch eine gewisse Überschätzung rein wärmetechnischer Rücksichten, hatten nach dem Kriege ein starkes Eindringen von Dieselmotoren in die Schiffahrt zur Folge. Aber auch bei Schiffsdampfantrieben wurde die Steinkohle in zunehmendem Maße durch Heizöl ersetzt.

Abb. 15. Ansicht eines der Hauptantriebs-MAN-Dieselmotoren für den kleinen Kreuzer „Leipzig". Verschlußdeckel, Spül- und Auspuffleitungen sind abgenommen. Zahl der Zylinder 7, Leistung 3100 PS, Drehzahl 600; Literleistung 7,4 PS/l.

Der günstigste Ölverbrauch für 1 nutzbare WPSh[1] während der Fahrt beträgt bei Schiffsdieselanlagen etwa 170 g, man muß aber im allgemeinen mit 170 bis 200 g/WPSh rechnen gegenüber einem Ölverbrauch von Dampfturbinenanlagen von 218 bis 230 g/WPSh bei großen Schiffen und von 230 bis 250 g/WPSh bei Schiffen von 5000 bis 10000 t.

Da die Brennstoffpreise starken zeitlichen und örtlichen Schwankungen unterworfen sind und Treiböl 0 bis 100 vH teurer als Heizöl ist, kann ein Motorschiff sich auf einer Route lohnen, auf einer anderen nicht. Nach Johnson darf das Heizöl höchstens $^2/_3$ von Dieselöl kosten, wenn Dampfantriebe auf Schiffen mit einer Leistung von 1500 bis 2000 WPS und 10 bis 11 Knoten Geschwindigkeit auf Reisen von etwa 10000 Seemeilen mit Dieselmotoren wettbewerbsfähig sein sollen.

Trotz ihres höheren Brennstoffverbrauches werden heute bei mehr als etwa 20000 PS Leistung Dampfturbinenantriebe schon wegen ihrer größeren Dauerhaftigkeit und der in den Spülluft- und Abgasleitungen von Dieselmotoren auftretenden Erschütterungen und Geräusche vorgezogen. Auf Kriegsschiffen verwendet man Dieselmotoren vereinzelt als Marschmaschinen, wie auf dem Kreuzer „Leipzig", auf dem 4 Dieselmotoren mit zusammen 12000 PS Leistung, Abb. 15 und 16, über ein Vulkangetriebe die Mittelwelle und 2 Dampfturbinen von je 30000 PS die beiden Seitenwellen antreiben.

---

[1] WPSh bedeutet eine an die Schraubenwelle abgegebene PSh.

c) **Landfahrzeuge.** Die Dieselmotoren der Schnelltriebwagen der deutschen Reichsbahn dürften einen günstigsten Ölverbrauch von etwa 170 g/PSh haben. Außer in schwere und leichte Lastkraftwagen ist der Dieselmotor auch in den Personenkraftwagenbau eingedrungen. Die Forderung nach der Verwendbarkeit möglichst zahlreicher Brennstoffe erfüllen derartige Dieselmotoren insofern, als sie außer mit Gas- und Steinkohlenteerölen auch mit Benzin, Benzolgemischen und pflanzlichen Ölen ohne Leistungsverminderung betrieben werden können. Der günstigste Brennstoffverbrauch von Personenwagen-Dieselmotoren (30 bis 50 PS Leistung bei 3000 bis 3500 U/min) beträgt etwa 200 g/PSh, Abb. 170, S. 83. Da sie aber 40 bis 50 vH teurer als Ottomotoren sind, kommen sie bei den heutigen Brennstoffpreisen nur für stark benutzte Personenwagen (mehr als etwa 30000 km Jahresleistung) in Frage.

d) **Luftschiffe und Flugzeuge.** Die 900/1200 PS-Daimler-Benz-Dieselmotoren des Luftschiffes „Hindenburg" (LZ 129) verbrauchen zwischen 650 und 1050 PS unter 170 g/PSh, Abb. 17. Während des 5800 km-Ohnehalt-Fluges nach Bathurst (August 1936) brauchten die 600 PS-Junkers-Jumo-205-Motoren des Schnellverkehrsflugzeuges Ju 86 rd. 170 g/PSh Treiböl und 5,5 g/PSh Schmieröl (s. auch S. 98). Der Versuchsstandvollastbrennstoffverbrauch von Flugzeug-Ottomotoren beträgt 200 bis 240 g/PSh, doch wurden schon 180 g/PSh erreicht. Ein Vergleich mit dem bei Dampfantrieben voraussichtlich erreichbaren Verbrauch wird in Abschnitt III, D, 3e angestellt.

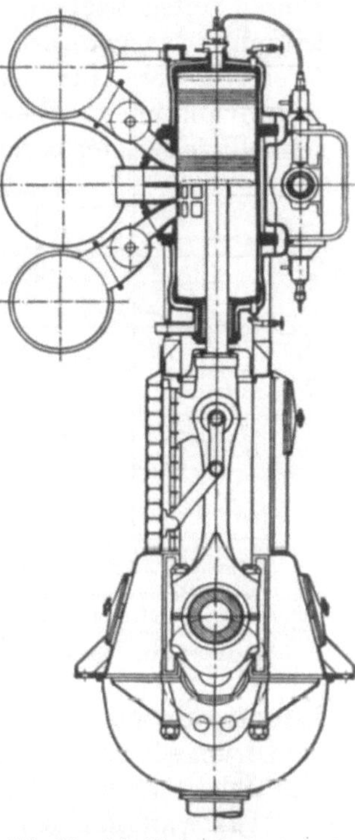

Abb. 16. Schnitt durch die doppelt wirkenden, kompressorlosen MAN-Zweitakt-Dieselmotoren für die Schiffe „Leipzig", „Bremse" und „Deutschland".

2. Besondere Betriebsbedingungen für die Kraftmaschinen. Auch die Betriebsbedingungen der Kraftmaschine selbst weichen auf den verschiedenen Gebieten sehr voneinander ab. Turbinen in ortsfesten Kraftwerken arbeiten mit praktisch konstanter Drehzahl, tiefem Vakuum (0,04 bis 0,06 ata) und fahren vom Leerlauf unbelastet hoch.

Auf Schiffen (und anderen Fahrzeugen) mit starrer Kupplung von Vortriebsorgan und Turbine gehört zu jeder Belastung eine bestimmte Drehzahl; bei Teillast ändert sich daher außer dem durchströmenden Dampfgewicht auch die Umfangsgeschwindigkeit der Laufräder. Ferner müssen die Turbinen häufigen Übergang vom Stillstand auf volle Drehzahl und wieder zurück zum Stillstand ohne Schaden vertragen. Bei starrer Kupplung beträgt die Rückwärtsleistung von Schiffsturbinen nur 60 vH der Vorwärtsleistung, bei turboelektrischem Antrieb aber 100 vH. Ein weiterer Vorteil des turboelektrischen Antriebes ist der Wegfall des heftigen Temperatursturzes in der Turbine beim Manövrieren, da sie dauernd läuft. Ferner fällt die Abnutzung und das Geräusch der Zahnradgetriebe weg und die Anlage arbeitet auch bei halber Fahrt wirtschaftlich, weil dann bei Zweiwellenschiffen nur eine Turbine läuft, deren Generator beide Schraubenmotoren mit Strom versorgt. Der turboelektrische Antrieb wurde daher in neuerer Zeit unter anderem bei der „Scharnhorst", „Potsdam" und „Normandie" angewendet.

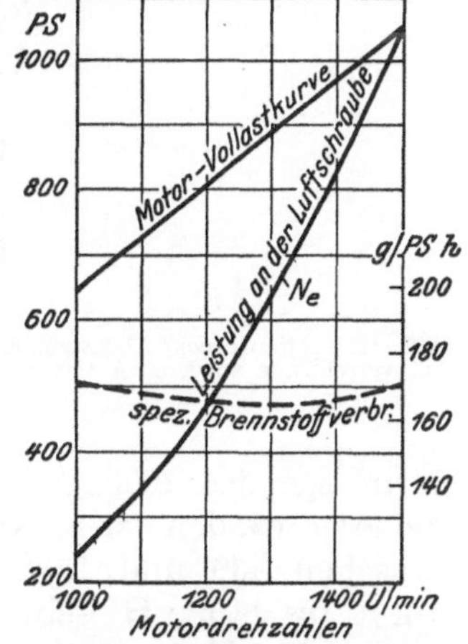

Abb. 17. Brennstoffverbrauch der 900/1200 PS-Dieselmotoren des Luftschiffes Hindenburg. Nach Sturm.

Bei Lokomotiven und Triebwagen ist die Art der Kraftübertragung von der Maschine auf die Triebräder von erheblichem Einfluß auf die Fahreigenschaften. Bei Zahnradübertragung sind die Treibachsen starr miteinander gekuppelt, was besonders bei hoher Geschwindigkeit unerwünscht ist, und die Antriebsmaschine muß aus dem Stillstand unter Last anfahren.

Bei Flüssigkeitsgetrieben (bei 500 PS Leistung Wirkungsgrade bis zu 84 vH) und Fahrzeugen mit mehr als 2 Treibachsen sind entweder mehrere Antriebsmaschinen nötig, wodurch Anlagekosten und Brennstoffverbrauch steigen, oder die verschiedenen Flüssigkeitsgetriebe müssen mechanisch miteinander gekuppelt werden. Elektrische Übertragung dagegen ermöglicht unabhängigen Antrieb der Treibachsen, gleichbleibende Drehzahl der Antriebsmaschine und bequeme, sanfte Änderung von Fahrtrichtung und -geschwindigkeit. Elektrische und hydraulische Kraftübertragung haben sich auf Dieselschnelltriebwagen bereits bewährt. Abb. 18 zeigt die Wirkungsgradlinien einer Zahnrad-,

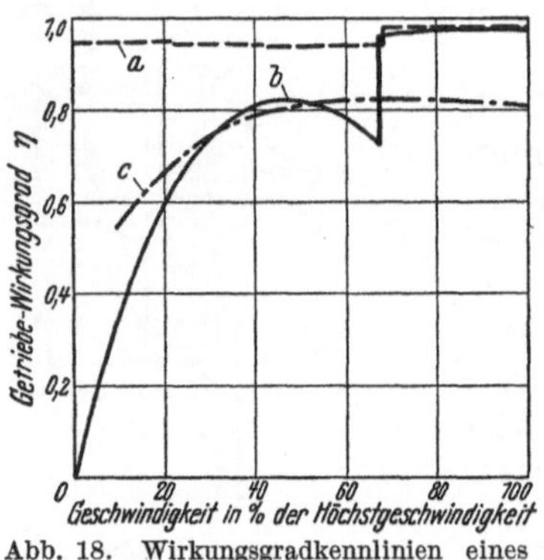

einer hydraulischen und einer elektrischen Übertragung von Triebwagen. Zwischen Antriebsmaschine und Getriebe wird öfters eine Zahnradübersetzung ins Schnelle geschaltet, damit die Flüssigkeitsgetriebe schnell laufen und klein werden.

3. Maschinengewicht und Aufladeverfahren. Häufig spielt kleines Einheitsgewicht[1] der Maschinenanlage eine ähnliche Rolle wie kleiner Brennstoffverbrauch. Besonders wenn die Spitzenleistung nur gelegentlich und während kurzer Zeit verlangt wird, hat sich das „Aufladen" von Verbrennungsmaschinen als vorteilhaft erwiesen, bei dem ein Gebläse den Zylindern mehr Luft zuführt, als sie von allein ansaugen würden. Dadurch läßt sich eine entsprechend größere Ölmenge verbrennen und mit einem nur wenig größeren Maschinengewicht eine wesentlich höhere

Abb. 18. Wirkungsgradkennlinien eines mechanischen Stufengetriebes (*a*), eines hydraulischen Getriebes (*b*) und einer elektrischen Kraftübertragung (*c*).

Leistung erzielen. In der Luftfahrt kann man durch das Aufladen trotz des niedrigen Luftdruckes in großer Flughöhe noch die Bodenleistung[2] des Motors erreichen und dadurch erst die Vorteile des Fluges in großer Höhe ausnutzen.

Die Auflader werden entweder durch die Motorwelle oder durch besondere Motoren oder durch in die Auspuffleitung eingeschaltete Gasturbinen angetrieben. In den beiden ersten Fällen wird der Wärmeverbrauch größer als ohne Aufladung, im letzten Fall kann

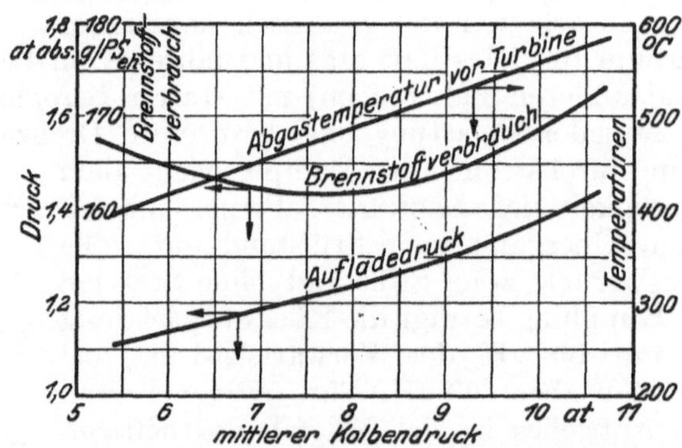

Abb. 19. Aufladedruck, Abgastemperatur und Brennstoffverbrauch eines MAN-Sechszylinder-Dieselmotors mit Abgasturbogebläse bei verschieden starkem Aufladen. Nach Pflaum. Der Motor, der wahrscheinlich mit dem Motor in Abb. 151 identisch ist, leistet ohne Aufladen bei 700 U/min 700 PS.

er infolge des Rückgewinnes eines Teiles der sonst verlorenen Auspuffenergie etwas niederer werden (s. S. 88). Nach Pflaum erhöhen bei Dieselmotoren mit Leistungen zwischen 450 und 1500 PS mit dem Motor gekuppelte Aufladegebläse sein Gewicht um 8 bis 11,5 vH, seine Leistung um 24 bis 33 vH. Bei mit Abgasturbogebläsen ausgestatteten Motoren von Leistungen zwischen 200 und 700 PS steigt das Gewicht der

---

[1] Unter Einheitsgewicht wird das auf 1 PS nutzbarer Leistung bezogene Gewicht einer Maschine in kg/PS verstanden. Soweit nichts anderes gesagt ist, wird es aus der dauernd zulässigen Höchstleistung einer Maschine errechnet.

[2] Bodenleistung ist die Leistung, die ein Motor in der Nähe des Meeresspiegels herzugeben vermag.

Motoren um nur 0,8 bis 5,2 vH, ihre Leistung aber um 32 bis 53 vH. Insbesondere das Aufladen mittels Abgasturbogebläsen verringert also das Einheitsgewicht beträchtlich. Abb. 19 zeigt den spezifischen Brenstoffverbrauch und einige andere wichtige Größen eines sechszylindrigen MAN-Dieselviertaktmotors mit Abgasturbogebläse, der unaufgeladen 700 PS bei 700 U/min hergibt. Flugzeuge für Flüge in größerer Höhe erhalten entweder mechanisch angetriebene zweistufige oder auf zwei Geschwindigkeiten umschaltbare oder durch eine Gasturbine angetriebene Aufladegebläse.

Die Vorteile des Aufladens können auch Dampfantrieben zugute kommen und sind hier möglicherweise noch größer als bei Verbrennungsmotoren. Das Gebläse führt den Brennern bzw. dem druckfesten Feuerraum des Kessels je nach der Belastung Luft von wechselndem Überdruck zu und wird durch eine in den Rauchgasstrom an passender Stelle eingeschaltete Abgasturbine angetrieben. Auf diese Weise läßt sich der bei mechanischem Antrieb untragbar große Kraftverbrauch des Gebläses fast ganz aus dem Prozeß selber decken. Zur Zeit arbeitet nur der Velox-Kessel mit Aufladung, wie aber auf S. 40 näher gezeigt wird, bietet sie mindestens bei engrohrigen Zwanglaufkesseln gleichfalls große Vorteile.

D. Problemstellung des Buches.

Vorstehende Ausführungen haben in großen Zügen die eigenartigen Voraussetzungen und Zusammenhänge geschildert, die bei Dampfantrieben für die verschiedensten Zwecke maßgebend sind, und zu zeigen versucht, daß das Schaffen geeigneter Kessel mindestens auf einem Gebiete, nämlich in der Luftfahrt, geradezu Voraussetzung für die Wettbewerbsfähigkeit von Dampfkraftanlagen mit Verbrennungsmaschinen ist. Es wurde ferner auf die Bedeutung hingewiesen, die dem Zwanglauf zukommt. Die folgenden Abschnitte erörtern daher in erster Linie nachstehende Fragen:

1. Sind Kessel mit Zwanglauf oder mit natürlichem Wasserumlauf überlegen?

2. Wo verdient Zwangdurchlauf, wo Zwangumlauf den Vorzug?

3. Welche Vorteile bieten Kessel mit sehr hohen Feuerraumbelastungen und Rauchgasgeschwindigkeiten, wie müssen sie gebaut werden und welches Umlaufsystem ist für sie am geeignetsten?

4. Welche Vorteile bieten Kessel mit aufgeladener Feuerung?

5. Welche Aussichten haben leichte Dampfantriebe an Land, auf der See und in der Luft gegenüber Verbrennungsmotoren?

Beim Erörtern dieser Fragen müssen natürlich die Schwächen einer Konstruktion ebenso wie ihre Vorteile angeführt werden. Diese Notwendigkeit wird zwar allgemein anerkannt, aber es finden sich immer wieder Stellen, die, sobald ihre eigenen Erzeugnisse in Frage kommen, in jeder, auch der begründetsten Kritik eine ungerechtfertigte Herabsetzung erblicken. Ihnen sei daher gesagt, daß auch die beste Maschine nur ein Kompromiß zwischen möglichst viel Vorzügen und möglichst wenig Schwächen und daher nicht frei von gewissen Mängeln sein kann. Sich über diese Mängel klar zu werden, ist für die richtige Auswahl wie für weitere Verbesserungen einer Maschine ebenso wie für den technischen Fortschritt im ganzen unerläßlich. Absolute Bestlösungen gibt es nicht. Eine Maschine kann ganz vorzüglich sein, für den einen oder anderen Fall sich aber trotzdem weniger eignen als eine andere, ihr alles in allem unter Umständen erheblich unterlegene. Im Reiche der Maschinen wie in der belebten Welt haben eben Vorzüge fast stets gewisse komplementär bedingte Nachteile zur Folge.

Bei den Verkehrsmitteln war ich fast ganz, bei Flugzeugen und Luftschiffen völlig auf Veröffentlichungen angewiesen und konnte über manche Dinge keine oder nur unbefriedigende Angaben bekommen, was beim Studium des Buches beachtet werden muß.

II. Röhrenkessel mit natürlichem Wasserumlauf und Zwanglaufkessel.

A. Heutige Bauformen von Kesseln mit natürlichem Wasserumlauf.

Rudolf Diesel, 1858 bis 1913.
Erfinder des weltberühmten nach ihm
genannten Verbrennungsmotors.

1. Einleitung. Zum Erfolg eines Kessels gehören 4 Dinge:

Ein brauchbares Kesselsystem,

eine erfahrene leistungsfähige Kesselfirma,

ein Käufer, der keine unzweckmäßigen Forderungen stellt,

ein Betriebsleiter, der seine Sache versteht.

Die beiden ersten Voraussetzungen gelten als selbstverständlich, an die beiden letzten wird nicht immer genügend gedacht. Ihre Bedeutung ist aber um so größer, je höher die Ansprüche an leichtes Gewicht und hohe spezifische Leistung sind. Für die Bewährung gewisser Sonderkessel sind sie geradezu Voraussetzung.

Viele Enttäuschungen würden vermieden, wenn manche Betriebsleiter nicht meinten, ein neuer Kessel brauche lediglich in Betrieb genommen zu werden und müsse dann wie etwa ein Staubsauger sofort und ohne daß er mit Hand anzulegen braucht, mit voller Leistung und bestem Wirkungsgrad arbeiten. Unzweckmäßige Forderungen und Vorschriften des Käufers legen den Keim dauernder Schwächen in manche Kessel, die ohne sie befriedigt hätten. Schließlich kann ein an sich guter Kessel versagen, weil er für den betreffenden Betrieb nicht paßt. Ein Werk mit einem energielosen Betriebsleiter oder ungeschulten Bedienungsmannschaften sollte bei normalen anspruchslosen Bauarten bleiben. Jedenfalls verlangt die richtige Wahl von Kesselsystem, -leistung und -druck und die Beurteilung, ob das mit einem bestimmten Kessel verknüpfte Risiko vertreten werden kann, viel Umsicht und Erfahrung. Die Aufstellung eines ungewöhnlichen Kessels neben mehreren normalen in einem vorhandenen ortsfesten Kraftwerk mit eingeschulter Bedienung ist eine ungleich einfachere Sache als die ausschließliche Ausrüstung eines für lange Seereisen bestimmten Schiffes, das mit wechselndem Heizerpersonal rechnen muß, mit eben diesen Kesseln. Fehler und Mängel in solchen Dingen können gerade den Ruf neuartiger Konstruktionen zu Unrecht schwer schädigen, wenngleich sie für den Wert einer Bauart an sich unerheblich sind.

2. Hauptursachen der Änderungen im Wasserrohrkesselbau seit 1920. Will man die zahlreichen Neuerungen im Wasserrohrkesselbau seit 1920 verstehen, so muß man die Gründe kennen, die sie veranlaßt haben. Bis dahin war der Kesselbau überall recht konservativ. Großbritannien benutzte fast nur Schrägrohrkessel, in den Vereinigten Staaten und in Deutschland fanden neben Schrägrohrkesseln Steilrohrkessel guten Absatz, ohne aber die Zahl der ersteren zu erreichen.

Die Einführung von Staubfeuerungen, die außerordentliche Steigerung von Frischdampfdruck und Überhitzung, die Speisewasservorwärmung durch Anzapfdampf und die Vervollkommnungen in der Speisewasseraufbereitung stellten innerhalb kurzer Zeit ganz neue Anforderungen an den Kesselbau, erschlossen ihm aber auch neue Möglichkeiten. Das Wechselspiel zwischen diesen Einflüssen und den Fortschritten in der Fabrikation und der Stahlherstellung hat dem Bau ortsfester Kessel in den letzten 15 Jahren seine Note aufgedrückt.

Staubfeuerungen (und hochbelastete mechanische Roste) zwangen zu weitgehender Kühlung des Feuerraumes durch Verdampfungsheizflächen, die mittels umständlicher Fall- und Steigeleitungen mit dem eigentlichen Kessel verbunden werden müssen, Abb. 11.

Zunehmende Erfahrung und wissenschaftliche Untersuchungen zeigten, daß infolge des mit wachsendem Druck immer kleiner werdenden Unterschiedes der spezifischen Gewichte von Wasser und Dampf bei Höchstdruckkesseln unbeheizte Fallrohre und einige andere Maßnahmen wichtig sind, die bis zu Drücken von etwa 30 at keine große Bedeutung haben. Infolge des mit dem Druck gleichfalls fallenden Anteiles der Verdampfungswärme an der Erzeugungswärme wird die Verdampfungsheizfläche von Höchstdruckkesseln verhältnismäßig klein, und da infolge der Vorwärmung des Speisewassers durch Anzapfdampf die Rauchgase in Ekonomisern nur verhältnismäßig wenig abgekühlt werden können, müssen Luftvorwärmer nachgeschaltet werden. Die hohe verlangte Überhitzung ließ schließlich nur eine kleine dem Überhitzer vorgeschaltete Kesselheizfläche zu, wodurch, wie später gezeigt wird, der natürliche Wasserumlauf in manchen Kesseln in Mitleidenschaft gezogen wurde.

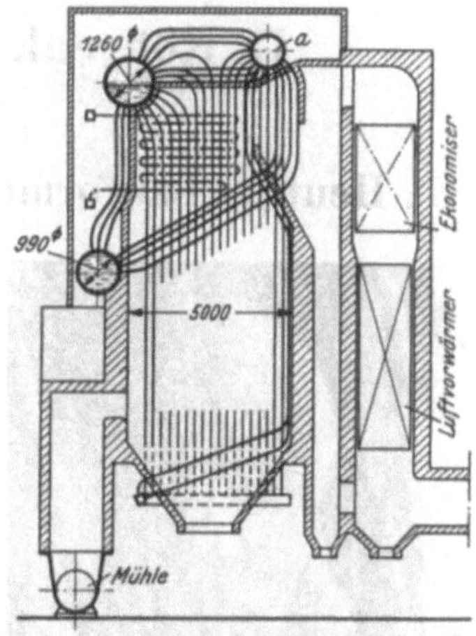

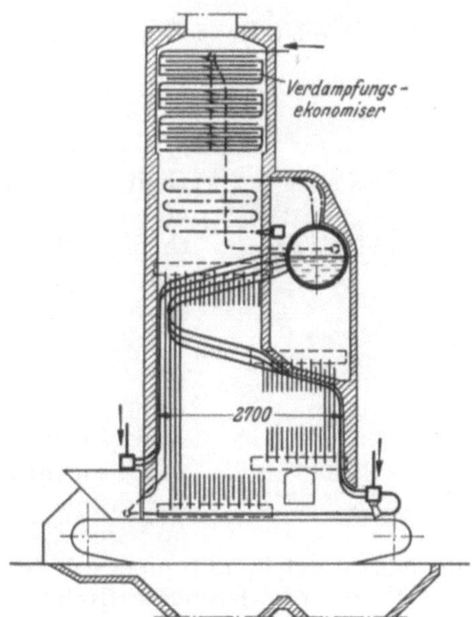

Abb. 20. 83 at-Steilrohrkessel für 45 t/h Leistung der Deutschen Babcockwerke, Entwurfsjahr 1935. *a* Entmischungstrommel.

Im Laufe dieser Entwicklung entstand ein vielfach als „Strahlungskessel" bezeichneter Dampferzeuger, der in zahllosen Varianten als Steilrohr- und Schrägrohrkessel gebaut wird, Abb. 20 bis 28. Der Formenreichtum ist in Deutschland am größten, weil dort zahlreiche Firmen von annähernd gleicher Leistungsfähigkeit Kessel bauen. In den letzten Jahren hat die Zahl der Bauarten aber auch in Großbritannien und noch mehr in Amerika zugenommen. Schuld hieran ist unter anderem der Umstand, daß die Kessel häufig in vorhandenen, unzulänglichen Räumen untergebracht werden müssen, obgleich es auch im Interesse des Käufers manchmal zweckmäßiger wäre, eine normale Konstruktion aufzustellen und

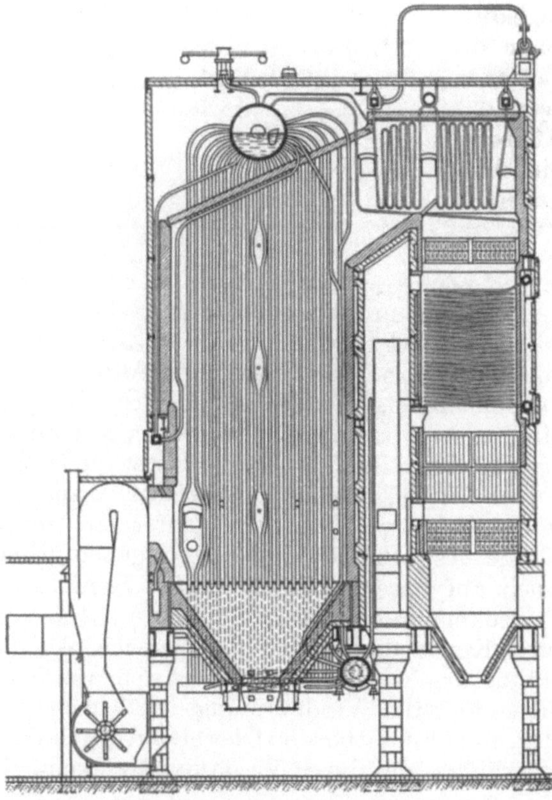

Abb. 21. 65 t/h-Strahlungskessel mit Krämer-Feuerung der Dürrwerke, Ratingen, für 89 at und 450°.

Abb. 22. Borsig-Eintrommelsteilrohrkessel, Entwurfsjahr 1934.

das Haus neu zu bauen. Aber auch die in Deutschland besonders rege Beschäftigung mit kesseltechnischen Fragen; der Wunsch, die neuesten (nicht immer genügend gesicherten) Ergebnisse der Forschung zu berücksichtigen; zuweilen auch persönliche

Liebhaberei und Eigenbrötelei auf Seiten der Kesselkäufer und das Bestreben, unbedingt etwas Neues zu bringen, auf Seiten der Kesselhersteller, trugen zu dieser Vielgestaltigkeit bei, die neben manchem Brauchbaren viel Überflüssiges in sich birgt. Wenn aber die derzeitige stürmische Entwicklung ruhiger geworden ist, wird zum Vorteil von Herstellern und Käufern von Kesseln auch das Verlangen nach wenigen typischen Bauformen wieder stärker werden. Hierüber dürfen auch in der technischen Literatur über Gebühr behandelte „Neukonstruktionen", denen nur kurzes Leben beschieden sein wird, nicht hinwegtäuschen. Man könnte

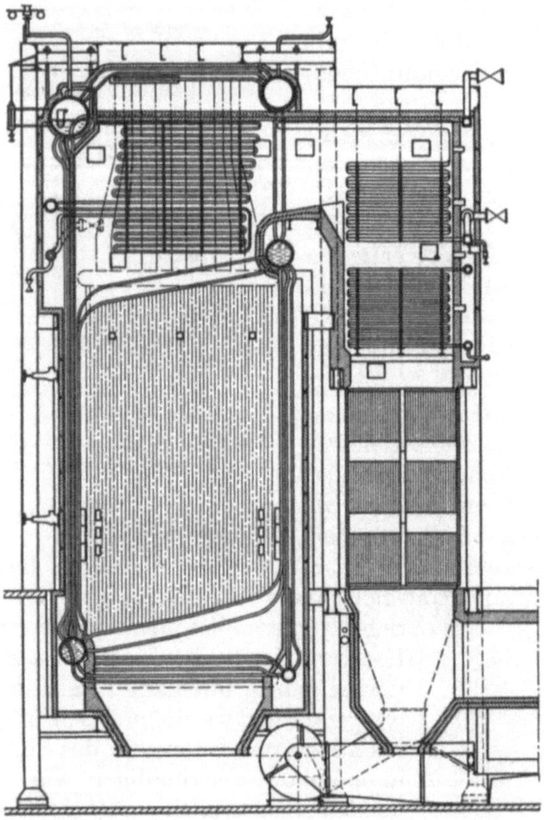

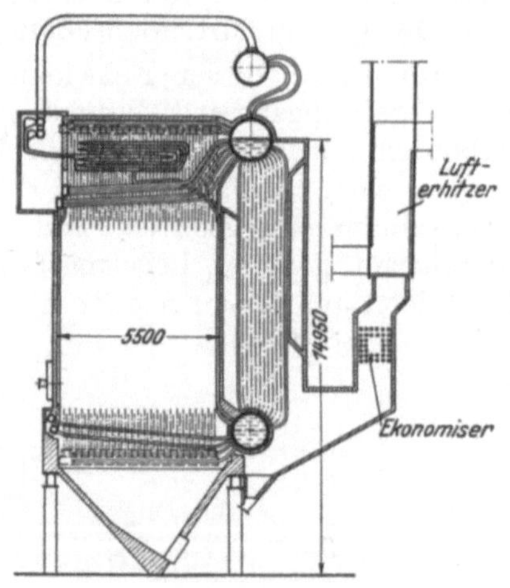

Abb. 23. 120 t/h - Strahlungskessel mit Eckenbrennern der Kohlenscheidungsgesellschaft, Berlin, für 135 at und 500°. Speisung erfolgt in linke Obertrommel.

Abb. 24. 45 at-Lopulco-Strahlungskessel mit Eckenbrennern für 75 bis 95 t/h Dampferzeugung der International Combustion Ltd., London.

in Deutschland mit weit weniger Bauformen von Kesseln auskommen und auch durch die Beschränkung auf ein paar bewährte Gesamtanordnungen von Kesseln und Zugerzeugungs- und Rauchgasentstaubungsanlagen viel Zeit, Ärger und Geld sparen und Projektierung und Bau ganzer Kraftwerke erheblich vereinfachen und beschleunigen. Die durch eine Überbewertung theoretischer Spitzfindigkeiten und „Erfahrungen" von manchmal sehr ephemerem Wert geförderte Eigenbrötelei belastet die Industrie schwer und legt in einer Periode starker industrieller Anspannung, wie sie wirtschaftlicher Aufschwung und Vierjahresplan mit sich brachten, nutzlos Kräfte fest, die für wichtige Aufgaben dringend benötigt werden. Auch auf diesem Gebiete werden Menschen und Stoffe nicht immer zweckmäßig eingesetzt.

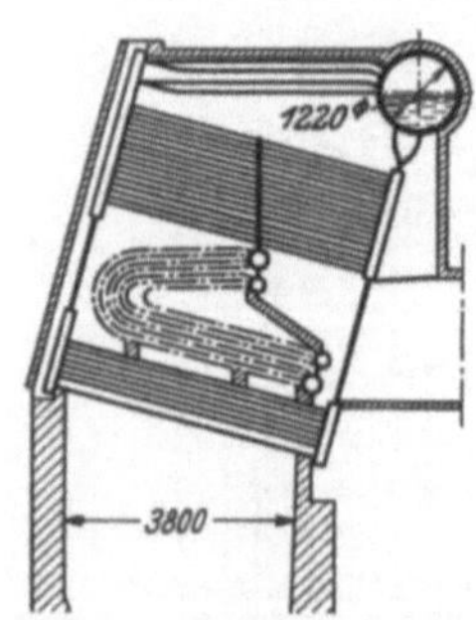

Abb. 25. Sektionalkessel mit Zwischendecküberhitzer.

Fast alle neueren Konstruktionen sind gekennzeichnet durch weitgehende Auskleidung des Feuerraumes mit in den Wasserkreislauf des Kessels eingeschalteten Verdampfungsheizflächen (Kühlflächen), durch hohe Temperatur der Rauchgase am Eintritt in den Überhitzer, durch Wegfall von Berührungs-Kesselheizfläche hinter Überhitzer und durch Verdampfungsekonomiser [1]

---

[1] Obgleich sich das Wort Speisewasservorwärmer für Vorrichtungen, in denen das Speisewasser durch die Abgase von Dampfkesseln erhitzt wird, ziemlich eingebürgert hat, benutzte ich ebenso wie in meinem Buche „Dampfkraft" den Ausdruck Ekonomiser. In der Technik kommt es in erster Linie auf eindeutige, kurze, unmißverständliche Bezeichnungen an. Beim Wort Speisewasservorwärmer weiß man aber oft nicht, ob ein durch Dampf oder durch Rauchgase beheizter Apparat gemeint ist. Auch aus der Höhe der Austrittstemperatur des Wassers kann man keine sicheren Schlüsse mehr ziehen, seitdem es mittels angezapften Dampfes

und Luftvorwärmer, in denen die Verbrennungsluft bei mechanischen Rosten bis auf 200⁰, bei Staubfeuerungen bis auf 400⁰ C erhitzt wird. Derartige Dampferzeuger werden als Schrägrohrkessel durchweg mit einer querliegenden Obertrommel ausgeführt. Bei Steilrohrkesseln verwendet man in Deutschland wenigstens bei Kesseldrücken von mehr als etwa 40 at nur selten mehr als eine Unter- und eine Obertrommel, zuweilen sogar nur eine Obertrommel, Abb. 22, und hat damit gute Erfahrungen gemacht. Je höher der Kesseldruck ist, um so wichtiger sind unbeheizte Fallrohre, da der natürliche Wasserumlauf sonst durch den geringen Unterschied der spezifischen Gewichte von Wasser und Dampf und mit der sogenannten „Selbstverdampfung"[1] zusammenhängende Erscheinungen leiden kann. Der, wenn man so sagen darf, internationalste Dampferzeuger mit natürlichem Wasserumlauf ist der Quertrommel-Sektionalkessel mit seiner ausgezeichneten Anpassungsfähigkeit an örtliche Verhältnisse und technische Anforderungen, Abb. 26 bis 28.

Bei so zahlreichen Neuerungen waren Anstände unvermeidlich, die nur allmählich überwunden werden konnten. Durch

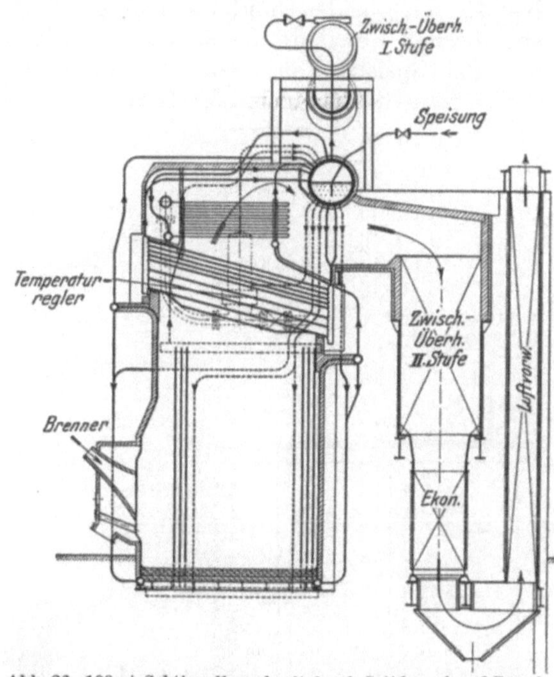

Abb. 26. 100 at-Sektionalkessel mit durch Sattdampf und Rauchgase beheiztem Zwischenüberhitzer, Ekonomiser und Röhrenluftvorwärmer der Babcock & Wilcox Co., New York. Baujahr 1929.

sie hindurch schlingen sich wie ein roter Faden Rohrschäden, die man teils mit Recht, teils mit Unrecht mangelhaftem Wasserumlauf zuschrieb und die immer stärker den Wunsch, sich von den Zufälligkeiten des natürlichen Wasserumlaufes frei zu machen, laut werden ließen. Als man z. B. den Überhitzer zwischen das in 2 Teile unterteilte Siederohrbündel von Schrägrohrkesseln einbaute (Zwischendeckkessel), Abb. 25, korrodierten manchmal die obersten in Rauchgasen von 500 bis 700⁰ liegenden Siederohrreihen, weil sie bei gewissen Belastungen fast strömungsfrei werden. Dadurch bleiben die in ihnen entwickelten Dampfblasen im Scheitel der Rohre hängen, die sich an dieser Stelle so erhitzen, daß die Dampfblasen mit der Rohrwand in Reaktion treten. Bei Sektionalkesseln verdient daher eine Anordnung den Vorzug, bei der die gesamte Kesselheizfläche vor dem Überhitzer sitzt, da der Wasserumlauf stabiler und kräftiger wird, Abb. 26 bis 28. Bei Steilrohrkesseln traten ähnliche Schäden auf. Bei Drücken von mehr als etwa 40 at legt man deshalb großen Wert auf unbeheizte Fallrohre, damit die Siederohre unter allen Umständen genügend Wasser erhalten. Wird aber, wie z. B. bei Schiffskesseln ohne Ekonomiser, die Kesselheizfläche verhältnismäßig groß, so ist der Einbau des

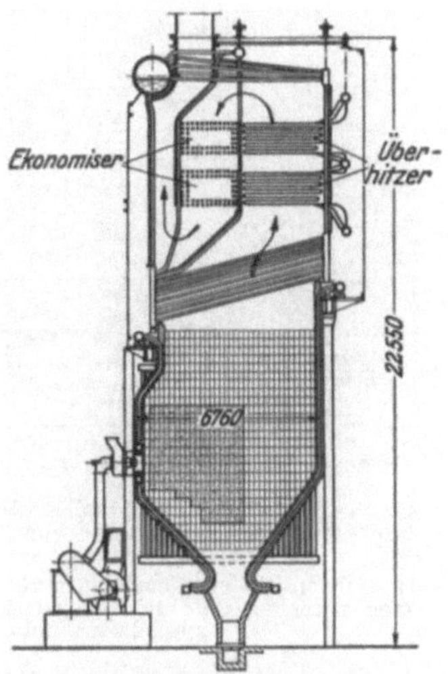

Abb. 27. 48 at-Dreizug-Sektionalkessel mit Kohlenstaubfeuerung für 80 t/h Dampferzeugung der Babcock & Wilcox Ltd., London.

---

bis auf 200 bis 300⁰ erhitzt wird. Ich halte es daher für das kleinere Übel, ein zwar fremdes aber kurzes, auf der ganzen Welt gebräuchliches, eindeutiges Wort zu benutzen. Auch das Verständnis eines der wichtigsten Propagandamittel im Ausland, unserer technischen Literatur, leidet durch übertriebenes Verdeutschen.

[1] Die Selbstverdampfung äußert sich darin, daß, wenn Wasser von Sättigungstemperatur in einem Rohr nach aufwärts strömt, ein Teil davon infolge seiner mit fallendem Druck abnehmenden Flüssigkeitswärme auch bei unbeheizten Rohren verdampft. Infolgedessen werden auch mit dem Umlaufwasser in die Fallrohre gelangende oder sich in deren oberen Teilen bildende Dampfblasen bei kleinem Kesseldruck vom Wasser kondensiert, bei großem Kesseldruck oft nicht, und schwächen dadurch den natürlichen Umlauf.

Überhitzers zwischen den Siederohren, die als Fallrohre, und denen, die als Steigrohre wirken sollen, ein gutes Mittel zum Erzielen eines stabileren Wasserumlaufes, Abb. 29 bis 31, weil beide Bündel verschieden stark beheizt werden und der Unterschied der spezifischen Gewichte des sie durchströmenden Dampf-Wasser-Gemisches groß wird.

Bei Speisen von chemisch aufbereitetem Wasser spucken viele Kessel und verschmutzen die Turbinen oft schnell, besonders wenn die „Spiegelfläche" in der Obertrommel stark belastet und ihr Dampfraum nieder ist. Man führt daher die am höchsten belasteten Siederohre oft oberhalb des Wasserspiegels in die Obertrommel ein, damit das aus ihnen austretende Gemisch ihren Wasserinhalt nicht aufwühlt, und schließt die Feuerraumkühlflächen womöglich nicht unmittelbar an die beiden Enden der Obertrommel an, sondern verbindet sie durch über die ganze Länge der Obertrommel gleichmäßig verteilte Überströmrohre mit ihrem Dampfraum, Abb. 20, 21. Ein weiterer Schritt in dieser Richtung sind sogenannte Ausscheidetrommeln, die entweder höher oder tiefer als die Obertrommel sitzen können und um so wirksamer sind, je mehr sie das umlaufende Wasser von der Obertrommel, an die der Überhitzer angeschlossen ist, fernhalten und je mehr dadurch die Obertrommel ein reiner Beruhigungsraum wird, Abb. 20 und 23. Sobald ein nennenswerter Teil des Speisewassers chemisch aufbereitet wird, geht man selbst bei hohen Drücken mit dem lichten Durchmesser der Obertrommel zur Zeit nicht gern wesentlich unter 1500 mm. In Deutschland arbeiten, soweit es sich um den Kessel selbst handelt, Steilrohrkessel bis zu 120 at Druck anstandslos, die nur mit chemisch aufbereitetem Wasser von 170 mg/l Salzgehalt gespeist werden und in denen die Salzkonzentration 0,1 bis 0,2° Bé beträgt. Dagegen bilden

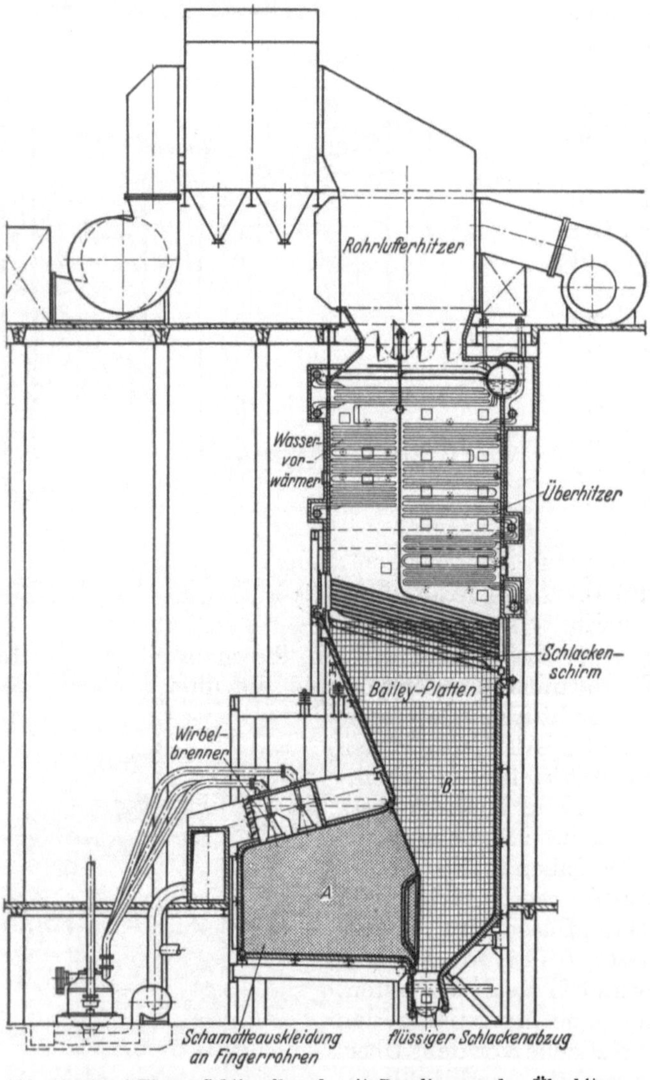

Abb. 28. 90 at-Einzug-Sektionalkessel mit Regulierung der Überhitzung durch Rauchgasklappen und Schmelzkammerfeuerung für 260 t/h Dampferzeugung der Babcock & Wilcox Co., New York.
Je nachdem, ob die Überhitzung zu hoch oder zu nieder ist, werden mehr oder weniger Gase durch den rauchgasseitig parallel zum Überhitzer geschalteten Ekonomiserteil geschickt.

sich bei feuchtem Dampf je nach der Natur des Rohwassers und der Art und Durchführung seiner chemischen Reinigung in den Turbinen Krusten, die bei Wasser mit hohem Silikatgehalt fast ganz aus SiO_2 bestehen und sehr hart sind. Da bei einem Dampfverbrauch von 100 t/h im Laufe eines einzigen Monates rd. 300 kg Salz in die Turbine gelangen, wenn der Salzgehalt des Dampfes nur rd. 4 mg/l, also sehr wenig, beträgt, genügt schon eine geringe Dampffeuchtigkeit zur Erzeugung von Krusten, die das Arbeiten der Turbinen schwer beeinträchtigen. Ihr verschiedener Charakter, ihr Auftreten an ganz verschiedenen Stellen in der Turbine und andere Gründe erschwerten die Erkenntnis der ihre Bildung auslösenden Ursachen.

Als feststehend kann nach Straub folgendes gelten:

1. Turbinen können auch bei sehr kleinem Salzgehalt des Dampfes verkrusten;
2. Verkrustung kann bei jedem Salzgehalt des Kesselwassers auftreten;
3. Natronlauge begünstigt die Krustenbildung sehr;
4. während in den Überhitzer mitgerissenes reines Wasser völlig verdampft, bildet aus dem Kesselwasser durch feuchten Dampf in den Überhitzer gelangende Natronlauge mit den Wassertröpfchen NaOH-Lösungen, die bei um so höherer Temperatur verdampfen, je konzentrierter sie sind. Beispielsweise liegt

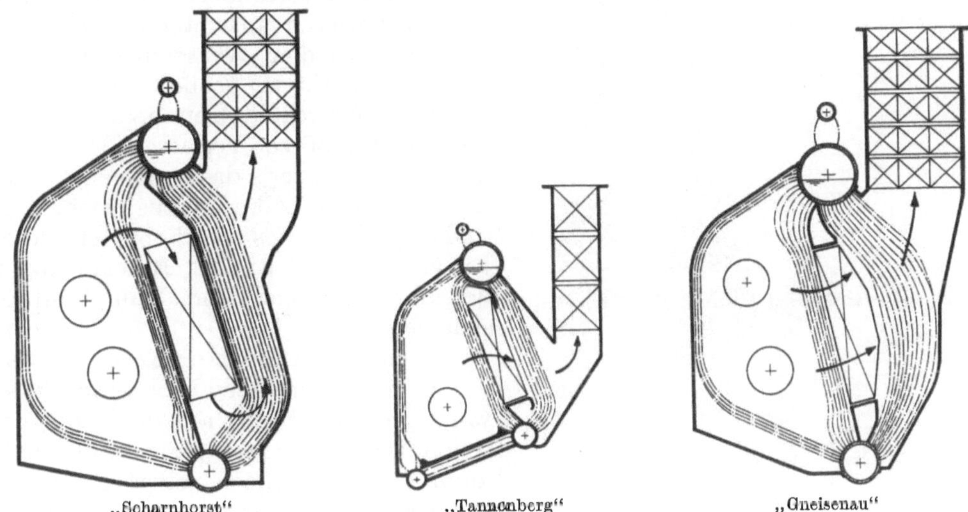

Abb. 29—31. Schema der Wagner-Kessel auf den Schnelldampfern „Scharnhorst", „Tannenberg" und „Gneisenau".

bei einem Druck von 40 at der Verdampfungspunkt einer 80 vH. NaOH enthaltenden Lösung erst bei 370^0. NaOH-Lösungen ähnlicher Konzentration haften wegen ihrer klebrigen Beschaffenheit an den Turbinenschaufeln fest und bringen auch Salze wie $NaCl$, Na_2CO_3 und Na_2SO_4 zum Ankleben, die für sich harmlos wären, da sie im Dampf als trockenes Pulver schweben.

Werner hat gezeigt, daß je nach der Natur und der Menge der im Dampf mitgeführten Salze eutektische Mischungen von sehr verschiedener Erstarrungstemperatur entstehen können. Je tiefer letztere liegt, um so gefährlicher sind sie. Aus diesem Grunde haften auch verschiedene Salzgemische an ganz verschiedenen Stellen der Turbine fest. Die Speisewasseraufbereitung sollte daher nach Werner nicht nur die Härte beseitigen, sondern die Bildung von Salzgemischen anstreben, deren wesentliche Anteile bei den in Frage kommenden Frischdampftemperaturen nicht schmelzen bzw. während der Expansion des Dampfes in der Turbine nicht erstarren. Zu diesem Zwecke erscheint es wichtig, vor allem den Gehalt des Speisewassers an Natronlauge und kohlensauren Alkalisalzen durch „Abstumpfen" mittels Schwefelsäure oder Phosphorsäure bis auf eine gewisse unerläßliche Schutzalkalität zu entfernen.

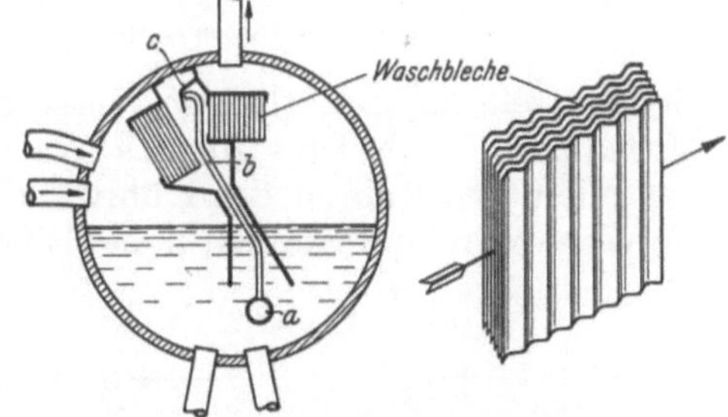

Abb. 32 und 33. In die Obertrommel eines Sektionalkessels eingebauter Dampfwäscher der Babcock & Wilcox Co., New York.

a Speisewasserzufuhrrohr,
b Speisewasserverteilungsrohre,
c Spritzplatte.

Da die im Dampf enthaltenen Salzmengen zum überwiegenden Teil von mitgerissenem Kesselwasser herrühren, sollte der erzeugte Sattdampf möglichst trocken sein. Weil aber ein Kessel um so leichter spuckt, je konzentrierter sein Wasserinhalt ist, muß man sich je nach dem Speisewasser, der Art der chemischen Wasserreinigung und dem Kessel unter Umständen mit einer geringen Eindickung im Kessel begnügen und verhältnismäßig viel Wasser abschlämmen. Ein der absoluten Größe nach zwar sehr kleiner, zum Herbeiführen von Turbinenverkrustungen bei gewissen Wassern aber bereits ausreichender Salzgehalt läßt sich jedoch mit den heute bekannten Mitteln auch dann nicht immer vermeiden. So wichtig daher die konstruktiven Bestrebungen zum Erzeugen trockenen Dampfes sind, so haben sie gegenüber einer Verbesserung der chemischen Speisewasseraufbereitung mit dem Ziele, den im Kesselwasser enthaltenen Salzen eine harmlose Form zu geben, offenbar mehr sekundäre Bedeutung. Die Entwicklung derartiger

Verfahren ist aber noch in vollem Fluß. Vorläufig wird daher die Ungewißheit, ob später Turbinenverkrustungen auftreten, öfters zur Bevorzugung von Verdampfern oder Dampfumformern vor einer chemischen Speisewasseraufbereitung führen.

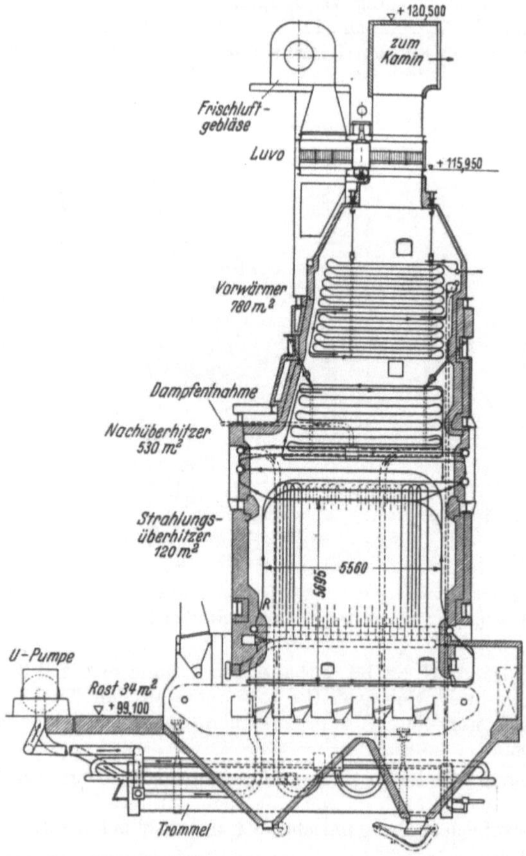

Der andere Schutz gegen Turbinenverkrustung ist die Erzeugung von trockenem Dampf. Das Mitreißen von Wasser und Salz im Dampf sucht man zu verhindern, indem man das aus den Siederohren austretende Dampf-Wassergemisch über dem Wasserspiegel in die Obertrommeln einführt, große Obertrommeln oder besondere Ausscheidetrommeln verwendet oder den Sattdampf vor Verlassen des Kessels mit dem Speisewasser, das weniger konzentriert als der Kesselinhalt ist, „auswäscht", Abb. 32 und 33. Ein zweites Abhilfemittel sind Sonderkessel, wie der Schmidt-Hartmann-Kessel, der Dampferzeuger und Dampfumformer in sich vereinigt.

Wenngleich Löffler-Kessel die seinerzeit in sie gesetzten sehr hochgeschraubten Erwartungen mit Bezug auf die Erzeugung salzfreien Dampfes nicht ganz erfüllt haben, so kann bei ihnen doch selbst bei vorwiegend chemisch aufbereitetem Speisewasser die Abschlämmenge und der mit ihr verbundene Wärmeverlust stark herabgesetzt werden. Beispielsweise wird bei den nur mit chemisch aufbereitetem Wasser von etwa 180 mg/l Salzgehalt gespeisten 35/45 t/h-Löffler-Kesseln in Höchst, Abb. 34, mit der Kesselwasserdichte bis auf $0,35^{\circ}$ Bé gegangen. Hierbei beträgt der NaOH-Gehalt des Speisewassers 2 bis 3 mg/l und derjenige des Kesselwassers 30 bis 40 mg/l bei rd. 15facher Eindickung.

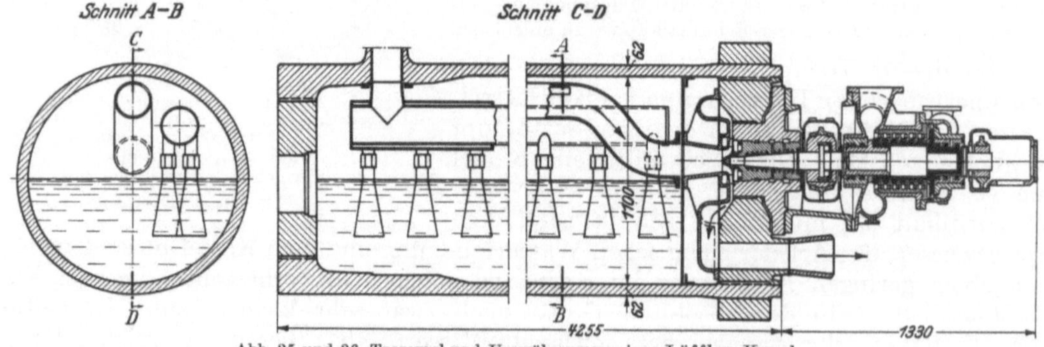

Abb. 34. 35/45 t/h-MAN-Löffler-Kessel für Dampf von 100 at, 500° im Werk der I. G. Farbenindustrie, Höchst.

Bei Kesseln mit natürlichem Wasserumlauf versucht man durch die bereits angegebenen Mittel und durch Drosseln des Wasserumlaufes in den am meisten beheizten Rohren, vor allem den Rohren der Kühlwände, das Aufwallen des Inhaltes in den Obertrommeln zu vermeiden und ähnlich hohe Eindickung zu erreichen.

Abb. 35 und 36. Trommel und Umwälzpumpe eines Löffler-Kessels.

So wie man bei Einführung von Staubfeuerungen nur an die von der schmelzenden Asche verursachten Schwierigkeiten aber nicht an die Anstände dachte, die der Flugaschenauswurf der Schornsteine mit sich bringt, so übersah man über der Sorge vor Kesselsteinbildung und den schädlichen Einfluß ungenügend alkalischen Wassers auf die Kesselwandungen geraume Zeit hindurch fast ganz die Auswirkung der mit dem Speisewasser in den Kessel gelangenden Chemikalien auf die Verunreinigung des Dampfes und der Turbine. Heute weiß man, daß mit Bezug auf das Speisewasser Kessel und Turbine stets gemeinsam betrachtet werden müssen: ein einwandfreier Betrieb des Kessels mit chemisch aufbereitetem Wasser wird auch bei hohem Druck oft erreichbar sein, nicht aber der Turbine. Beim heutigen Stand des Dampfkesselbaues tut man daher gut daran, Anlagen, in denen vorwiegend chemisch aufbereitetes Wasser gespeist wird, so zu entwerfen, daß später Dampfumformer im Bedarfsfall bequem aufgestellt werden können, die in der letzten Zeit sehr verbessert wurden.

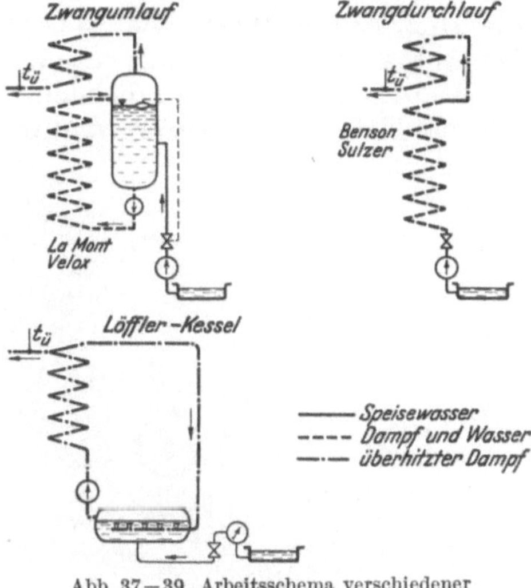

Abb. 37—39. Arbeitsschema verschiedener Zwanglaufkessel.

B. Das Aufkommen von Zwanglaufkesseln.

1. Allgemeines. Wenn man von falsch bedienten oder mit ungeeignetem Wasser gespeisten oder schlecht konstruierten Kesseln absieht, ist im Verhältnis zu den im Betrieb befindlichen Wasserrohrkesseln für hohen Druck die Zahl der mit dem Wasserumlauf zusammenhängenden Rohrschäden, so unangenehm sie sich im Einzelfall ausgewirkt haben mögen, nicht größer als bei der Neuartigkeit des Höchstdruckbetriebes zu erwarten war, Zahlentafel 7. Es wäre daher unbillig, zu sagen, der natürliche Wasserumlauf reiche bei den

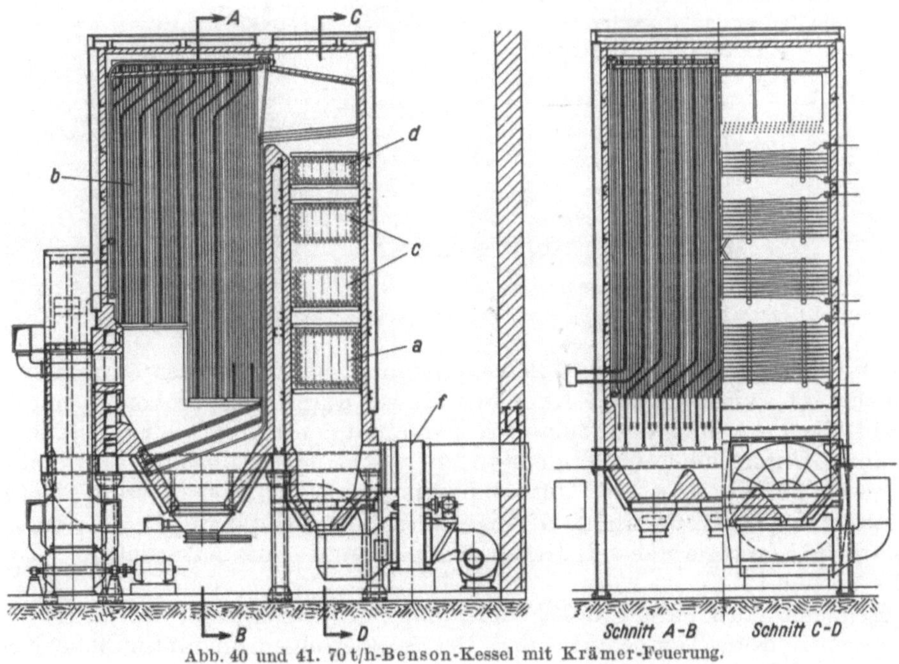

Abb. 40 und 41. 70 t/h-Benson-Kessel mit Krämer-Feuerung.

heutigen hohen Drücken und Heizflächenbeanspruchungen nicht mehr aus. Trotzdem haben natürlich die aufgetretenen Schäden die Einführung von Zwanglaufkesseln begünstigt. Die trommellosen Kesseln oder Kesseln, deren Trommeln von den Rauchgasen nicht berührt werden, zugeschriebene geringere Explosionsgefahr oder die seinerzeit behauptete besonders günstige Verdampfung unter überkritischem Druck haben außer ihrem Propagandawert nie wirkliche Bedeutung gehabt, aber insofern genutzt, als sie zur Wiederaufnahme früherer Versuche mit Zwanglaufkesseln führten, s. Schlußsatz auf S. 102.

Man unterscheidet zwischen Zwangumlaufkesseln (Löffler- bzw. La Mont- und Velox-Kessel), bei denen Dampf bzw. Wasser dauernd durch die Heizfläche umgewälzt wird, und Zwangdurchlaufkesseln (Sulzer-Einrohr- und Benson-Kessel), bei denen durch die Heizfläche gerade soviel Wasser gedrückt wird, wie sie verdampft, Abb. 37 bis 39. Im Aufbau ähneln sich die verschiedenen Zwanglaufkessel stark, Abb. 34, 40 bis 44, nur der Velox-Kessel weicht erheblich ab, Abb. 8, 45, 56. Eine gleichmäßige Beaufschlagung der parallel geschalteten Verdampfungsschlangen von Zwanglaufkesseln wird entweder

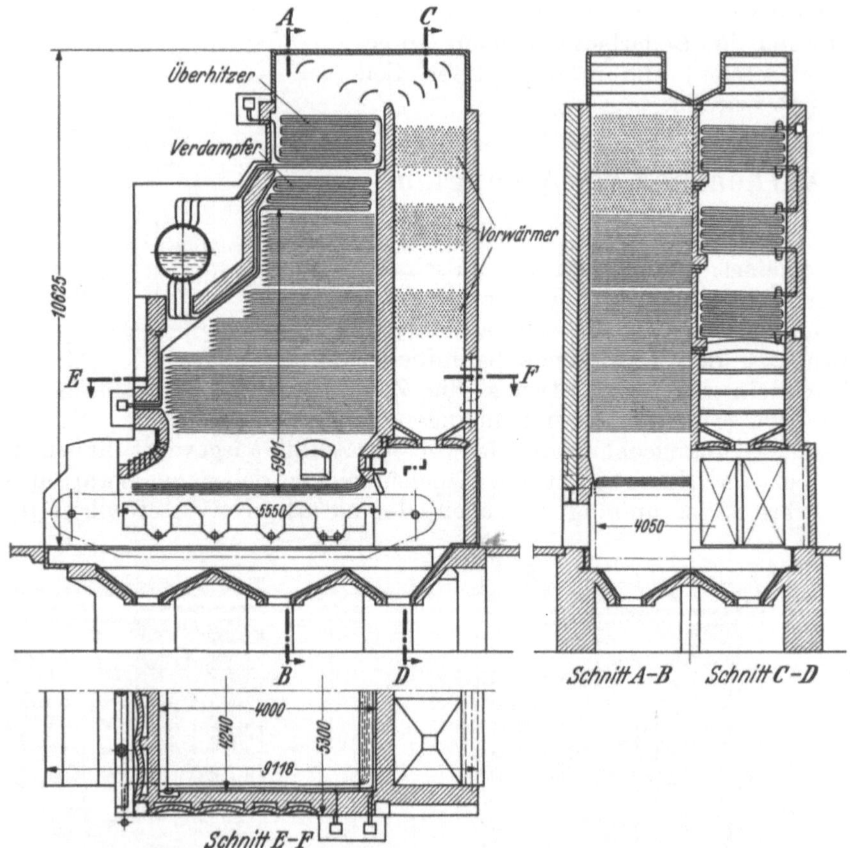

Abb. 42—44. 40 t/h-La Mont-Kessel für Dampf von 46 atü, 450° der Deutschen Werke, Kiel.

durch entsprechende Anordnung, Bemessung und Schaltung der einzelnen Schlangen, Abb. 40 und 41, oder wie beim La Mont-Kessel durch entsprechend bemessene Düsen angestrebt, die am Anfang der Schlangen sitzen und den Durchflußwiderstand so erhöhen, daß zufällige Unterschiede im Widerstand der Schlangen selbst ohne fühlbaren Einfluß bleiben, Abb. 46 bis 48. Die Umwälzpumpen von Löffler-Kesseln werden zweckmäßigerweise in die Kesseltrommel eingebaut, Abb. 35 und 36.

Sämtliche Zwanglaufkessel haben vor Kesseln mit natürlichem Wasserumlauf folgende Vorteile:

a) Bequeme Auskleidung des Feuerraumes mit Heizfläche,
b) gegen schroffe Temperatur- und Druckänderungen unempfindliche Kesselkörper,
c) von Zufälligkeiten unabhängiger Wasserumlauf,
d) Eignung für hohe Drücke und Temperaturen,
e) bequeme Anpassung an gegebene räumliche Verhältnisse.

Im übrigen verhalten sich Zwanglaufkessel in einzelnen Punkten recht verschieden.

2. Verhalten gegen unreines Speisewasser. Ein wichtiger Unterschied zwischen Zwangumlauf- und Zwangdurchlaufkesseln ist, daß erstere wie normale Wasserrohrkessel

	Hersteller	Borsig					Deutsche Babcockwerke		Dürrw[erke]	
		1	2	3	4	5	6	7	8	9
a	Baujahr u. Aufstellungsort	1928 Grube Ilse	1928	1931	1935	1935 I.G.F. Oppau	1934 Papierfabr. Glatz	1935 Wintershall- A.-G.	1933 I.G.F. Ludwigshafe[n]	1[...]
b	Kesselsystem	Steilrohr				Zweitr.- Strahlgs- Kessel	Sektional-		Zweitrom.- Strahlungs- Steilrohrk.	St lu ke
c	Feuerungssystem	Treppenrost				Kohlen- staub	Zonenrost	Mühlen- feuerung	Kohlenst.- feuerung	Ko st
d	Kesseldruck — atü	120	120	120	120	130	72	80	117	1[...]
e	Temperatur des überhitzten Dampfes — °C	475	475	475	475	475	465	500	$450 \div 470$	4[...]
f	Kesselleistung: normal / maximal dauernd — t/h	34 40	34 40	34 40	34 40	40 50	15 20	40 48	70 78	60[...]
g	Speisung erfolgt mit Destill., Kondensat, chem. aufbereit. Wasser	Kond.	Kond.	Kond.	Kond.	Chem. Aufbereit	65 vH Kond. 35 vH che. A.	40 vH Kond. 60 vH che. A.	100 vH chem. Aufbereit.	10[...] ch[...] Au[...]
h	Vorwärmung des Speisewassers im Ekonomiser — °C	v. 125 auf 270	v. 125 auf 270	v. 125 auf 325	v. 125 auf 325	von 165 auf 260	von 200 auf 295	von 135 auf 215	Regener. auf 200	von[...] au[...]
i	Vorwärmung der Verbrennungsluft auf — °C					330	120	225	300	3[...]
k	Zwischenüberhitzung durch	—	—	—	—	—	—	—	Rauchgas	R[...]
l	Reine Kesselheizfläche — m² / Reine Kühlfläche — m² / Summe beider — m²	466 — —	500 — —	240 — —	240 — —	— 300 300	100 50 150	150 200 350	445 295 740	[illegible]
m	Obertrommeln: Zahl / lichter ø — mm / zyl. Länge — mm	1 1000 8000	1 1000 7250	1 1000 7250	1 1000 7250	1 1400 5000	1 1378 4700	1 1600 8200	1 1100 7200	1 [...] 7[...]
n	Untertrommeln: Zahl / lichter ø — mm / zyl. Länge — mm	1 1000 7400	1 1000 7000	1 800 7000	1 800 7000	1 1000 5000	—	—	1 900 6400	8[...]
o	Dampfsammler und sonstige Trommeln: Zahl / lichter ø — mm / zylindr. Länge — mm	1 350 4400	1 700 2000	1 700 2000	1 700 2000	1 800 4500			1 700 4080 1 Schlamms. 700 ø 6500 lg.	[illegible]
p	Gesamtes Trommelvolumen — m³	12,02	11,97	8,99	8,99	14,6	7,15	16,5	14,97	[...]
q	Dampfraum als halbes Obertrommelvolumen gerechnet — m³	3,14	2,85	2,85	2,85	3,8	3,5	8,24	3,43	[...]
r	$\dfrac{\text{Trommelvolumen}}{\text{max. Dampfleistung}} = \dfrac{\text{Pos. p.}}{\text{Pos. f.}}$ — $\frac{\text{m}^3}{\text{t/h}}$	0,30	0,29	0,22	0,22	0,29	0,35	0,344	0,19	[...]
s	Dampfraumbelastung bezogen auf Pos. q. und max. Dauerleistung — $\frac{\text{m}^3/\text{h}}{\text{m}^3}$ [2]	186	205	205	205	168	153	140	341	[...]
t	Wasserspiegelbelastung[3] — $\frac{\text{m}^3/\text{h}}{\text{m}^2}$ [2] / $\frac{\text{t/h}}{\text{m}^2}$	72 5	80 5,5	80 5,5	80 5,5	92 7,1	82 3,1	88 3,65	148 9,8	[...]
u	Gesamte Kesselheizfläche je t max. Dampfleistung — $\frac{\text{m}^2}{\text{t/h}}$	11,7	12,5	6	6	6	7,5	7,3	9,5	[...]

[1] Abgeschlossen 30. Juni 1935.   [2] Bezogen auf Sattdampf des jeweiligen Druckes.   [3] Die Wasserspiegelbelastung hat

. Hauptwerte deutscher ortsfester Kessel über 70 at Druck[1].

Hanomag	Humboldt	Hanomag KSG	Dürr KSG	KSG	Germaniawerft	MAN	Oschatz	Schmidt-Hartmann	VKW	Siemens-Schuckert-Werke		
11	12	13	14	15	16	17	18	19	20	21	22	23
1928 G.K.W. Mannheim	1928	1929 G.K.W. Mannheim	1935	1935 Hamb. E.W.	1935 Fr. Krupp	1933/34 I.G.F. Höchst	1935 Knorr-Bremse	1928 I.G.F. Bitterfeld	1935	1927 T.H. Berlin	1927 SSW Kabelw. I	1927 SSW bel...
Zweitr.-Steilrohrk.	Zweitr.-Steilrohr	Zweitr.-Steilrohr	Strahlungskessel	Strahlungskessel	Steilrohr 3 Stück	Löffler 3 Stück	La Mont	Schmidt-Hartmann	Schmidt-Hartmann 4 Stück	Benson		
Kohlenstaubfeuerung	Kohlenstaubfeuerung				Unterwind-Zonen-Wanderrost	Unterwind-Zonen-Wanderrost	Planrost	mechanischer Muldenrost		Öl-feuerung	Kohlenstaubfeuerung	
100	100	103	108	126	68	120	80	100/150	103/180	50÷230	50÷180	50–
460	470	470	480	500	480	500	450	425	480	450	450	4
63 70	63 70	63 70	90 120	95 120	40 50	35 45	5 —	15 18	35 42	3	25	
Destill. u. Kond.	Destill. u. Kond.	Destill. u. Kond.	Dest. u. Kond.	85 vH Kond. 15 vH perm.	Destill. u. Kond.	Chem. Aufbereit.	Kond. u. chem. Aufbereit.	Kond. u. chem. Aufbereit.	chem. Aufbereit.	Kond.	Kond. u. Destill.	K. u. D
von 200 auf 265		von 190 auf 285		von 160 auf 204	von 60 auf 190	von 140 auf 260	auf 150	Regener. auf 200	von 200 auf 305	Speisewassereintrittstemp. 140	140	
240		245		235		150		250	220	200	400	4
Frisch-dampf	Frisch-dampf	Frisch-dampf		Rauchgas	—	—	—	—	Rauchgas	—	—	
635 128 763	716	533 92 625		98 282 380	327 168 495		64	250 —	133 107 240	59 42	414 197,5	
1 1100 8000	1 1100 9500	1 1200 8000		2 1100 bzw. 900 7700	1 1300 bzw. 1500 7000	Verd. Tr. 1 1200 9200	1 1200 1240	1 1200 9090	1 1500 9300	—	—	
1 900 7800	1 1000 5200	1 900 7600		1 700 6200	1 800 7000	—	—	2 220 2200	2 300 5250	—	—	
1 700 6000	1 700 3000	1 700 6000		Zwisch.-Tr. 1 700 6200	1 800 4000			Ob. Primär-Samm. 2 600 2390	1 750 5250			
15,42	14,29	16,2		20,63	14,87	10,5	1,4	10,2	16,4			
3,8	4,51	4,52		6,11	4,65	5,25	0,7	5,15	8,25			
0,22	0,20	0,23		0,17	0,30	0,23	0,28	0,56	0,39			
337	284	278		270	306	124	172	64,4	91,5			
147	123	131		106	160 138	177	134	35	54			
8	6,7	7,3		7,8	5,5 4,8	12,2	3,4	1,65	3			
10,9	10,2	8,9		3,16	9,9		13	13,9	5,25			

...te Bedeutung, da hochbelastete Rohre oft über Wasserspiegel münden.

Steinmüller				Walther	Buckau R. Wolf
24	25	26	27	28	29
1929 T.H. Darmst.	1934 Böhme Mohsdf.	1935 I.G.F. Wolfen	1935 Chem. Fabrik	1935 Chem. Fabrik	1935 Chem. Fabrik
Zweitrommel-Steilrohr		Sektional-	Steilrohr	Zweitr.-Steilrohrk.	Zweitr.-Strahlgs.-Steilrohrk. 2 Stück
Zonenvanderrost	Planrost	Mühlenfeuerung	Kohlenstaub	Kohlenstaub	Mühlenfeuerung
83	150	125	130	130	90
410	Sattdampf	485	475	475	490
12 16,2	2	32 40	40 50	60	50 65
50vH Ko. 50 vH chem. A.	100 vH Kond.	20vH Ko. 80 vH chem. A.	chem. Aufbereit.		Kondens.
von 95 auf 180	von 300 auf 340	von 150 auf 279	von 165 auf 240		von 160 auf 298
110	—	305	320		320
—	—	Rauchgas	—		—
176,2 54,8 231	20 —	135 105 240	25 275 300		— 350 350
1 1100 3600	1 651 1300	1 1500 5500	1 1400 6300		1 1400 7600
1 900 2400	1 651 1300	—	1 700 3500		1 700 6000
	.	1 1200 5500	1 800 4500		—
4,95	0,862	15,94	17,3		14
1,71	2,16	4,86	4,8		5,8
0,41	0,43	0,4	0,34		0,216
156	9,7	114	133		232
95	25	67	73		127
4,1	2,35	4,85	5,6		6,1
19,3	10	6	6		5,4

Verlag von Julius Springer in Berlin.

abgeschlämmt und auf konstanten Wasserstand gefahren werden können, während bei letzteren Verunreinigungen des Speisewassers, soweit sie sich nicht in den Heizflächen absetzen, in die Turbine gelangen und besondere Regelorgane Wasser-, Brennstoff- und Luftzufuhr dauernd mit der Dampfentnahme in Übereinstimmung bringen müssen. Zwangdurchlaufkessel stellen daher an das Speisewasser höhere Anforderungen als Kessel mit Zwang- oder natürlichem Umlauf. Beim Benson-Kessel sucht man diese Schwäche dadurch zu mildern, daß man die in mehrere abschaltbare Pakete unterteilte Heizfläche in der Zone, in der fast alles Wasser verdampft ist und in der sich erfahrungsgemäß Salz absetzt, in so tiefe Gastemperaturen verlegte, daß versalzte Rohre nicht durchbrennen und daß man die einzelnen Pakete in angemessenen Zeiträumen durchspült.

Sulzer schaltet zwischen die Stelle, wo nahezu alles Wasser verdampft ist, und den Überhitzer Abscheideflaschen[1] ein, aus denen zum Verhindern von Schlammansätzen im letzten Teil der Verdampferzone ein bestimmter Betrag des im Überschuß zugeführten Speisewassers dauernd abgelassen wird. Ähnlich gebaut ist der von der Babcock & Wilcox Co., New York, entwickelte Kessel in Abb. 49 bis 52. Seine Verdampfungsheizfläche besteht aus 5 parallel geschalteten Rohrschlangen. Aus dem hinter der Kesselheizfläche eingebauten Wasserabscheider von 350 mm l.W.,

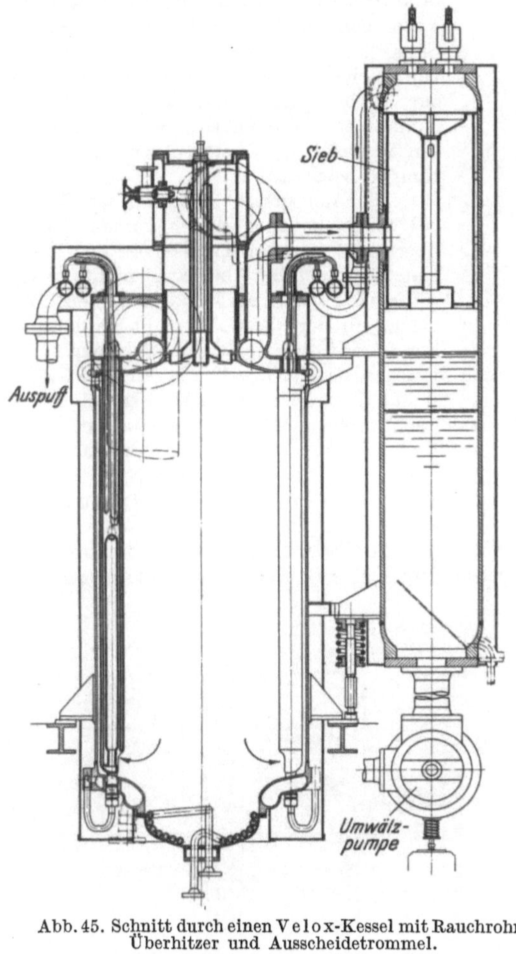

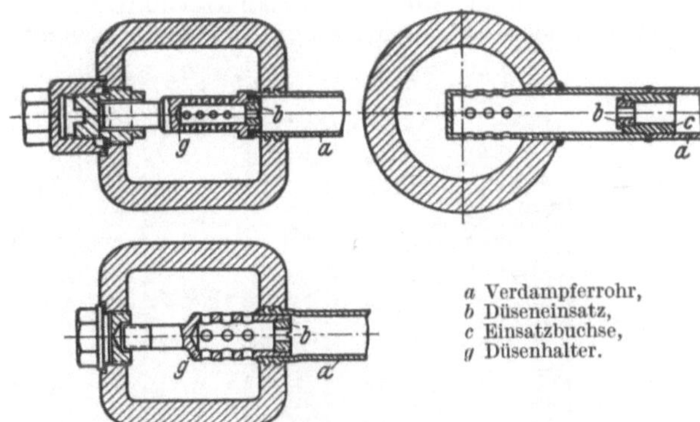

Abb. 45. Schnitt durch einen Velox-Kessel mit Rauchrohr-Überhitzer und Ausscheidetrommel.

Abb. 46—48. Verschiedene Formen von Drosseldüsen für La Mont-Kessel.

in dem ein konstanter Wasserstand aufrecht erhalten wird, wird bei einem Kessel von 9,5 t/h Dampferzeugung eine gleichbleibende Wassermenge von 900 kg/h dauernd durch einen Wärmeaustauscher nach dem Speisewasserbehälter zurückgeführt. Sämtliche Hilfsmaschinen werden der Einfachheit wegen von einer schnellaufenden Dampfturbine angetrieben. Der Kessel wird gebaut für Leistungen von 2000 bis 10 000 PS (Frischdampfzustand rd. 100 at und 500 bis 520°; Überdruck der Verbrennungsluft 1500 mm W.-S.; Feuerraumbelastung bei Ölfeuerung normal 3,4 Millionen, in der Spitze über 3,6 Millionen kcal/m³ h) und ist hauptsächlich für turboelektrische Lokomotiven, Schiffe und ähnliche Zwecke bestimmt.

Da noch nicht viele Zwangdurchlaufkessel im Betrieb sind, legen ihre Erbauer verständlicherweise besonders bei Dampfturbinenanlagen für hohen Druck auf reines Speisewasser Wert. Welcher Salzgehalt schließlich zulässig ist, muß die Erfahrung zeigen. Bei Verwendung eines alkalischen, weniger als 10 mg/l enthaltenden Speisewassers, wie es

---

[1] Bei 20 bis 50 t/h Kesselleistung etwa 0,5 bis 1,2 m³ Inhalt.

etwa als Turbinenkondensat oder in Destillationsapparaten anfällt, soll der Dampf von Benson-Kesseln ungefähr 4 mg/l Salz enthalten.

Nachstehend wird in großen Zügen untersucht, welche Vorteile bei Zwangdurchlaufkesseln dauerndes Abschlämmen von einer Stelle aus, an der nahezu alles Wasser verdampft ist, gegenüber dem Arbeiten ohne Abschlämmen hat, bei dem der nicht in der Verdampfer- oder Überhitzerheizfläche abgeschiedene Salzgehalt des Speisewassers in die Turbine gelangt, Fall II bzw. I in Abb. 55.

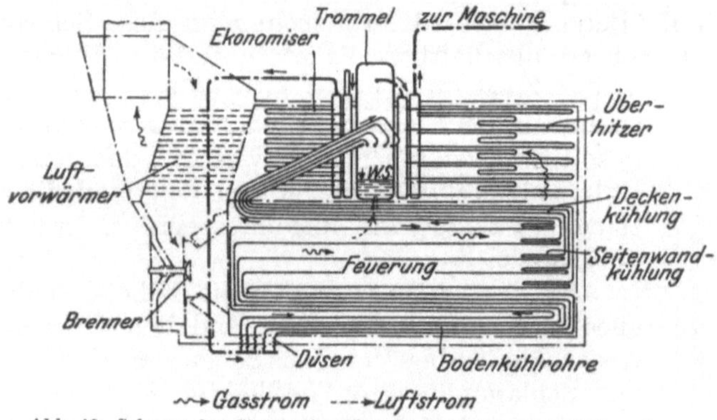

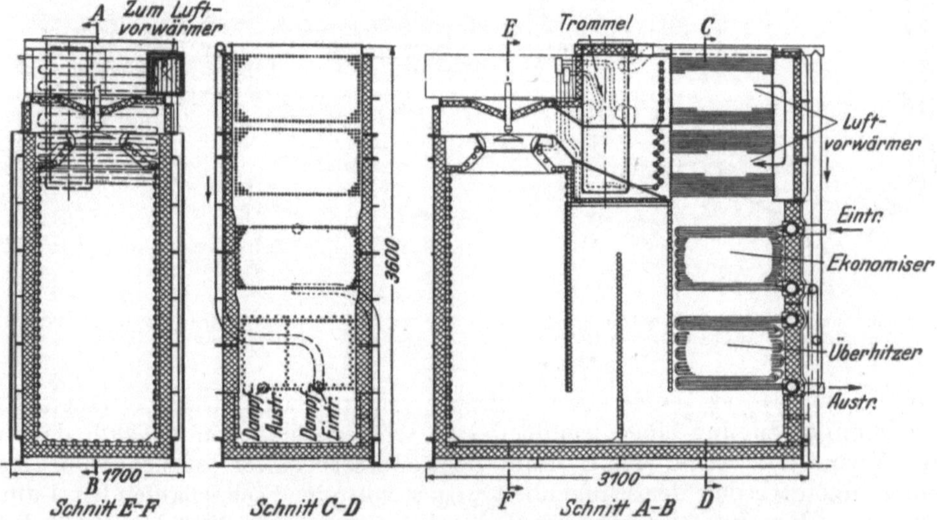

Abb. 49. Schema des Steamotive-Kessels der Babcock & Wilcox Co., New York.

Der Vergleich kann für zwei Grenzfälle angestellt werden. Man kann entweder annehmen, daß bei Schaltung I der gesamte Salzgehalt des Speisewassers sich in der Heizfläche abscheidet oder daß er restlos zur Turbine geht, und für diese beiden Annahmen untersuchen, wie sich unter sonst gleichen Voraussetzungen Schaltung II verhält.

Bei der ersten Annahme ist Fall II bei ausreichendem Abschlämmen Fall I überlegen, weil ein Salzniederschlag in der Heizfläche bei ihm überhaupt nicht erfolgt, während er sich in Fall I zwischen einer Stelle, an der das noch nicht verdampfte Wasser auf einen gewissen Salzgehalt eingedickt ist, und dem Punkte bilden muß, an dem alles Wasser verdampft ist. Abb. 53 gibt an, um wieviel je nach der Abschlämmenge der Salzgehalt des Speisewassers bei Fall II größer sein darf als bei Fall I, damit das in die Abscheidetrommel eintretende Überschußwasser nicht mehr mg/l Salz enthält als in Fall I das noch nicht verdampfte Wasser an der Stelle der Verdampferheizfläche, von der an Krustenbildung erfolgt. Punkt x zeigt, daß z. B. bei 4 vH Abschlämmwasser in Fall II der Salzgehalt des Speisewassers doppelt soviel wie in Fall I betragen darf, wenn sich in Fall I Salzkrusten nach einer Verdampfung von 98 vH des gespeisten Wassers bilden.

Auch für den zweiten Grenzfall ist Fall II dem Fall I überlegen, weil Salz im Dampf nur entsprechend dem aus der Abscheidetrommel in den Überhitzer mitgerissenen Wasser bzw. dem in den Überhitzer etwa

Abb. 50—52. Schnitte durch den Steamotive-Kessel der Babcock & Wilcox Co., New York.

zwecks Temperaturregelung eingespritzten Wasser mitgeführt wird, während ein erheblicher Anteil des im Speisewasser zugeführten Salzes im Abschlämmwasser abgeht. Abb. 54 gibt an, wieviel vH des bei Fall I in die Turbine mitgeführten Salzgewichtes in Fall II je nach der Abschlämmenge bei einem bestimmten Wassergehalt des aus der Trommel zum Überhitzer strömenden Dampfes (zuzüglich Überhitzer-Einspritzwasser) in die Turbine gelangt, bzw. um wieviel der Salzgehalt des Speisewassers in Fall II größer sein darf, ohne daß mehr Salz zur Turbine gelangt als in Fall I. Punkt x zeigt, daß in Fall II bei 2 vH Abschlämmenge und einem Wassergehalt des in den Überhitzer eintretenden Dampfes von 1 vH nur 33 vH der Salzmenge in die Turbine gelangen wie in Fall I bei Speisewasser desselben Salzgehaltes.

Infolge des starken Einflusses, den der Wassergehalt des aus der Trommel in den Überhitzer strömenden Dampfes in Fall II auf den Salzgehalt des erzeugten Dampfes hat, Abb. 54, müssen die Einführung des aus der Verdampferheizfläche kommenden Dampfes in die Trommel und die Art, wie der nach dem Überhitzer strömende Dampf aus ihr wieder abgeleitet wird, von erheblichem Einfluß sein. Die Rohre der Verdampferheizfläche sollten daher an die Trommel so angeschlossen werden, daß der Wassergehalt des ausströmenden

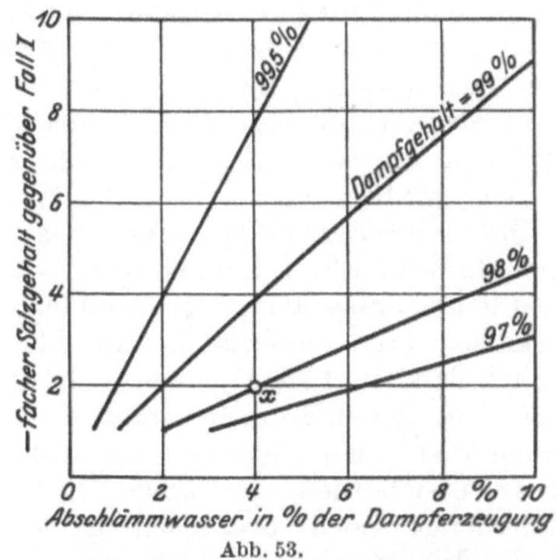

Abb. 53.

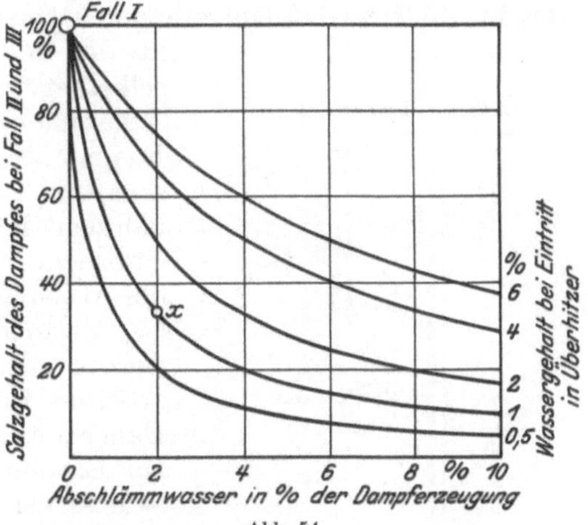

Abb. 54.

Abb. 53. Bei Schaltung eines Zwangdurchlaufkessels nach Fall II (Abb. 55) zulässiger Salzgehalt des Speisewassers ausgedrückt in einem Vielfachen des bei Fall I zulässigen Wertes in Abhängigkeit von der Abschlämmwassermenge und dem Dampfgehalt des zum Überhitzer strömenden Sattdampfes.

Abb. 54. Aus einem nach Fall II oder III (Abb. 55) geschalteten Zwangdurchlaufkessel unter der Voraussetzung, daß in der Kesselheizfläche kein Salzniederschlag erfolgt, in die Turbine gelangendes Salzgewicht ausgedrückt in vH von dem Salzgewicht, das bei Schaltung I in die Turbine gelangen würde, in Abhängigkeit von der Abschlämmwassermenge und dem Wassergehalt des in Fall II und III zum Überhitzer strömenden Sattdampfes.

Naßdampfes ausgeschleudert wird, und auch die Dampfentnahme sollte mit Rücksicht auf tunlichstes Zurückhalten des im Dampf noch enthaltenen Wassers erfolgen.

Bei Fall III in Abb. 55 ist vorausgesetzt, daß dauernd ein Betrag von 10 vH der normalen Speisewassermenge nach einer Stufe der Speisepumpe zurückgeführt wird. Im Vergleich zu Fall I verhält sich Fall III wie Fall II. In Fall II und III stellt sich, je nachdem, ob der Salzgehalt des Speisewassers 10 mg/l oder 5 mg/l (linker oder rechter Ordinatenmaßstab in Abb. 55) beträgt, bei einer Abschlämmenge von 2 bzw. 4 vH der Dampferzeugung bei Punkt B bzw. in der Trommel ein Salzgehalt von 510 bzw. 260 mg/l oder 255 bzw. 130 mg/l ein, Punkt a und b. Während er aber in Fall II bei Ansteigen des Salzgehaltes des Speisewassers von 10 auf 100 mg/l infolge plötzlichen starken Einbruches von Kühlwasser bei 2 bzw. 4 vH Abschlämmwasser in rd. 6 min (= der Durchlaufzeit vom Speisewassereintritt bis Punkt B) auf 5200 bzw. 2600 mg/l wächst, erfolgt der Anstieg bei Fall III besonders bei kleiner Abschlämmwassermenge wenigstens anfänglich weit langsamer, Abb. 55.

Zusammenfassend kann man also sagen, daß dauerndes Abschlämmen nicht nur die Salzkrustenbildung in

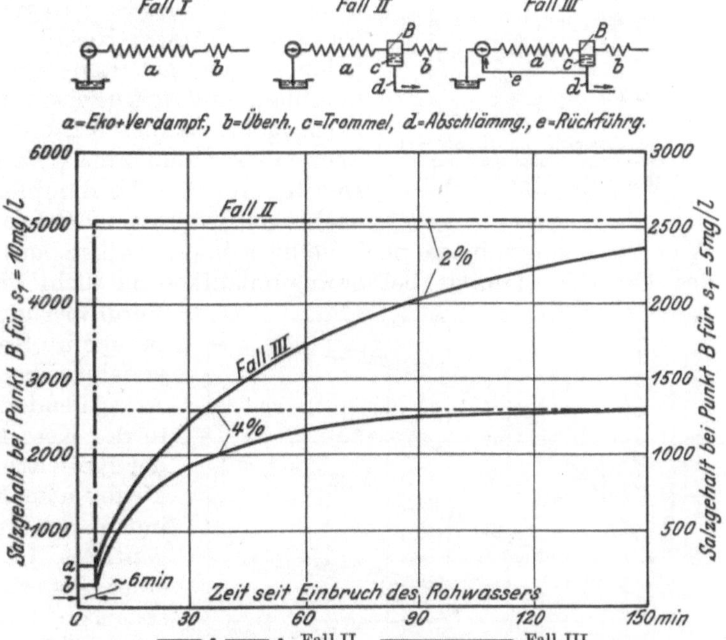

Abb. 55. Zeitlicher Anstieg des Salzgehaltes des bei Punkt B der Schaltungsskizze in die Abscheidetrommel eines Zwangdurchlaufkessels gelangenden Wassers bei Fall II und III bei einem Salzgehalt des Speisewassers von 5 bzw. 10 mg/l und einer Abschlämmwassermenge von 2 und 4 vH der Speisewassermenge. In Fall III ist vorausgesetzt, daß 10 vH der normalen Speisewassermenge durch Rückführung e in eine Stufe der Speisepumpe zurückströmen.

der Heizfläche und den Salzgehalt des erzeugten Dampfes erheblich verringert, sondern daß man durch verstärktes Abschlämmen die Möglichkeit hat, die unangenehmen Folgen von Rohwassereinbrüchen in das Speisesystem (infolge undichter Kondensatoren)

erheblich zu mildern, siehe auch S. 64. Ist der Kessel außerdem noch mit einer Wasser-
rückführung wie in Fall III ausgestattet, so läßt sich der Anstieg der Salzkonzentration
des in die Trommel eintretenden Überschußwassers noch weiter verlangsamen und, ohne
an der in den Kessel eintretenden Überschußwassermenge
selbst etwas ändern zu müssen, durch verstärktes Abschlämmen wieder auf einen tragbaren Wert zurückführen.
Das ist besonders auf Schiffen wertvoll, weil es den Mannschaften Zeit zum Durchführen der erforderlichen Maßnahmen läßt und die schweren Folgen eines Seewassereinbruches verhindert oder mindestens hinauszögert. Dauerndes Abschlämmen aber hat offenbar auch vorbeugenden Wert.

Zwangdurchlaufkessel mit dauerndem Abschlämmen
werden also wahrscheinlich in Fällen noch befriedigend
arbeiten, in denen sie ohne Abschlämmen versagen würden.
Dauerndes Abschlämmen ist daher ein wirkungsvolles Mittel
zur Erhöhung der Betriebssicherheit. Um auch bei reichlich
bemessener Abschlämmenge noch thermisch günstig zu
arbeiten, wird man die Wärme des Abschlämmwassers wie
üblich zur Rohwasseraufwärmung, Wasseraufbereitung oder
für ähnliche Zwecke benutzen.

Über die geringe Empfindlichkeit von La Mont-Ele-
menten und -Kesseln gegen chemisch aufbereitetes Speisewasser liegen günstige Berichte vor, die die Ansicht zu be-
stätigen scheinen, daß die Kesselsteinbildung mit zunehmender
Umlaufgeschwindigkeit kleiner wird. Die Umlaufgeschwindigkeit beträgt bei Vollast und hohem Druck 1,5—2 m/s (gegenüber 0,3—1,2 m/s bei natürlichem Umlauf) und kann ähnlich
wie beim Löffler-Kessel bei allen Belastungen auf einem
hohen Werte gehalten werden, während sie bei Zwangdurchlauf und natürlichem Umlauf mit der Belastung stark
zurückgeht. Selbst bei einem mit Kalk-Soda gereinigten
Speisewasser und einer Natronzahl von 5000 waren nach
Dr. Kaiser die Verdampferrohre eines La Mont-Kessels
nach sechsmonatigem Betrieb trotz mangelhaft gewarteter

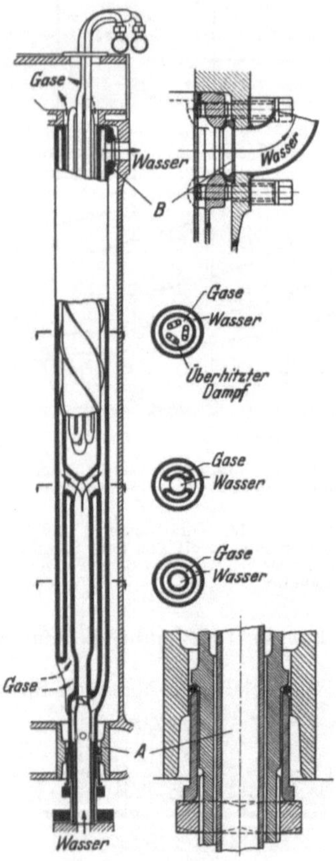

Abb. 56. Schnitte durch ein Ver-
dampferrohr mit eingebautem Über-
hitzerrohr des Velox-Kessels
in Abb. 45.

Wasserreinigungsanlage noch völlig sauber. Stillstehen oder gelegentliches Umkehren
des Umlaufes kommt bei Zwangumlaufkesseln nicht vor. Es liegt nahe, eine gewisse
Vergrößerung der Förderhöhe der Umwälz-
pumpe in Kauf zu nehmen und die dadurch
erzielbare hohe Austrittsgeschwindigkeit zum
Ausschleudern des Dampf-Wassergemisches
in der Kesseltrommel bzw. zum Verkleinern
der Kesseltrommel zu benutzen. Von diesem
Mittel macht der Velox-Kessel Gebrauch,
indem das austretende Gemisch durch tan-
gentiales Überführen auf die Innenfläche
eines mit zahlreichen kleinen Löchern versehenen Zylindermantels ausgeschleudert
wird, Abb. 45[1].

Auch der Velox-Kessel scheint trotz
der engen Querschnitte in den Verdampfer-
rohren, Abb. 56, verhältnismäßig unempfind-

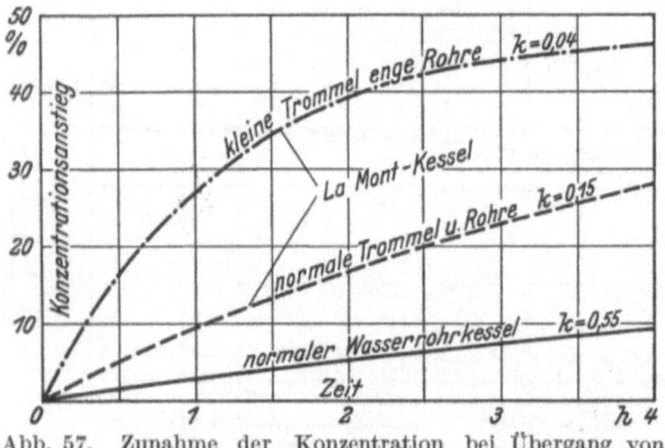

Abb. 57. Zunahme der Konzentration bei Übergang von
²/₃ Last auf ³/₃ Last und konstant bleibender 5 vH der Dampferzeugung bei ²/₃ Last betragender Abschlämmenge.
k Wasserinhalt des Kessels bezogen auf ³/₃ Last in m³/th
Dampferzeugung.

lich gegen unreines Speisewasser zu sein, was BBC der infolge der hohen Heizflächenbelastung explosionsartig verlaufenden, ein Anhaften von Ansätzen an der Rohrwand

---

[1] Auf 12 t/h Dampferzeugung benötigt der Velox-Abscheider etwa 1 m² Siebfläche.

erschwerenden Bildung der Dampfblasen und der bei allen Belastungen reichlichen Wassergeschwindigkeit zuschreibt.

Zusammenfassend kann man sagen, daß das Überreißen von Salz in die Turbine bei Zwangumlaufkesseln ebenso, bei Zwangdurchlaufkesseln noch mehr zu erwarten ist als bei Kesseln mit natürlichem Wasserumlauf. Die Anreicherung des Wassers im Kessel erfolgt um so schneller, je kleiner unter sonst gleichen Verhältnissen der Durchmesser der Siederohre und der Wasservorrat in den Kesseltrommeln ist, Abb. 57.

Die Speisewasserreinigung hat in den letzten Jahren derartige Fortschritte gemacht, daß selbst sehr große Betriebe heute Höchstdruckkessel ohne Bedenken ausschließlich mit chemisch aufbereitetem Wasser speisen. Hierbei stellten sich bei kieselsäurehaltigem Wasser 2 Arten von Turbinenverkrustungen ein: eine vorwiegend aus Ätznatron bestehende in den Hochdruckstufen und eine vorwiegend aus Kieselsäure bestehende in den Mittel- bzw. Niederdruckstufen, siehe S. 24. Wenngleich erstere durch Auswaschen mit Sattdampf, letztere durch Auswaschen mit Dampf, in den verdünnte Natronlauge eingespritzt wurde, entfernt werden können, so ist doch der Wunsch verständlich, die Krustenbildung durch geeignete Behandlung des Speisewassers nach Möglichkeit ganz zu vermeiden.

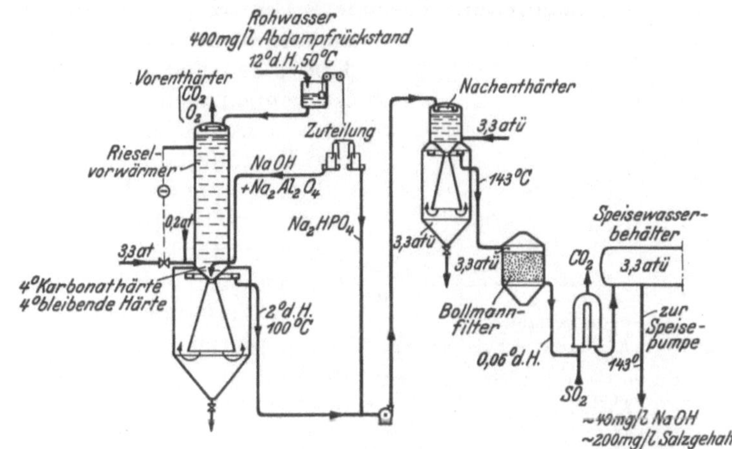

Abb. 58. Schema der chemischen Wasserreinigungsanlage bei der I.G. Farbenindustrie in Höchst. Nach C. Speidel.

Man verkleinert daher jetzt den NaOH-Gehalt in der Kesseltrommel auf 40 bis 60 mg/l statt der bei Hochdruckkesseln sonst empfohlenen 100 bis 400 mg/l, und es scheint auch gelungen zu sein, den Kieselsäuregehalt des Speisewassers auf ein erträgliches Maß zu verringern, bzw. den entstehenden kieselsauren Salzen eine harmlose Form zu geben. Abb. 58 zeigt eine thermochemische Aufbereitung für ein Rohwasser von 400 mg/l Eindampfrückstand und 12° d. H., von denen 8° auf Karbonathärte, 4° auf Nichtkarbonathärte entfallen. Wenngleich derartige Aufbereitungsanlagen noch einen etwas verwickelten Eindruck machen, so dürften sie doch in absehbarer Zeit in einer Weise vereinfacht werden können, die ihre allgemeinere Anwendung gestattet. Dies käme

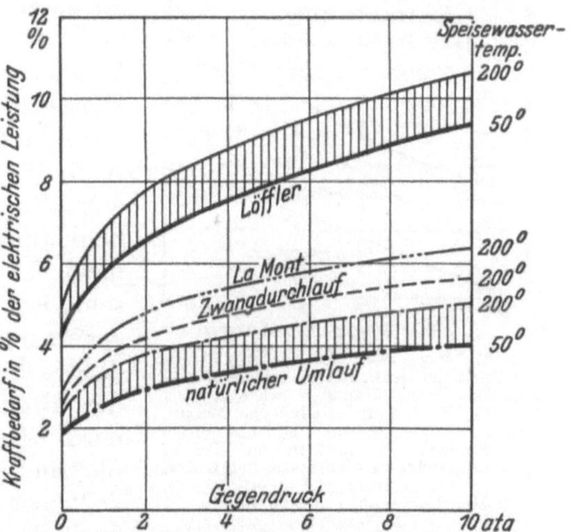

Abb. 59. Kraftbedarf der Speise- und der Umwälzpumpe in vH der erzeugten elektrischen Leistung bei einem Anfangszustand des Dampfes von 130 at, 500° und verschiedenem Gegendruck der Hauptturbine bei 50° und 200° Eintrittstemperatur des Speisewassers. Der Kraftbedarf ist in vH von der elektrischen Leistung angegeben, die der vom Kessel erzeugte Dampf bei Expansion von 130 at, 500° auf den an der Abszisse angegebenen Gegendruck in der Hauptturbine erzeugen würde.

aber nicht nur zahlreichen Heizkraftwerken zugute, in denen ein erheblicher Teil des Kondensates in der Fabrikation verloren geht, sondern würde Zwanglaufkesseln weitere Absatzgebiete erschließen. In vielen Fällen wird der Umstand bei der Auswahl eines bestimmten Kessels bzw. bei der Entscheidung, ob eine chemische Wasserreinigung oder eine Verdampferanlage gewählt werden soll, eine wesentliche Rolle spielen, welche Konzentration des Kesselinhaltes mit Rücksicht auf die Erzeugung eines salzarmen, keine schwer löslichen Krusten in der Turbine bildenden Dampfes zulässig ist.

3. Kraftbedarf der Speise- und Umwälzpumpen. Der verhältnismäßige Kraftbedarf der Speise- (und der Umwälz-)pumpe ist bei Zwangumlauf am höchsten, bei natürlichem Umlauf am kleinsten; der größte Unterschied beträgt bei Kondensationsbetrieb nur rd. 1 vH, beim Löffler-Kessel etwa 2 vH der erzeugten Leistung, kann aber bei Gegendruckbetrieben sehr ins Gewicht fallen, Abb. 59[1]. Zwangumlaufkessel benötigen außer der Speisepumpe eine besondere Umwälzpumpe, die, wenngleich vollkommen betriebssicher, doch eine Verwicklung ist. Da der Kraftbedarf beim Umwälzen von Dampf bei niederem Kesseldruck sehr hoch ist, eignen sich Löffler-Kessel nur für Drücke über etwa 80 at. Mit fallender Kesselbelastung geht der Kraftbedarf der Umwälzpumpe schnell zurück, Abb. 60. Durch Drehzahländerung der Umwälzpumpe kann die Dampftemperatur beim Löffler-Kessel über einen weiten Bereich konstant gehalten werden. Ihre Umwälzpumpen ersetzen also die Temperaturregler der üblichen Kessel.

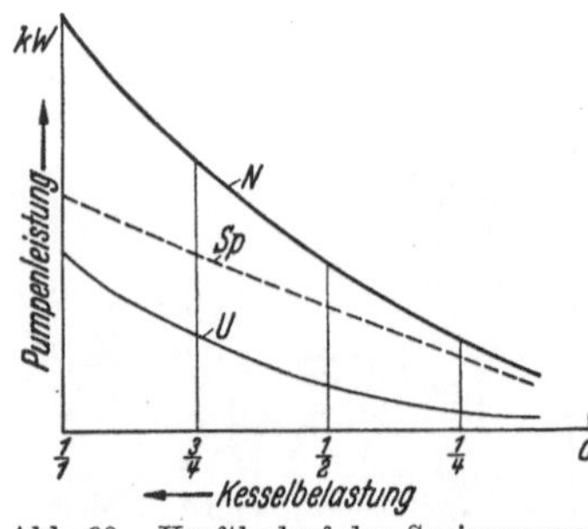

Abb. 60. Kraftbedarf der Speisepumpe und der Umwälzpumpe von 130 at-Löffler-Kesseln bei Teillast. Nach Löffler. *Sp* Speisepumpe, *U* Umwälzpumpe, *N* beide Pumpen zusammen.

4. Verhalten bei Laständerungen. Die Empfindlichkeit gegen plötzliche Entlastung wird von der Größe des Dampfinhaltes im Kessel und Überhitzer und vom Wasserwert des eigentlichen Kessels einschließlich des in ihm vor der Entlastung vorhandenen Wassergewichtes bestimmt. Letzteres hängt vom Wasserumlauf und der Kesselbelastung ab. Je größer der Dampfinhalt ist, um so mehr Zeit vergeht, bis die bei plötzlicher Entlastung am Abströmen verhinderte Dampfmenge den zum Abblasen der Sicherheitsventile erforderlichen Druckanstieg erzeugen kann. Je größer der Wasserwert des Kessels samt Wasserfüllung ist, um so länger dauert es, bis beide auf die dem Abblasedruck entsprechende Temperatur kommen.

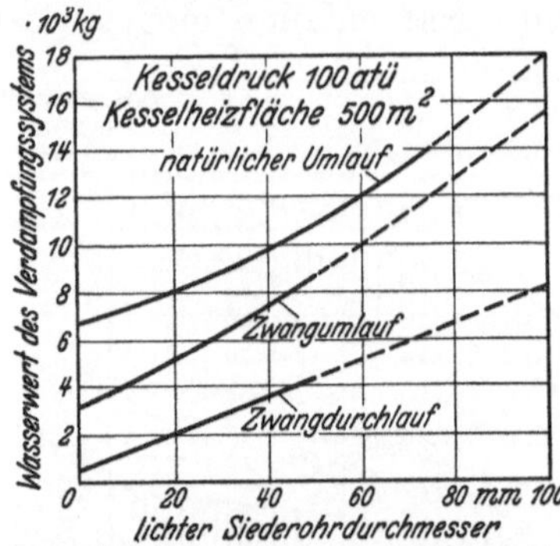

Abb. 61. Wasserwert des Verdampferteils verschiedener Kesselarten mit betriebsmäßiger Wasserfüllung. (Kesseldruck 100 atü, Verdampfungsheizfläche 500 m², lichter Durchmesser der Obertrommel bei Zwangumlauf und natürlichem Umlauf 1200 mm, lichter Durchmesser der Untertrommel bei natürlichem Umlauf 850 mm, zylindrische Länge der Trommeln 3100 mm.)

Wird bei allen Kesselsystemen dieselbe Heizfläche vorausgesetzt, so beträgt bei Durchmessern der Siederohre von 30 bis 40 mm, wie sie z. B. Schiffskessel haben, der Wasserwert des Kessels einschließlich betriebsmäßiger Wasserfüllung bei Zwangumlauf etwa 75 vH, bei Zwangdurchlauf etwa 30 vH des Wertes bei natürlichem Umlauf, Abb. 61. Das in der Verdampfer- und Überhitzerheizfläche enthaltene Dampfvolumen beträgt bei Zwangdurchlauf höchstens 70 vH der Werte bei Zwangumlauf oder natürlichem Umlauf, die unter sich nicht wesentlich verschieden sind, Abb. 62. Ein Maß für die Empfindlichkeit gegen plötzliche Entlastung gibt die Zeit, die vergeht, bis die Sicherheitsventile abzublasen beginnen, wenn weder die Brennstoff- noch die Speisewasserzufuhr verändert wird. Nach Abb. 63 sind sämtliche Kesselarten gegen plötzliche Entlastung um so empfindlicher, je höher die vorausgegangene Heizflächenbeanspruchung war, am empfindlichsten sind Zwangdurchlaufkessel. Beispielsweise müßte bei einer vorausgegangenen Heizflächenbeanspruchung von 90 kg/m² h der Regelvorgang bei Zwangdurchlauf allerspätestens in 3,5 s, bei Zwangumlauf in 7,5 s, bei natürlichem Umlauf in 10,5 s, bei Wasserrohrkesseln mit natürlichem Umlauf und den bei Landdampfkesseln üblichen Rohrdurchmessern und Trommelvolumen aber erst in 22 s völlig beendet sein, wenn die Drucksteigerung 5 vH des Betriebsdruckes nicht überschreiten soll. In Wirklichkeit sind die Zeiten noch kürzer. **Kessel mit hochbelasteten Brennkammern und Heizflächen blasen also bei plötzlicher Entlastung viel schneller ab als schwachbelastete.** Bei Kesseln mit Zwangumlauf und natürlichem Umlauf sind daher unter sonst gleichen Voraussetzungen bei engen Siederohren größere Trommeln nötig als bei weiten, wenn die Empfindlichkeit

---

[1] In Wirklichkeit schneidet der Löffler-Kessel günstiger ab als es in Abb. 59 zum Ausdruck kommt, weil das Wärmeäquivalent der Umwälzpumpenarbeit fast restlos im erzeugten Dampf wiedergewonnen wird.

gegen Entlastung dieselbe bleiben soll. Diese Zusammenhänge erklären auch, weshalb dasselbe Kesselsystem sich in dieser Beziehung das eine Mal bewährt, das andere Mal nicht. Auf alle Fälle stellen hochbelastete Zwangdurchlaufkessel an ihre Regelung sehr hohe Anforderungen, sind aber um so leichter als Kessel mit natürlichem oder Zwangumlauf, je größer das Puffervermögen der beiden letzteren Bauarten ist. In dem der Abb. 63 zugrunde liegenden Beispiel wiegt je t/h größte Dampferzeugung der Kessel mit Zwangumlauf einschließlich betriebsmäßiger Wasserfüllung um rd. 0,25 t, der mit natürlichem Umlauf um rd. 0,4 t mehr als der Zwangdurchlaufkessel.

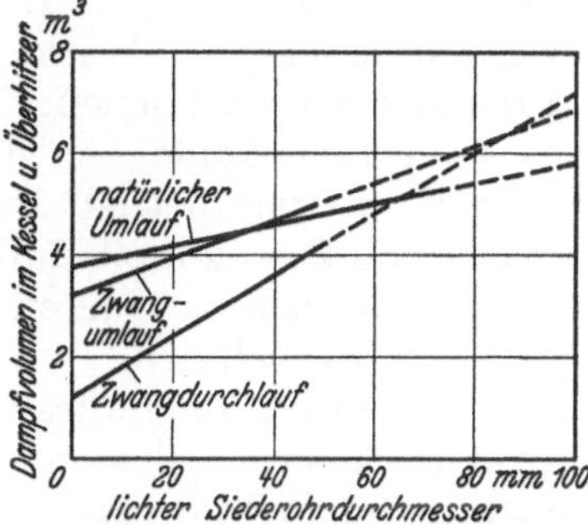

Abb. 62. Dampfvolumen im Verdampferteil und Überhitzer verschiedener Kesselarten (unter denselben Voraussetzungen wie in Abb. 61).

Wegen der im Vergleich zu einer Turbinenregelung verhältnismäßig großen Trägheit von Kessel und Feuerung (besonders bei Rosten) müssen bei Zwangdurchlaufkesseln die bei Laständerungen erforderlichen Betätigungen derart mit geeigneten Apparaten vorgenommen und von Stellen geringer Anzeigeverzögerung abgeleitet werden, daß sich die Verstellung genügend schnell und ohne Überregeln vollzieht. Die Änderung der wichtigsten Betriebsgrößen, vor allem der Speisewasser- und Brennstoffzufuhr, wird heute mit Vorliebe ferngesteuerten Apparaten übertragen, die auf die Temperatur des überhitzten Dampfes, die Dampfentnahme, die elektrische Belastung des Werkes oder den Gegendruck (bei Vorschaltanlagen) ansprechen. Da mehrere Minuten vergehen, bis ein Wasserteilchen die ganze Heizfläche durchlaufen hat, würde ein am Austritt des Überhitzers eingebauter Thermostat zu langsam einwirken. Nahe dem Beginn der Kesselheizfläche erfolgt aber die Temperaturänderung etwa proportional derjenigen am Überhitzeraustritt, paßt sich jedoch dem neuen Beharrungszustand viel schneller an.

Infolgedessen verwendet Sulzer bei stark wechselnder Belastung zwei Thermostaten, und zwar mit hydraulischer Übertragung. Der der Feinregelung dienende Endthermostat sitzt hinter dem Überhitzer und betätigt eine Wassereinspritzung. Der Zwischenthermostat sitzt unmittelbar vor der Einspritzstelle und wirkt auf Speisewasser- bzw. Brennstoffzufuhr ein. Das Anpassen der Regelung an Laständerungen verbessert noch ein zwischen Speisewasserregler und Zwischenthermostat geschalteter Differentialregler, der auf die Schnelligkeit der zeitlichen Temperaturänderung anspricht, die ein brauchbares Maß von der Heftigkeit des Lastwechsels gibt. Durch einen sog. Addierschieber kommt die Summe aus dem Absolutwert der Temperatur und der Schnelligkeit ihrer Änderung zur Auswirkung. Außerdem hält ein selbsttätiges Überströmventil als besondere Sicherheitsmaßnahme den Druck hinter Überhitzer konstant. Sinkt die Dampfentnahme auf weniger als 25 vH der Vollast, so leitet ein anderes selbsttätiges Ventil den Dampf in den Kondensator oder unmittelbar zu den Niederdruckwärmeverbrauchern ab.

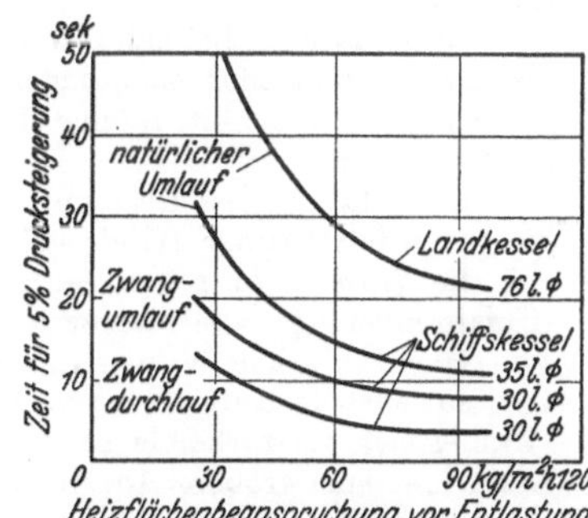

Abb. 63. Zeit bis zum Abblasen der auf 5 vH über Betriebsdruck eingestellten Sicherheitsventile eines ortsfesten Steilrohrkessels und verschiedener Schiffskessel bei plötzlicher Entlastung von Normallast auf Nullast ohne gleichzeitige Verstellung der Regelung (Betriebsdruck 100 atü, Abblasedruck 105 atü).

Beim Benson-Kessel regelt ein von einer Betriebsmeßgröße abhängiger Hauptregler die Kesselleistung und verstellt im festgelegten Verhältnis Brennstoff-, Luft- und Wassermenge. Parallel hierzu regelt ein von einem in der Kesselheizfläche oder am Überhitzerende sitzenden Fernthermometer beeinflußter Feinregler auf konstante Heißdampftemperatur. Der Unterdruck im Feuerraum wird durch einen besonderen Unterdruckregler beeinflußt. Rückführungen verhindern ein Überregeln.

Während man bei Zwangdurchlaufkesseln ohne Abschlämmung die Überhitzung lediglich durch Ändern der Brennstoff- und Speisewasserzufuhr beeinflussen kann, ist dies bei Zwangdurchlaufkesseln mit Abschlämmen, die sich in dieser Beziehung wie Wasserrohrkessel mit natürlichem Umlauf verhalten, nicht möglich. Muß bei letzteren eine nennenswerte Wassermenge in den Überhitzer eingespritzt werden, so gehen die auf S. 30 erwähnten Vorteile des dauernden Abschlämmens zum Teil wieder verloren.

Sulzer verzichtet bei Öl- und Gasfeuerungen im allgemeinen auf Handregelung; beim Benson-Kessel wird bei Handbetrieb mittels Druckknopfsteuerung nach einem Temperaturanzeiger am Überhitzerende geregelt. Es wird öfters zweckmäßig sein, bei Laständerungen Brennstoff-, Wasser- und Luftzufuhr durch eine Betätigung von Hand gemeinsam und gewissermaßen grob zu verstellen und je nach dem Grade der Automatisierung das feine Nachregeln den hierfür vorgesehenen Reglern zu überlassen, wobei man u. U. darauf verzichten wird, die selbsttätige Regelung auf die Rostfeuerung auszudehnen. Bei La Mont- und Löffler-Kesseln läßt sich die Kesseltrommel stets genügend groß machen, um auch bei Rostfeuerungen selbst sehr starke unerwartete Lastwechsel ausgleichen zu können, während bei Zwangdurchlaufkesseln besondere Puffer oft unerläßlich sind. Sie lassen sich bei Heizkraftbetrieben (chemische Fabriken, Papierfabriken usw.) in Gestalt von Wärmespeichern (Gefällespeicher oder Behälter zum Speichern von heißem Gebrauchswasser) an einer passenden Stelle im Niederdrucknetz mühelos einschalten, nicht aber im selben Maße bei reinen Kondensationskraftwerken, für die besonders Gleichdruckspeicher in Betracht kommen. Aber selbst bei reinen Öl- und Gasfeuerungen kann man bezweifeln, ob die Automatik so empfindlich gemacht werden kann, daß Werke, in denen nur Zwangdurchlaufkessel ohne Speicher stehen, Frequenz fahren können. Bei Kesseln mit natürlichem und mit Zwangumlauf bereitet es schließlich keine Schwierigkeiten, vom selbsttätigen Betrieb (selbsttätige Speisung) schnell auf Handbetrieb überzugehen. Bei unerwarteten plötzlichen Störungen der Automatik von Zwangdurchlaufkesseln dürfte es aber nicht immer leicht fallen, die Störungsursache schnell zu finden und während der Störung die erforderlichen Hantierungen richtig vorzunehmen.

Bei Zwangumlaufkesseln kann schließlich die Sammeltrommel unschwer genügend groß gemacht werden, um auch bei hohen Drücken über Stockungen in der Speisung von 3—6 min hinwegzukommen, ein Vorteil, der freilich durch die Notwendigkeit von Umwälzpumpen erkauft wird.

Wird bei einem mit einem selbsttätigen Speiseregler ausgestatteten Trommelkessel mehr Brennstoff verfeuert als der Dampfentnahme entspricht, so bläst der überschüssig erzeugte Dampf durch die Sicherheitsventile ab, wird ihm zu viel Dampf entnommen, so sinkt der Kesseldruck und die Turbine fällt unter Umständen aus dem Takt. Immer aber paßt der Speiseregler die Wasserzufuhr der Dampfentnahme an und verhindert Überspeisen ebenso wie Wassermangel. Aber auch bei versagendem Regler und unachtsamer Bedienung vergeht infolge des Dampf- bzw. des Wasserraumes in den Obertrommeln erhebliche Zeit bis zum Eintritt eines Schadens an der Turbine bzw. am Kessel. Außerdem machen Warnpfeifen und das sehr einfache, von äußeren Hilfsmitteln unabhängige Wasserstandsglas auf unzulässige Änderungen des Wasserstandes aufmerksam.

Setzt dagegen bei handgeregelten, mit Öl, Gas oder Kohlenstaub gefeuerten Zwangdurchlaufkesseln die Brennstoffzufuhr oder Zündung unbeobachtet aus, so kann, wenn der Heizer auch nur kurze Zeit nicht auf die Instrumente achtet, infolge des kleinen Inhaltes der Kessel- und Überhitzerheizfläche ein Wasserschlag die Folge sein.

Selbsttätige Kesselregelung verbessert die Sicherheit hiergegen erheblich, aber auch bei ihr kann (ebenso wie bei aufmerksamer Handregelung) eine zufällige Fehlanzeige eines Instrumentes verhängnisvoll werden, weil die Wasserzufuhr der Dampfentnahme nicht auf so einfache Weise angepaßt wird, und der zeitliche „Gefahrenverzug" viel kleiner ist als bei Trommelkesseln.

Obgleich solche Versager von Bedienung oder Apparaten nicht die Regel, sondern ein seltener Zufall sind, so lehrt doch die Erfahrung, daß immer wieder mehrere unglückliche, in ihrer verhängnisvollen Auswirkung sich verstärkende Umstände gleichzeitig auftreten und Schäden in einem Ausmaß anrichten, daß (wenn erst eine größere Anzahl der betreffenden Maschinen in Betrieb sind) aus einem seltenen Einzelfall ein schwerwiegendes Ereignis von allgemeiner Bedeutung wird. Es hat sich also gezeigt, daß

1. Handregelung bei Zwangdurchlaufkesseln ähnlich bedenklich wie der Betrieb von Trommelkesseln ohne selbsttätige Speiseregler ist,

2. Zwangdurchlaufkessel durch besondere Vorrichtungen gegen Überflutung mit Wasser geschützt sein sollten,

3. man in der Neigung, eine größere Kesselanlage von einer zentralen Warte aus fernzusteuern, nicht zu weit gehen, sondern darauf achten sollte, daß die Kesselwärter womöglich durch unmittelbare Beobachtung jederzeit sehen können, was an den Kesseln vorgeht.

Nach Ansicht des Verfassers eignet sich für den Kesselbetrieb hydraulische Regelung nicht nur infolge ihrer größeren Einfachheit, Übersichtlichkeit und Robustheit besser als eine elektrische, sondern auch deshalb, weil Impulsgeber und Regelorgan kraftschlüssig miteinander verbunden sind und keine Umformung in eine andere Energieart nötig wird. Hydraulische Regelung ermöglicht daher nicht nur die kürzeste Regelzeit, sondern auch den ruhigsten Übergang des gesamten Regelmechanismus in die neue Gleichgewichtslage. Auch das Auffinden einer Störungsursache ist bei der sehr vielgliedrigen elektrischen Automatik zweifellos schwieriger als bei der hydraulischen, die schon an sich Störungsmöglichkeiten weniger ausgesetzt ist.

Beim Anheizen von Zwangdurchlaufkesseln muß erst ein künstlicher Durchlauf geschaffen und stets eine bestimmte Mindestdampfmenge erzeugt werden, beim Anheizen von Löffler-Kesseln ist Hilfsdampf aus einem anderen Kessel nötig, Velox-, La Mont-Kessel und Kessel mit natürlichem Umlauf brauchen besondere Maßnahmen nicht.

5. Kosten von Zwanglaufkesseln. Der Verbilligung von Wasserrohrkesseln mit natürlichem Umlauf durch Verringern der Zahl der Kesseltrommeln und ähnliche Mittel sind Grenzen gezogen, weil der natürliche Wasserumlauf gewisse Rücksichten verlangt.

Bei Zwanglauf dagegen, bei dem das Wasser mittels einer Pumpe durch die Heizfläche gedrückt wird, ist man in Durchmesser, Länge und Anordnung der Siederohre und im Aufbau des ganzen Kessels freier und kann sich örtlichen Verhältnissen leichter anpassen und dadurch mittelbare Ersparnisse erzielen, indem man je nach der verfügbaren Grundfläche bzw. Gebäudehöhe den Kessel nieder oder hoch baut, Abb. 64 und 65. Da bei Zwanglaufkesseln der Baustoffaufwand für tote Heizflächen, wie z. B. Fallrohre, klein ist, und

auch bei ortsfesten Anlagen enge Siederohre zulässig sind, werden Zwanglaufkessel leichter als Kessel mit natürlichem Umlauf, denn das Gewicht der Heizfläche ist etwa proportional dem Rohrdurchmesser, Abb. 66. Z. B. beträgt in ortsfesten Kraftwerken bei 70 at Druck und 50 t/h Leistung das Gewicht der Kesselheizfläche samt Trommeln, Sammlern, Fall- und Steigrohren beim La Mont-Kessel nur etwa 35 vH von dem eines normalen Zweitrommelsteilrohrkessels. Da der Preis etwa proportional dem Gewicht ist, müßte bei gleichem Umsatz, gleich geeigneter Fabrikationseinrichtung und gleichem Nutzen ein vollständig betriebsfertiger Kessel von 70 at

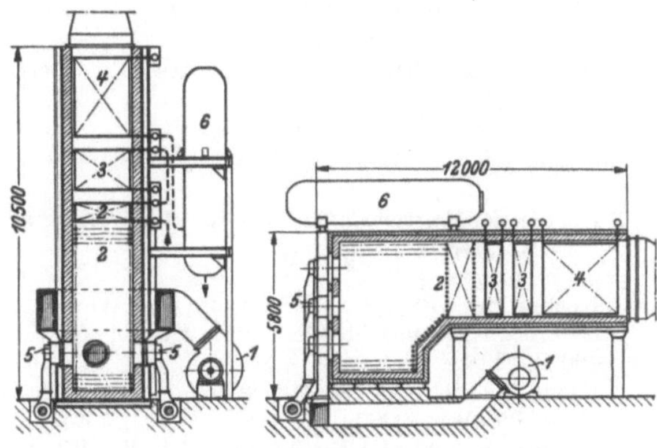

Abb. 64 und 65. Ortsfester 115 atü-Zwangumlauf-Hochgeschwindigkeitskessel in stehender und in liegender Bauart (Dampfleistung 85 t/h, Dampftemperatur 500°, Wirkungsgrad 85,5 vH). *1* Unterwindgebläse, *2* Verdampfungsheizfläche, *3* Überhitzer, *4* Ekonomiser, *5* Ölbrenner, *6* Kesseltrommel.

Druck und 50 t/h Leistung einschließlich Ekonomiser, Luftvorwärmer, Feuerung und Montage um 12 bis 15 vH billiger gebaut werden können als ein normaler Zweitrommel-Steilrohrkessel mit gekühltem Feuerraum. Bei Zwanglaufkesseln kann man im Gegensatz zu Kesseln mit natürlichem Wasserumlauf die Rauchgase dicht unter dem höchsten

Punkt des Kessels (Kesseldecke) in den zweiten Zug umlenken, Abb. 40 und 41. Infolgedessen wird ihre Bauhöhe kleiner und man kommt mit einem um 2 bis 3 m niedereren Kesselhaus aus. Den Ersparnissen an baulichen Kosten stehen aber Mehrausgaben für die Antriebsmaschinen der Umwälzpumpen und für die erforderliche Vergrößerung der elektrischen Eigenbedarfsanlage und der Leistung des Kraftwerkes um den Kraftbedarf der Umwälzpumpen gegenüber. Außerdem verzehren die Umwälzpumpen Strom. Ihr Antrieb durch Dampfturbinen ist im normalen Betriebe nicht immer möglich, weil der an sich schon anfallende Betrag an „Hilfsdampf" oft nur schwierig im Wärmeplan eines Werkes untergebracht werden kann. Außerdem ist

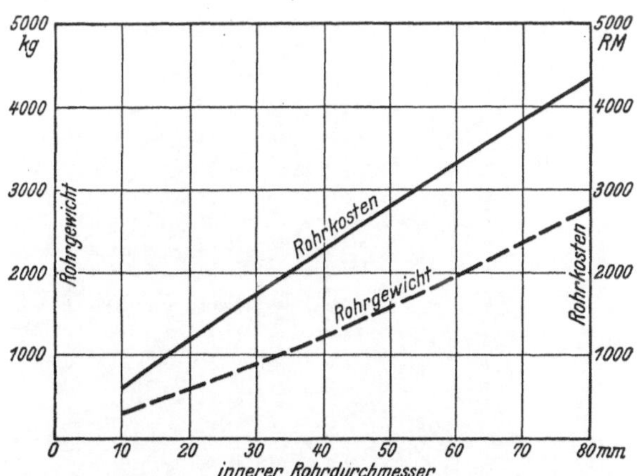

Abb. 66. Gewicht und Kosten der zum Übertragen von 1 Million kcal/h bei 100 at Kesseldruck erforderlichen Siederohre bei verschiedenem innerem Durchmesser der Rohre.
$\Delta t = 400°$,
$K_z = 640 \text{ kg/cm}^2$,
$p = 100$ atü.

der Gütegrad und daher auch der Dampfverbrauch der verhältnismäßig kleinen Hilfsturbinen erheblich schlechter als der der großen Hauptturbinen. In Zahlentafel 8 sind, um wenigstens einen Anhalt zu geben, die „gleichwertigen Anlagekosten" von zwei Kesseln mit natürlichem Umlauf und zwei Zwangumlaufkesseln für einen unteren und einen oberen Grenzfall einander gegenübergestellt.

In dem Zahlentafel 8 zugrunde liegenden Beispiel müßten also, wenn (was nicht der Fall ist) nur die Anlagekosten maßgebend wären, die vollständig betriebsfertigen Zwangumlaufkessel um 3 bzw. 11 vH billiger sein als Kessel mit natürlichem Umlauf, um zu gleichen „Gesamtkosten" zu kommen. In manchen Fällen kann sich aber ein

Zahlentafel 8. Ermittlung der gleichwertigen Anlagekosten von zwei Kesseln mit natürlichem Umlauf bzw. zwei Zwangumlaufkesseln für eine Erzeugung von je 70 t/h Dampf von 80 atü und 510⁰ C.

Kosten von Kesseln mit natürlichem Umlauf:

		Unterer Grenzfall	Oberer Grenzfall
2 Kessel mit Mühlenfeuerungen einschließlich Ekonomisern, Luftvorwärmern, Einmauerungen, Tragrosten, Gerüsten, Treppen, Unterwindventilatoren, sämtlichen Armaturen und Montage, ohne Saugzuganlagen und ohne zugehörige Motoren kosten . . . . RM	1 500 000		
Von diesen Kosten sind			
von der Kesselbauart abhängig (Kessel + Überhitzer + Gerüst + Einmauerung + Verkleidung) . . . . rd. RM	750 000		
von der Kesselbauart unabhängig . . . . rd. RM	750 000		

Mehrkosten von Zwangumlaufkesseln:

	Unterer Grenzfall	Oberer Grenzfall
Kosten der Antriebsmaschinen für die Umwälzpumpen:		
4 Motoren ⎫ je 42,5 kW . . . . RM 2 Turbinen ⎭	20 000	20 000
Kosten für 170 kW Mehrleistung des Werkes selbst und der Eigenbedarfsanlage einschließlich der Kosten für Kabel usw. (200 bzw. 400 RM/kW) . . . . RM	34 000	68 000
Kapitalisierung des Strombedarfes der Pumpenantriebe 4×38 kW $\times 5000$ h $= 760 000$ kWh[1] (Motorwirkungsgrad im Dauerbetrieb $= 90$ vH) bei 0,5 bzw. 1,5 Pf./kWh Strompreis und 25 bzw. 12,5 vH Kapitaldienst . . . . RM	15 200	91 100
Summe der Mehrkosten RM	69 200	179 100

Minderkosten von Zwangumlaufkesseln:

	Unterer Grenzfall	Oberer Grenzfall
Ersparnis an umbautem Raum infolge 2 bzw. 3 m geringerer Gebäudehöhe (800 bzw. 1200 m³ je 10 bzw. 20 RM/m³) . . . . RM	24 000	8 000
Unterschied zwischen Mehr- und Minderkosten . . . . RM	45 200	171 100
dasselbe in vH der Gesamtkosten der Kessel mit natürlichem Umlauf vH	3,0	11,4
dasselbe in vH der von der Kesselbauart abhängigen Kosten . . . . vH	6,0	22,8

Abb. 67. 5 bis 6 t/h-La Mont-Kessel für Dampf von 13 at, 250⁰ auf dem Transport.

erheblich anderes Bild als nach Zahlentafel 8 ergeben. Ist z. B. ein vorhandenes Haus für Zwangumlaufkessel ausreichend, für Kessel mit natürlichem Umlauf nicht, so wird der Einfluß der rein baulichen Kosten unter Umständen erheblich größer. In anderen Fällen kann die Leistung eines Werkes und seiner Eigenbedarfsanlage so groß sein, daß es unerheblich ist, ob noch die Antriebsmotoren der Umwälzpumpen mit Strom versorgt werden müssen. Zwanglaufkessel schneiden aber grundsätzlich in den Anlagekosten nicht immer so günstig ab, wie es zunächst den Anschein hat, falls nicht mittelbare Vorteile, wie z. B. die Möglichkeit, die Kessel infolge ihrer kleineren Bauhöhe ohne Hebung des Daches vorhandener Gebäude aufstellen oder sie bei Leistungen bis zu etwa 6 t/h fertig zusammengebaut liefern und dadurch an Montagekosten sparen zu können, mitwirken, Abb. 67. Der fast völlige Wegfall der Montage und der bequeme Transport kann in Übersee entscheidend für die Wahl von Zwanglaufkesseln sein.

---

[1] Spitzenkraftbedarf einer Umwälzpumpe 42,5 kW, durchschnittlicher Kraftbedarf rd. 38 kW.

C. Sonderkessel für flüssige (und gasförmige) Brennstoffe.

1. Einleitung. Bei Beheizung mit flüssigen oder gasförmigen Brennstoffen können die Feuerräume durch geschmolzene Asche nicht verschlacken und die Züge durch Flugasche sich nicht verstopfen. Man kann daher weit höhere Feuerraumbelastungen und weit engere Rohrteilungen, als es bei festen Brennstoffen üblich und zulässig wäre, anwenden. Dieser Umstand kommt Zwanglaufkesseln mehr als Kesseln mit natürlichem Umlauf zustatten, weil es bei ihnen leichter möglich ist, sämtlichen Siederohren genügend Wasser zuzuführen, sie mit enger Teilung anzuordnen und den Feuerraum so zu gestalten und mit Kühlfläche auszukleiden, wie es gute Verbrennung erfordert. Außerdem können nicht wie bei natürlichem Wasserumlauf durch falsch bediente oder mangelhaft arbeitende Brenner verursachte Nachverbrennungen Rohre, die als Fallrohre wirken sollen, so stark beheizt werden, daß sie zu Steigrohren werden und die ausreichende Wasserversorgung des ganzen Kessels gefährden. Diese Gefahr ist bei sehr hoher Feuerraumbelastung größer als bei mäßiger.

2. Die Gestaltung hochbelasteter Feuerräume. Hohe Feuerraumbelastung ist ein ausgezeichnetes Mittel zum Ersparen von Raum und Gewicht, hat aber auch mittelbare Vorteile. Je höher ein Feuerraum belastet wird, um so länger und schmaler muß er werden, damit das Verhältnis zwischen seiner Kühlfläche und seinem Inhalt groß und eine angemessene Feuerraumtemperatur nicht überschritten wird. In Abb. 68, die die Verhältnisse bei verschiedener Feuerraumbelastung zeigt, ist vorausgesetzt, daß der Brenner in der Mitte des quadratischen Feuerraumbodens sitzt (Kantenlänge d) und

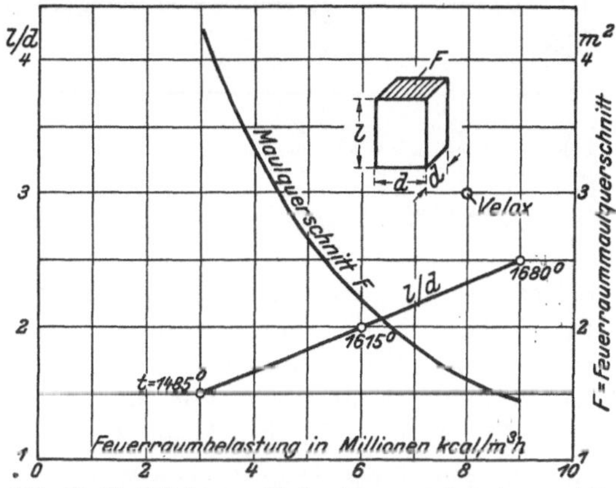

Abb. 68. Einfluß der spezifischen Feuerraumbelastung auf die Abmessungen eines Feuerraumes.

parallel zur Feuerraumhöhe l einbläst. Bei einem Verhältnis $\frac{l}{d} = 1{,}5$ und 3 Millionen kcal/m³ h Belastung ergibt sich eine Feuerraumtemperatur von rd. 1485° und ein Feuerraumquerschnitt von 4,3 m². Bei 9 Millionen kcal/m³ h Belastung steigt die Temperatur auf 1680°, selbst wenn man $\frac{l}{d}$ auf 2,5 entsprechend einem Querschnitt von rd. 1,5 m² erhöht. Je kleiner sein Querschnitt ist, um so leichter ist es, den Feuerraum gleichmäßig mit einem gut durchgemischten Brennstoff-Luftgemisch zu füllen, Nachverbrennungen zu vermeiden, die Flamme vor schädlichen Strömungen zu schützen und mit einem einzigen oder wenigen Brennern auszukommen. Hierbei kann es vorteilhaft sein, durch den Brenner nur einen Teil der gesamten Verbrennungsluft zu schicken, den Rest aber durch eine oder zwei Düsenreihen in einem gewissen Abstand vom Brennermaul auf sämtlichen 4 Seiten zuzuführen. Dadurch kommt man mit einem kleineren Kraftbedarf des Gebläses aus, erhält im ganzen Feuerraum überall die höchstmöglichen Temperaturen und damit die günstigste Ausnutzung der Feuerraumkühlfläche und eine kräftige Flammendurchwirbelung, die guten Ausbrand begünstigt und Nachverbrennungen vorbeugt, die auch den Überhitzer schwer gefährden können. Wichtig ist eine feine Zerstäubung des in die Primärluft eingespritzten Öles. Ich bin der Ansicht, daß bei Kesseln mit sehr hohen Feuerraumbelastungen die Zukunft einem hohen Druck des Öles, das im Brenner in einen Teil der gesamten Verbrennungsluft eingespritzt wird, der Zufuhr der restlichen Luft annähernd senkrecht zur Brennerachse und in einem gewissen Abstand vom Brennermaul, sowie länglichen, einfach gestalteten, allseits von Kühlflächen eingehüllten Feuerräumen gehört. Eine andere vorteilhafte Möglichkeit ist, mehrere Brenner in einer Ebene gegeneinander blasen zu lassen, Abb. 64. Beide Feuerraumformen sind aber bei Zwanglaufkesseln leichter als bei Kesseln mit natürlichem Wasserumlauf ausführbar und der bei normalen Wasserrohrkesseln möglichen Gestaltung des Feuerraumes bei sehr hohen Belastungen überlegen, Abb. 29 bis 31, S. 25, weil der ganze

Feuerraum gleichmäßiger zur Verbrennung herangezogen und eine örtliche Überlastung besser vermieden werden kann. Bei Abb. 29 und 110 müssen z. B. die Verbrennungsprodukte des unteren Brenners durch die des oberen hindurchströmen, infolgedessen ist entweder der untere Teil des Feuerraumes nicht voll ausgenutzt oder der obere überlastet. Bei den bisherigen spezifischen Brennkammerbelastungen spielen diese Umstände meist keine nennenswerte Rolle, bei den Werten, die man bei Dampfantrieben für schnelle Schiffe oder gar für Flugzeuge anstreben muß und erreichen wird, fallen sie schwer ins Gewicht.

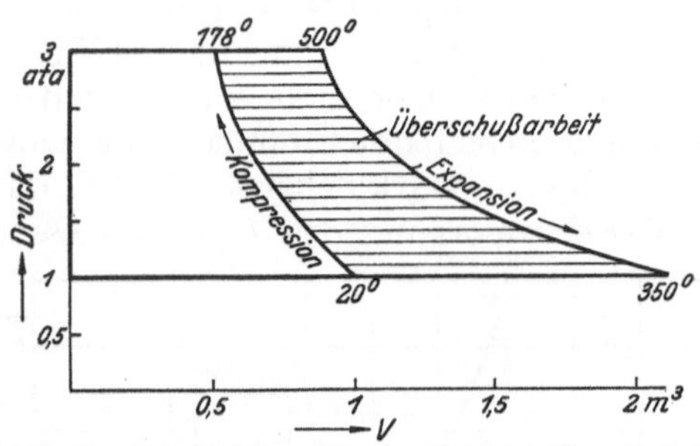

Abb. 69. Prinzipskizze für den Leistungsüberschuß einer durch die Abgase eines Kessels durchströmten Gasturbine über den Kraftbedarf des Aufladegebläses bei verlustloser adiabatischer Kompression und Expansion.

Man erhält auf die angegebene Weise aber nicht nur die günstigsten brenntechnischen Verhältnisse, sondern auch die beste Bespülung der Heizfläche durch die Rauchgase, die größte Sicherheit gegen unzulässige „heiße Stellen" im Überhitzer und die beste selbsttätige Regelung, die ebenso wie die von Hand bei einem oder zwei Brennern einfacher als bei vielen ist, Abb. 97 und 98.

3. Das Aufladen von Feuerräumen. a) Allgemeines. Je länger sich der Brennstoff in der Brennkammer aufhalten und ausbrennen kann, um so höher läßt sie sich belasten. Da bei Verbrennung unter beispielsweise 3 ata das entstehende Rauchgasvolumen nur rd. $^{1}/_{3}$ desjenigen bei atmosphärischem Druck ist, ist eine rd. dreimal höhere Feuerraumbelastung zulässig. Beim Antrieb des zum Verdichten der Verbrennungsluft erforderlichen Kompressors durch einen Elektromotor oder eine Dampfturbine würde der Gesamtwirkungsgrad bei Drücken im Feuerraum von wesentlich mehr als atmosphärischem Druck untragbar schlecht. Man treibt ihn daher durch eine von den im Kessel auf etwa 500⁰ abgekühlten Rauchgasen durchströmte Gasturbine an. Daß die Gasturbine — wenigstens theoretisch —

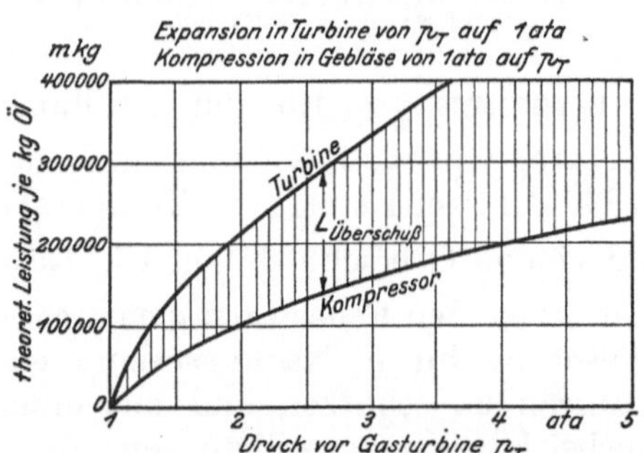

Abb. 70. Leistungsüberschuß der Gasturbine bei Kesseln mit aufgeladenem Feuerraum und Antrieb des Aufladekompressors durch eine von den Kesselabgasen durchströmte Gasturbine in Abhängigkeit vom Gasdruck vor der Gasturbine p_T bei Expansion der Gase in der Turbine auf 1 ata bei verlustloser adiabatischer Kompression und Expansion.

mehr Arbeit leistet als der Antrieb des Kompressors benötigt, geht auch für den in solchen Dingen weniger Bewanderten unschwer aus Abb. 69 hervor. Bei 100 vH Wirkungsgrad von Turbine und Kompressor würde zum Antrieb des Kompressors ein verhältnismäßig kleiner Teil des verfügbaren Druckgefälles genügen, mit dem Rest könnte man sehr hohe Rauchgasgeschwindigkeiten erzielen, Abb. 70. Beträgt aber der gemeinsame Wirkungsgrad von Turbine und Kompressor beispielsweise nur etwa 55 vH, Abb. 71, so sind zwar bei 2 bis 3 ata Verbrennungsdruck noch immer sehr beträchtliche Rauchgasgeschwindigkeiten und entsprechend hohe Wärmeübergangszahlen erreichbar, doch kommt man ohne eine geringe Zusatzantriebsleistung unter Umständen nicht bei allen Lasten aus. Jedes Prozent, um das der gemeinsame Wirkungsgrad über 55 vH gesteigert werden kann, gestattet selbst ohne zusätzliche Antriebsleistung noch höhere Gasgeschwindigkeiten. Siehe auch Abb. 181. Auch durch Einschalten der Gasturbine in einen höheren Temperaturbereich läßt sich ihre Leistung erhöhen. Aber gerade der Umstand, daß der Kraftbedarf des Kompressors schon bei Eintrittstemperaturen der Rauchgase von 500 bis 550⁰ durch die Gasturbine gedeckt werden kann, ist ein Vorzug von mit Aufladung der Kesselfeuerräume arbeitenden Dampfantrieben vor Ottomotoren, bei denen, wie z. B. bei Flugzeug-Ottomotoren die Auspufftemperatur bis 900⁰ beträgt, die Gasturbinen auf die Dauer nicht aushalten.

Die gleichzeitige Anwendung hoher Rauchgasgeschwindigkeiten und hoher Verbrennungsdrücke bzw. Feuerraumbelastungen ergibt sich also gewissermaßen zwangläufig und bewirkt, daß die Mehrkosten für den Kompressor durch die Ersparnisse an Heizfläche mehr oder weniger ausgeglichen werden. Schmale hohe Feuerräume von kleinem Querschnitt sind aber auch deshalb vorteilhaft, weil bei der bei hohen Rauchgasgeschwindigkeiten sich ergebenden kleinen Rohrteilung Kessel und Feuerraum als ein einziger glatter Schacht ausgebildet und Richtungsänderungen der Rauchgase vermieden werden können, Abb. 64, 118 und 119. Auf diese Weise ergibt sich ein ausgezeichneter Zusammenbau von Feuerung, Kessel, Überhitzer und Ekonomiser und der kleinste Zugverlust. Außerdem sind kleine Querschnitte von Feuerraum und Rauchgaszügen auch deshalb erwünscht, weil die Kesselummantelung gegen verhältnismäßig hohen Innendruck dicht halten muß.

b) **Velox-Kessel.** Zur Zeit ist der **Velox**-Dampferzeuger der einzige nach diesem Verfahren mit Feuerraumbelastungen von 4 bis 8 Millionen kcal/m³ h arbeitende, vom üblichen Aufbau völlig abweichende Kessel, Abb. 8 und 45. Durch geschickte Gestaltung der als Rauchrohre ausgebildeten Berührungsheizfläche des Kessels, Abb. 56, und der übrigen von den Rauchgasen gleichfalls parallel zu den Rohrachsen durchströmten Heizflächen können in der Verdampfungsheizfläche Rauchgasgeschwindigkeiten von 200 m/s und mehr angewendet werden. Infolgedessen werden im Verdampferteil Leistungen bis zu 300 000 kcal/m² h bzw. von 450 bis 500 kg/m² h Dampf und im ganzen

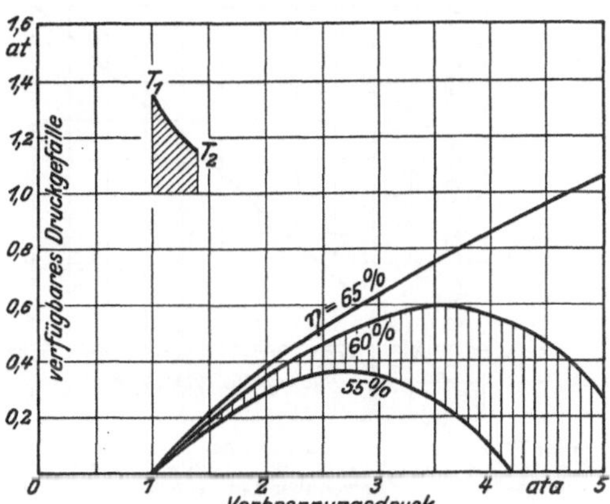

Abb. 71. Zur Geschwindigkeitserzeugung der die Heizfläche durchströmenden Rauchgase verfügbares Druckgefälle bei 55, 60 und 65 vH Wirkungsgrad von Kompressor und Gasturbine in Abhängigkeit vom Verbrennungsdruck bei Dampfkesseln mit aufgeladenem Feuerraum (Temperatur der in die Gasturbine eintretenden Rauchgase 500°).

Kessel so große durchschnittliche Leistungen erzielt, daß die Gesamtheizfläche nur etwa 10 vH derjenigen älterer normaler Landdampfkessel zu sein braucht. Dabei liegt der Wirkungsgrad auf einem weiten Lastbereich über 90 vH, Abb. 72.

4. Hochgeschwindigkeitskessel. Eine grundsätzlich andere Möglichkeit zum Bau leichter kompendiöser Dampfkessel ergibt sich einem Vorschlag des Verfassers gemäß, indem ein durch einen Elektromotor oder eine Dampfturbine angetriebener Niederdruckventilator die kalte Verbrennungsluft auf einen Überdruck von beispielsweise 500 bis 1000 mm W.-S. verdichtet, der zum Überwinden des Widerstandes von Luftvorwärmer, Brenner, Heizfläche und Schornstein ausreicht und ein Saugzuggebläse entbehrlich macht. Man kann auf diese Weise mit billigen Niederdruckventilatoren

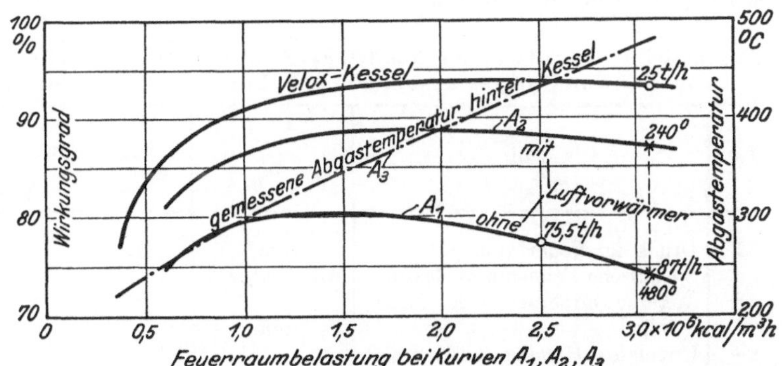

Abb. 72. Gemessener (Kurve A_1) und auf eine Abgastemperatur bei Höchstlast (87 t/h) von 240° umgerechneter Wirkungsgrad (Kurve A_2) eines ölgefeuerten Johnson-Schiffskessels und gemessener Wirkungsgrad eines **Velox**-Kessels (bei einer Dampferzeugung von 25 t/h betrug die Feuerraumbelastung des **Velox**-Kessels etwa 6 Millionen kcal/m³ h).

bei durchaus erträglichem Kraftbedarf Rauchgasgeschwindigkeiten von 25 bis 75 m/s in den aus normalen Rohrschlangen bestehenden, gleichfalls billigen Heizflächen erzeugen, wodurch sie wesentlich kleiner als bei den üblichen Geschwindigkeiten von 5 bis 15 m/s werden. Der Ersatz des Saugzuggebläses durch einen für eine entsprechend größere Förderhöhe gebauten Unterwindventilator ist nicht nur deshalb wichtig, weil ein Gebläse und ein Motor wegfallen, sondern weil infolge der Förderung kalter Verbrennungsluft der Kraftbedarf erheblich kleiner wird, als wenn der Ventilator dasselbe, bzw. das um den verbrannten Brennstoff vergrößerte Gewicht an heißen Gasen fördern müßte. Nach Abb. 73 benötigt z. B. ein Verdichter rd. 70 vH mehr Kraft, wenn das von ihm zu fördernde Gasgewicht eine Temperatur von 220⁰ statt nur 20⁰ hat. Mit derartigen „Hochgeschwindigkeitskessel" genannten Dampferzeugern, die zweckmäßigerweise als engrohrige Zwanglaufkessel ausgebildet werden, dürften bei gutem Wirkungsgrad Feuerraumbelastungen von etwa 3 Millionen $kcal/m^3$ h ohne weiteres zulässig und der Kraftbedarf des Gebläses bei Spitzenlast nicht größer als 1 bis 3 vH der Kesselleistung sein.

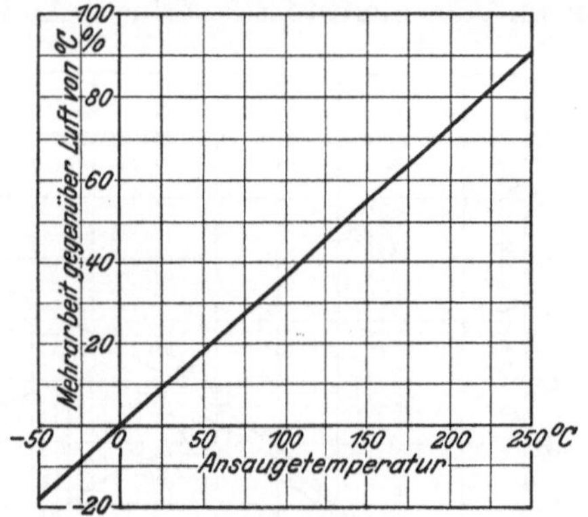

Abb. 73. Einfluß der Temperatur der angesaugten Luft auf den Kraftbedarf eines Verdichters bei adiabatischer Kompression gegenüber Luft von 0⁰.

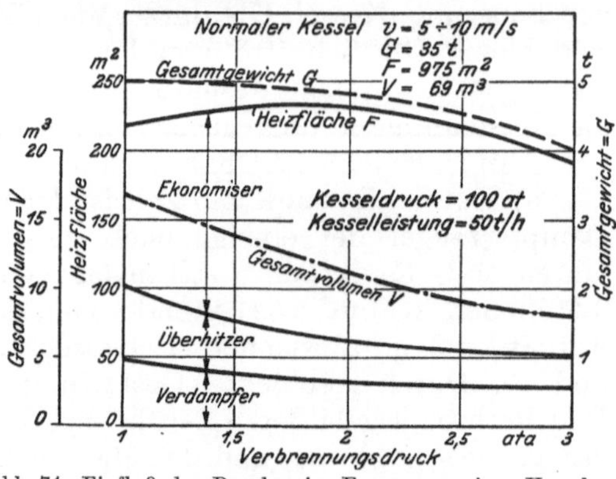

Abb. 74. Einfluß des Druckes im Feuerraum eines Kessels auf Größe, Gesamtgewicht und Gesamtvolumen der zum Erzielen derselben Abgastemperatur erforderlichen Heizfläche bei gleichem zusätzlichen Kraftbedarf des Gebläses.

Um wenigstens der Größenordnung nach das mit hohen Brennkammerbelastungen und Rauchgasgeschwindigkeiten erzielbare zu zeigen, wurden in Abb. 74 und Zahlentafel 9 folgende 4 Fälle untersucht:

Fall I: Verbrennung unter annähernd atmosphärischem Druck, normaler ortsfester Wasserrohrkessel mit natürlichem Zug, 0,7 Millionen $kcal/m^3$ h Feuerraumbelastung und Siederohren von 76 mm ä. D.

Fall II: Verbrennung unter annähernd atmosphärischem Druck, Hochgeschwindigkeitskessel mit Kaltluftunterwindgebläse, 3 Millionen $kcal/m^3$ h Feuerraumbelastung und Siederohren von 30 mm ä. D.

Fall III bzw. IV: Verbrennung unter 2 bzw. 3 ata, Zwanglaufkessel mit Aufladegebläse, 6 bzw. 9 Millionen $kcal/m^3$ h Feuerraumbelastung und Siederohren von 30 mm ä. D.

Ferner wurde angenommen, daß in allen 4 Fällen die Abgastemperatur und in Fall II bis IV außerdem der Kraftbedarf des Niederdruckgebläses bzw. der zusätzliche (durch einen Elektromotor oder eine Dampfturbine zu deckende) Kraftbedarf des (durch eine Gasturbine angetriebenen) Kompressors gleich hoch sein sollen (1,5 vH der Kesselleistung).

Zahlentafel 9. Hauptwerte eines 100 at-Zwanglaufkessels für die Erzeugung von 50 t/h Dampf von 500⁰ aus Speisewasser von 100⁰ bei einer konstanten Abgastemperatur von 150⁰.

			I	II	III	IV
			Normaler Wasserrohrkessel	Engrohrige Zwanglaufkessel		
Pos.	Fall			Antrieb des Gebläses durch		
				Elektromotor	Elektromotor und Gasturbine	
1	Druck im Feuerraum.	ata	rd. 1,0	rd. 1,0	2,0	3,0
2	Spezifische Feuerraumbelastung	Mill. $kcal/m^3$ h	0,7	3	6	9
3	Äußerer Durchmesser der Siede-rohre	mm	76	30	30	30
4	Ungefähre Rauchgasgeschwin-digkeit in den Heizflächen .	m/s	5—10	40—70	50—110	50—90
5	Zugverlust der Heizflächen ohne Brenner.	mm W.-S.	13	980	3000	3570
	Erforderliche Gesamtheizflächen:					
6	Größe	m²	975	218	232	193
7a	Gewicht.	t	35	5,0	4,8	4,0
7b	dasselbe in vH	vH	100	14	14	11
8a	Raumbedarf.	m³	69	17,0	11,4	8,2
8b	dasselbe in vH	vH	100	25	16	12
9	Feuerraumquerschnitt . . .	m²	—	4,2	2,2	1,45
10	Von Elektromotor zu decken-der Kraftbedarf in vH der Kesselleistung	vH	—	1,5	1,5	1,5

Die in Pos. 6 von Zahlentafel 9 angegebenen Werte sind reine aktive Heizflächen und gelten unter der Voraussetzung völlig gleichmäßiger Bespülung durch die Rauchgase. Die tatsächlich erforderliche Heizfläche hängt ganz von der Kesselkonstruktion ab und dürfte bei Einzugkesseln wie in Abb. 64 um etwa 10 vH, bei den üblichen Wasserrohrkesseln mit natürlichem Umlauf bis zu 30 vH größer als der errechnete Wert sein. Zum Gewicht der letzteren Heizfläche muß noch das Gewicht der Verbindungsrohrleitungen, Kesseltrommeln, Sammler usw. zugeschlagen werden, um das tatsächliche Kesselgewicht zu erhalten.

Bei einem Hochgeschwindigkeitskessel (Fall II) beträgt somit die Größe, das Gewicht und der Raumbedarf der Heizfläche von Kessel, Überhitzer und Ekonomiser nur rd. 22 bzw. 14 bzw. 25 vH der Werte eines ortsfesten mit normalen Rauchgasgeschwindigkeiten und natürlichem Wasserumlauf arbeitenden Röhrenkessels. Die Ersparnisse an Gewicht und Raumbedarf bei einem Hochgeschwindigkeits- gegenüber einem normalen Wasserrohrkessel sind also sehr beträchtlich und mit Ausnahme des Raumbedarfes weit größer als die zwischen Sonderkesseln mit Verbrennung unter hohem Überdruck, Fall III bzw. IV, und Hochgeschwindigkeitskesseln mit Verbrennung unter ganz kleinem Überdruck, Fall II, wo sie an Heizfläche höchstens rd. 11 vH, an Gewicht rd. 20 vH, an Raumbedarf rd. 50 vH ausmachen, obgleich in Fall III und IV Hochdruckkompressoren und Gasturbinen nötig sind, deren Leistung etwa 8 bis 20 vH derjenigen der Hauptturbinen beträgt.

Aus Abb. 74 und Zahlentafel 9 lassen sich folgende Schlüsse ziehen:

1. Mit Zwanglauf arbeitende Hochgeschwindigkeitskessel wiegen viel weniger und brauchen auch viel weniger Raum als normale ortsfeste Wasserrohrkessel.

2. Die durch Verbrennung unter wesentlichem Überdruck bei engrohrigen Zwanglaufkesseln gegenüber sogenannten Hochgeschwindigkeitskesseln erzielbaren Ersparnisse an Gewicht und Raumbedarf der Heizfläche sind in vielen Fällen nicht groß genug, um für sich allein die teurere und verwickeltere Anlage zu rechtfertigen.

3. Obgleich in vorstehenden Rechnungen bei Ermittlung des Kraftbedarfes des Unterwindgebläses ein Sicherheitszuschlag gemacht und der Rückgewinn an Energie nicht berücksichtigt wurde, der bei starker Abkühlung schnell strömender Gase eintritt, zeigte es sich, daß in Zwanglaufkesseln aus engen, von den Rauchgasen senkrecht angeblasenen Siederohren Rauchgasgeschwindigkeiten von 30 bis 70 m/s bei einem Kraftbedarf des Niederdruckgebläses von nur 1,5 vH der Kesselleistung bzw. einem ebenso großen Zusatzkraftbedarf des von einer Gasturbine angetriebenen Kompressors bei Verbrennung unter Überdruck erreicht werden können.

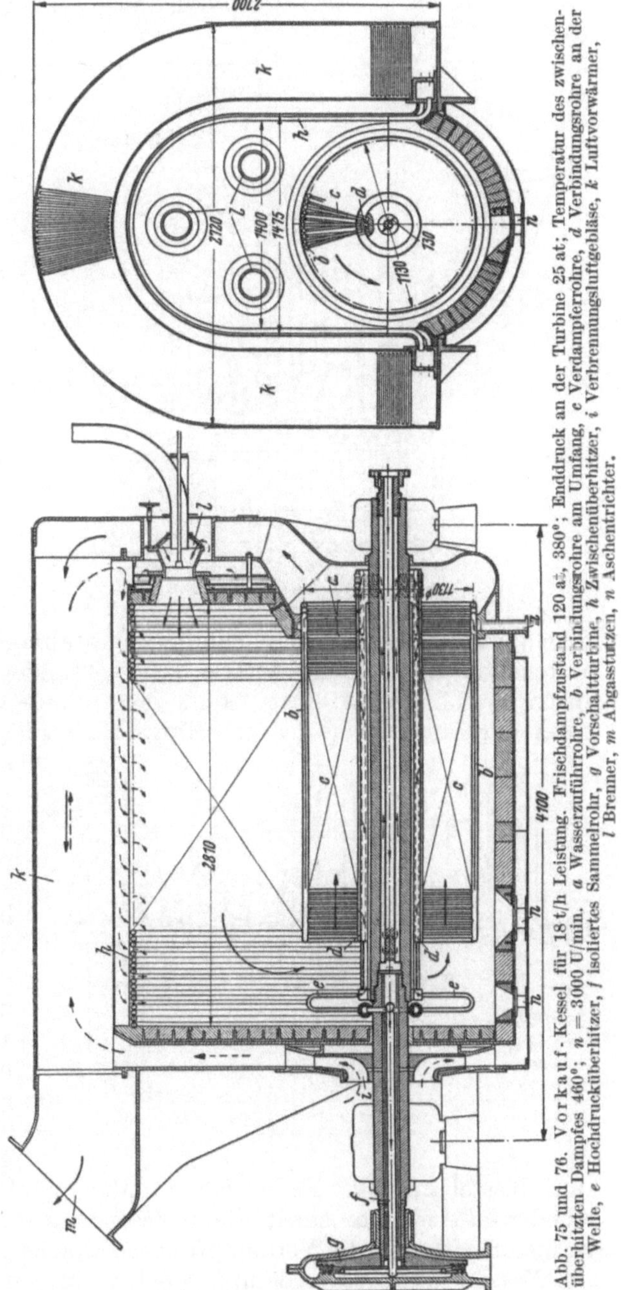

Abb. 75 und 76. Vorkauf-Kessel für 18 t/h Leistung. Frischdampfzustand 120 atü, 380°; Enddruck an der Turbine 25 at; Temperatur des zwischenüberhitzten Dampfes 460°; $n = 3000$ U/min. *a* Wasserzuführrohre, *b* Verbindungsrohre am Umfang, *c* Verdampferrohre, *d* Verbindungsrohre an der Welle, *e* Hochdrucküberhitzer, *f* isoliertes Sammelrohr, *g* Vorschaltturbine, *h* Zwischenüberhitzer, *i* Verbrennungsluftgebläse, *k* Luftvorwärmer, *l* Brenner, *m* Abgasstutzen, *n* Aschentrichter.

4. Je mehr es gelingt, den gemeinsamen Wirkungsgrad von Gasturbine und Gebläse über 55 vH zu steigern, um so günstiger werden die Aussichten engrohriger Zwanglaufkessel bei Verbrennung unter Überdruck; schon ein Mehr von wenigen Punkten vergrößert das zum Erzeugen hoher Rauchgasgeschwindigkeiten verfügbare Druckgefälle stark. Die Steigerung der Eintrittstemperatur der Rauchgase in die Turbine von 500⁰ auf beispielsweise 600⁰ wirkt in derselben Richtung. Weichen Wärmeübergang und Zugverlust in engrohrigen Zwanglaufkesseln bei Verbrennung unter Überdruck und hohen Rauchgasgeschwindigkeiten nicht erheblich von den bisher durch Versuche ermittelten Werten ab, so sind die Vorteile der Verbrennung unter Überdruck häufig nicht so groß, daß sie die mit ihr verknüpfte Verwicklung und Verteuerung der Anlage rechtfertigen.

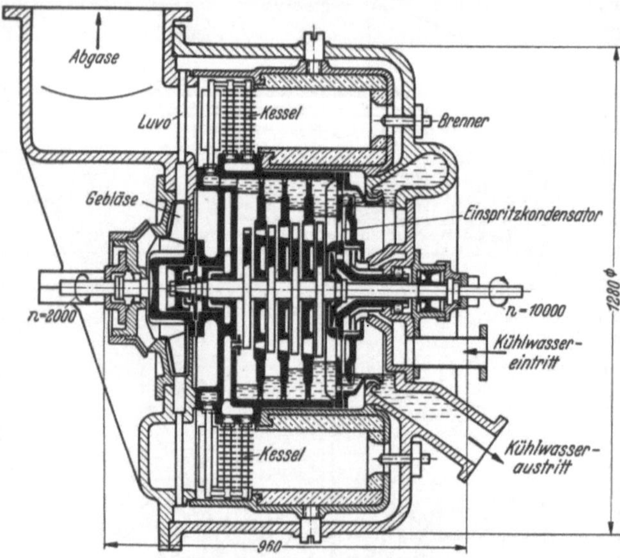

Abb. 77. Hüttner-Turbine.

5. Rotierende Kessel. Infolge ihrer rotierenden Verdampfungsheizflächen werden beim Vorkauf-Kessel, Abb. 75 und 76, und beim Hüttner-Kessel, Abb. 77, Speisepumpe und Saugzuggebläse überflüssig und die Wärmeübergangszahlen hoch. Beheizt man nämlich eine aus einem kalten und einem warmen Schenkel bestehende Rohrschleife derart, daß am inneren Ende des heißen Schenkels nur Dampf austritt, Abb. 78 bis 80, so stellt sich infolge der verschiedenen spezifischen Gewichte unter der Einwirkung der Zentrifugalkraft zwischen Ein- und Austritt der Rohrschleife ein Druckunterschied ein, der bewirkt, daß gerade soviel Wasser zuströmt als Dampf abfließt. Eine besondere Speisepumpe ist also überflüssig. Beim Vorkauf-Kessel strömt der entwickelte Dampf durch die hohle Welle zu einer den Kessel antreibenden Hochdruckturbine g, Abb. 75 und 76, und dann zu dem die Brennkammer umhüllenden Zwischenüberhitzer h. Bei der Hüttner-Turbine bilden Kessel und Turbine eine Einheit und kreisen im entgegengesetzten Sinne, Abb. 77. Infolge der eigenartigen Ausbildung der Hüttner-Turbine fließt das Kondensat von selbst

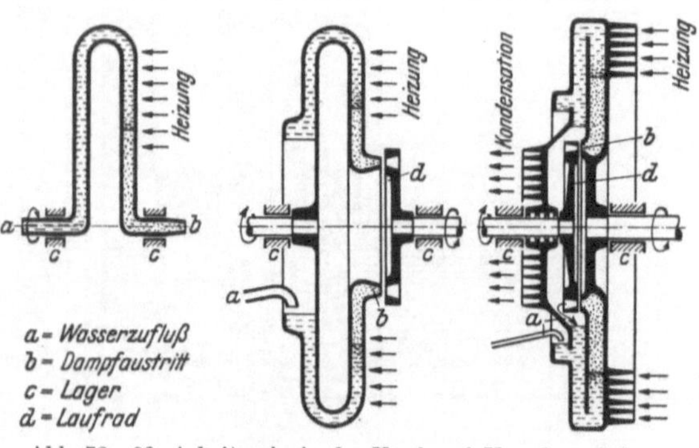

Abb. 78—80. Arbeitsprinzip des Vorkauf-Kessels und der Hüttner-Turbine.

zum Kessel zurück. Es entfallen daher auch sämtliche Speise-, Frischdampf- und Kondensatleitungen, sowie die Kondensatpumpe mit den damit verbundenen Wärmeverlusten. Damit die Verdampfungsheizflächen stets mit Wasser bzw. einem Gemisch aus Wasser und Wasserdampf benetzt sind, müssen sie bei einem verlangten Dampfdruck mit einer bestimmten Geschwindigkeit umlaufen. Mit fallender Belastung geht die Dampfmenge und daher auch die Umlaufgeschwindigkeit zurück, wodurch auch die geförderte Verbrennungsluft und Kühlwassermenge entsprechend fallen. Die Maschine ist also in weiten Grenzen selbstregelnd. Die Hüttner-Turbine arbeitet mit Sattdampf. In jeder Stufe soll die in ihr entstandene Feuchtigkeit des Dampfes infolge des schnell umlaufenden Turbinengehäuses ausgeschleudert werden, so daß in jede folgende Stufe trockener Sattdampf eintritt, Abb. 81. Das ausgeschleuderte Wasser dient zur Regenerativvorwärmung. Hüttner hofft auf diese Weise dicht an den

Wirkungsgrad des Carnot-Prozesses heranzukommen und bei 40 ata Anfangsdruck und 15⁰ Abdampftemperatur einen Brennstoffverbrauch von 200 g/PSh unter der Annahme eines Wirkungsgrades des Kessels von 88 vH und der Turbine von 80 vH zu erreichen.

Es wird nicht leicht sein, das von überhitztem Dampf durchströmte Lager des Vorkauf-Kessels, Abb. 75, zu kühlen und die mit 100 bis 150 m/s Umfangsgeschwindigkeit rotierende, aus zahlreichen Teilen zusammengeschweißte Heizfläche größerer Maschinen, die hoher Hitze ausgesetzt und von einem seine Konsistenz dauernd wechselnden Stoff erfüllt ist, so herzustellen, daß sie den Wärmedehnungen nachgeben kann, aber trotzdem ausgewuchtet bleibt. Auch wird das Auswechseln schadhafter Siederohre auf erhebliche Schwierigkeiten stoßen. Darüber, ob die eigentliche Wasserförderung äußeren Arbeitsaufwand erfordert oder nicht, gehen die Ansichten auseinander.

Bei Hüttner-Turbinen ist schließlich das Drehmoment der beiden gegenläufigen Turbinenhälften nicht gleich, was das Erreichen eines guten Turbinenwirkungsgrades erschwert, außerdem braucht die Hüttner-Turbine Anwurfmotoren, um Turbine und Kessel in Gang setzen zu können. Auch der Vorkauf-Kessel muß angeworfen werden.

Da zwischen Kessel und Turbine kein Absperrglied sitzt, stellt sich bei der Hüttner-Turbine zu einer bestimmten Belastung ein bestimmter Kesseldruck ein. Da eine höhere Turbinenleistung nicht durch Vergrößern der Einlaßquerschnitte, sondern lediglich durch Steigern des Kesseldruckes erzielbar ist, muß jede Laständerung sofort durch eine entsprechend geänderte Brennstoffzufuhr gedeckt werden, was nicht so schnell gelingen dürfte, wie es z. B. zum Aufrechterhalten der Frequenz erforderlich ist. Schließlich wird die Wärmeabfuhr des Kühlwassers bei der Hüttner-Turbine nicht einfach werden. Da sich Kühlwasser und Kondensat mischen, wird das eigentliche Kühlwasser in Oberflächenapparaten im Kreislauf gekühlt werden müssen.

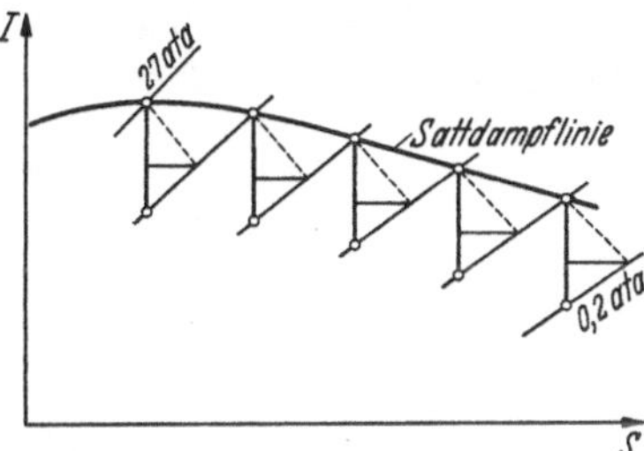

Abb. 81. Expansionsverlauf in der Hüttner-Turbine. Nach Hüttner.

Mindestens für ortsfeste Anlagen wird daher die Verwendungsmöglichkeit rotierender Kessel beim heutigen Stande der Entwicklung beschränkt sein. Dies tut aber der grundsätzlichen Bedeutung der Hüttner-Turbine keinen Abbruch, in der erstmals folgerichtig der Weg zur Verschmelzung von Kessel, Kraftmaschine und Kondensator in eine organische untrennbare Einheit bis zu Ende beschritten wurde. Auch wenn die Hüttner-Turbine nur mit Öl oder Gas betrieben werden könnte und sich nur für bestimmte Sondergebiete eignen sollte, könnte sie Bedeutung erlangen. Auf alle Fälle hat Hüttner das Verdienst, die erfinderische Tätigkeit auf den Bau vollautomatischer Maschinen gelenkt zu haben, in denen Kessel, Dampfturbine und Hilfsmaschinen in einen einzigen Organismus verschmolzen sind.

D. Zusammenfassung.

Bei der Beurteilung der Aussichten von Zwanglaufkesseln tut man gut daran, sich zu vergegenwärtigen, daß von tüchtigen Firmen gebaute Kessel mit natürlichem Umlauf Maschinen sind, die trotz arger Mißhandlungen und häufiger Bedienungsfehler ihren Dienst alles in allem genommen vorzüglich erfüllen. Über den an ihnen gelegentlich auftretenden Anständen sollte man besonders nicht die Tatsache übersehen, daß, solange ihre Sicherheitsventile und Wasserstandsregler intakt bleiben, sie selbst bei schweren Störungen im Kraftwerk und bei Versagen aller Instrumente anstandslos weiterarbeiten. Nur die Erfahrung kann lehren, in welchem Maße ihnen in dieser Beziehung Zwangumlaufkessel, die Umwälzpumpen benötigen, oder Zwangdurchlaufkessel, die völlig auf die Zuverlässigkeit von Ferninstrumenten und elektrischen oder hydraulischen Hilfsvorrichtungen angewiesen sind, gleichkommen. Der Grad, in welchem ihnen dies gelingen wird, ist für ihren schließlichen allgemeinen Erfolg in vielen Fällen ungleich wichtiger als Vorteile finanzieller oder sonstiger Art. Da man aber erst in einigen Jahren hierin klar sehen kann, sollte man wenigstens Zwangdurchlaufkessel nicht wahllos propagieren. Sieht man von dieser Ungewißheit ab, so läßt sich über die Aussichten des Wettbewerbes von Zwanglaufkesseln untereinander und mit normalen Wasserrohrkesseln zusammenfassend etwa folgendes sagen:

Bei sämtlichen Kesseln stehen gewissen Vorteilen gewisse Schwächen gegenüber, einen für alle Zwecke gleich geeigneten Dampferzeuger gibt es nicht. Zwanglaufkessel, besonders Zwangdurchlaufkessel, sind um so billiger als Kessel mit natürlichem Wasserumlauf, je höher der Druck ist. Bei hohen Drücken ist der Preisvorsprung von

Zwangdurchlaufkesseln am größten. Einschließlich Ekonomiser, Luftvorwärmer und Feuerung müssen bei gleichem Nutzen und gleichem Umsatz Zwanglaufkessel für 70 bis 100 at Druck um 12 bis 15 vH billiger als normale Zweitrommelsteilrohrkessel mit gekühltem Feuerraum gebaut werden können. Aber selbst bei Würdigung der möglichen mittelbaren Vorteile ist wegen des zum Teil höheren Kraftbedarfes der Hilfsmaschinen die kostenmäßige Überlegenheit von Zwanglaufkesseln nicht immer so groß, wie sie auf den ersten Eindruck zuweilen erscheint. Sämtliche Zwanglaufkessel bieten bei Beheizung mit Öl oder Gas und bei beschränktem Raum besondere Vorteile.

Den niedrigen Baukosten von Zwangdurchlaufkesseln stehen Eigenschaften gegenüber, die ihre allgemeine Verwendbarkeit einengen, denn das Speisewasser muß sehr rein sein, und ihre Anpassungsfähigkeit an schnelle Lastwechsel ist erheblich kleiner als bei anderen Kesseln. Für Frequenzfahren oder schnelles Manövrieren eignen sie sich daher — mindestens bei Beheizung mit festen Brennstoffen bzw. ohne Speicher — oft nicht. Stehen aber in

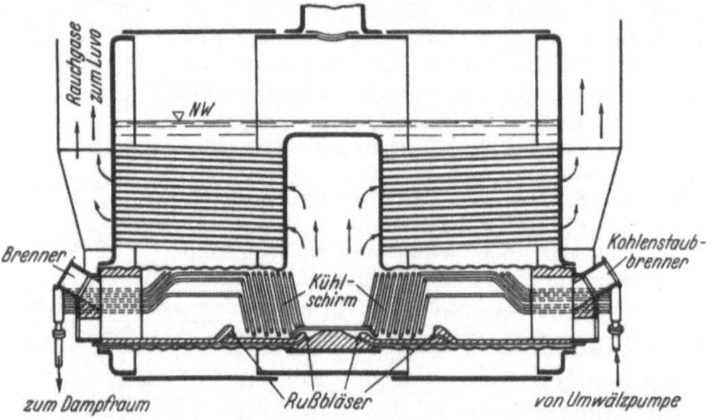

Abb. 82. Schottischer Schiffskessel mit in die Flammrohre eingebauten La Mont-Kühlelementen (Dampfer Staßfurt).

Kondensationskraftwerken außer ihnen Kessel mit reichlichem Wasserinhalt oder kann in Heizkraftwerken an geeigneter Stelle ein Wärmespeicher eingeschaltet werden und ist das Rohwasser so schlecht, daß man auch bei anderen Kesseln eine Destillier- oder Dampfumformeranlage brauchen würde, so sind sie ernster Beachtung wert; bei einem nennenswerten Prozentsatz chemisch gereinigten Zusatzwassers verdienen dagegen Kessel mit natürlichem oder Zwangumlauf den Vorzug.

Kessel mit natürlichem Umlauf sind bis zu Drücken von 120 at im Betrieb, bis zu 150 at im Bau. Der natürliche Wasserumlauf hat sich zwar auch bei hohen Drücken als ausreichend erwiesen, hängt aber von Zufälligkeiten oder nicht ganz zweckmäßiger Konstruktion erheblich stärker ab als bei mäßigem Druck. Etwa von 40 bis 60 at an sind daher Zwanglaufkessel öfters, bei mehr als 120 at meist vorteilhafter als normale Wasserrohrkessel. Zwangdurchlaufkessel eignen sich etwa von 40 at bis zu den höchsten Drücken, sind aber erst von etwa 80 at an nennenswert billiger als Kessel mit natürlichem Umlauf. Zwangumlaufkessel kommen etwa bis zu 120 at in Betracht und eignen sich auch für ganz kleine Anlagen, wo die Wasserreinigung zu wünschen übrig läßt. Sie sind unter den Zwanglaufkesseln bei geringen und mittleren Drücken (10 bis 50 at) der Hauptwettbewerber von Kesseln mit natürlichem Umlauf. Das eigentliche Anwendungsgebiet von Löffler-Kesseln ist der Druckbereich über 80 at. Der am universalsten verwendbare Zwanglaufkessel ist der La Mont-Kessel, dessen Elemente auch in anderen Kesselsystemen verwendet werden, Abb. 82, der billigste der Sulzer- und Benson-Kessel.

Die Aussichten von Zwanglaufkesseln sind um so größer, je mehr es gelingt, ohne teuere Sonderbaustoffe und Konstruktionselemente auszukommen, damit sie zu Preisen verkauft werden können, die ihrem kleineren Gewicht entsprechen. Trotzdem werden Kessel mit natürlichem Umlauf, die in jahrzehntelanger Arbeit zu großer Vollkommenheit entwickelt worden sind, noch lange ihre beherrschende Stellung behaupten, zumal an ihrer weiteren Vereinfachung und Verbilligung unablässig gearbeitet wird.

III. Anwendungsgebiete für leichte Dampfantriebe.

A. Ortsfeste Kraftwerke.

Professor Hugo Junkers, 1850 bis 1935.
Hervorragender vielseitiger Erfinder, bahn-
brechender Pionier im Flugzeug- und
Flugzeugmotorenbau.

1. Vorteilhaftester Frischdampfdruck in Elektrizitätswerken. In den vorangehenden Abschnitten wurde gezeigt, daß von Fall zu Fall geprüft werden muß, welches Kesselsystem sich am besten eignet. Bevor auf leichte Dampfantriebe für ortsfeste Anlagen eingegangen wird, sollen 2 allgemein gültige Punkte kurz gestreift werden.

Die Aufstellung ungewöhnlicher Kessel, z. B. von Zwangdurchlaufkesseln für hohen Druck, ist eine andere Sache, wenn sie im Anschluß an ein vorhandenes Werk mit normalen Kesseln und eingeschulten Mannschaften oder wenn sie in einer völlig neuen, ganz auf sie angewiesenen Anlage erfolgt. Besonders wenn die Einfahrzeit kurz ist und die Bedienungsmannschaften erst angeheuert und angelernt werden müssen, sollte man sich überlegen, ob die Vorteile ungewöhnlicher Kessel, Drücke oder Verfahren das mit ihnen verbundene Risiko lohnen. Bei gewissen chemischen Betrieben kann z. B. schon eine kurze Betriebsunterbrechung, wie sie an sich geringfügige Anstände in den ersten Monaten manchmal herbeiführen, einen Schaden verursachen, der den von Sonderkesseln rechnungsmäßig zu erwartenden Nutzen auf Jahre hinaus vorwegnimmt. Je schneller ein Werk gebaut werden und seine Tätigkeit aufnehmen muß, je mehr es auf sich selbst angewiesen und je empfindlicher der Betrieb, dem es Licht, Kraft oder Wärme liefert, gegen Unterbrechung der Energieversorgung ist, um so mehr empfehlen sich bewährte Konstruktionen.

Ähnliche Erwägungen sollten auch bei der Wahl des Kesseldruckes maßgebend sein. In manchen Kondensations- und in vielen Heizkraftwerken sind 100 bis 120 at zweifellos auch bei vorsichtiger Aufmachung der Wirtschaftlichkeitsberechnung am Platze, in vielen anderen Fällen sind sie es z. Zt. nicht. Die Behauptung, ein Höchstdruckwerk derselben Nutzleistung könne für dasselbe Geld gebaut werden wie ein Werk für etwa 40 at, trifft — wenigstens bei normalen Wasserrohrkesseln — ebensowenig zu, wie die andere Behauptung, sein Betrieb oder doch sein Einfahren seien nicht schwieriger. Bei etwa 10 sorgfältig bearbeiteten Projekten der verschiedensten Art hat Verfasser immer wieder feststellen müssen, daß bei gleichem Ausschöpfen aller Möglichkeiten die Anlagekosten bei 100 bis 130 at Druck größer werden als bei mittleren Drücken und daß die wirtschaftliche Überlegenheit von Höchstdruckdampf bei Beachtung aller Einflüsse öfters nahe bei den Genauigkeitsgrenzen der Vorausberechnung liegt. Zwangdurchlaufkessel haben den Unterschied in den Anlagekosten zwischen Werken für mittleren und für hohen Druck weiter verringert und die Aussichten von Drücken über etwa 100 at, wenigstens rein kostenmäßig, zweifellos weiter verbessert. Dies ändert aber nichts an der betrieblichen Schwäche von Zwangdurchlaufkesseln, daß sie — wenigstens sofern sie nicht dauernd abgeschlämmt werden — gegen Kühlwassereinbrüche ins Speisewasser, scharfe Lastwechsel oder versagende Automatik erheblich empfindlicher als andere Kessel sind. Darüber, wie hoch man diese Schwächen in Mark und Pfennig beziffern soll, werden die Ansichten häufig auseinandergehen, besonders solange mit Zwangdurchlaufkesseln noch nicht viel praktische Erfahrungen vorliegen. Bleiben die ersten Anlagen längere Zeit von schwereren Schäden oder Störungen verschont, so werden die Aussichten von Zwangdurchlaufkesseln ebenso steigen, wie sie fallen würden, wenn das Gegenteil eintreffen sollte. Solange aber Zufall und persönliche Einstellung von solchem Einfluß und die Bau- bzw. Betriebskosten von Anlagen mit Zwangdurchlauf- und anderen Kesseln nicht stärker verschieden sind, ist es häufig müßig, eine Entscheidung über ihre Wahl oder die Wahl des Frischdampfdruckes von umständlichen Rechnungen abhängig zu machen, die man je nach der persönlichen Auffassung so oder so aufstellen kann, oder Fässer von Druckerschwärze und Tinte an die grundsätzliche Austragung eines Streites zu verschwenden, den letzten Endes nur der verantwortliche Leiter eines Kraftwerkes je nach seiner Stellung zum technischen Fortschritt und zum tragbaren Risiko von Fall zu Fall entscheiden kann.

Die Aussichten von hohen Drücken werden weiter verbessert, wenn es gelingt, die Frischdampftemperatur auf 525 bis 550⁰ zu erhöhen, weil man dann Kesseldrücke bis zu etwa 85 bis 100 at ohne Zwischenüberhitzung anwenden kann.

Entschließt sich daher ein großes Elektrizitätswerk mit guter Benutzungsdauer, tadellosem Speisewasser und hochwertigen Bedienungsmannschaften zur Aufstellung von

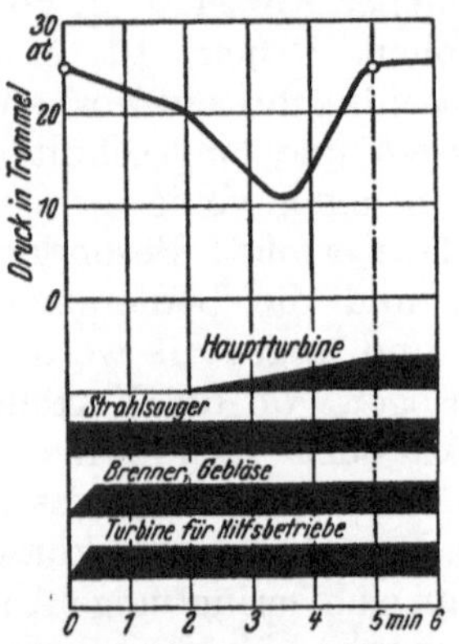

Abb. 83. Anfahren eines Momentan-Spitzenwerkes mit Zwangumlauf - Hochgeschwindigkeitskesseln, Bauart AEG-Dr. Münzinger.

Zwangdurchlaufkesseln für 100 bis 130 at Druck mit Kohlenstaubfeuerungen, so sollte es die durch den hohen Druck gebotenen wärmetechnischen, die durch das reine Speisewasser gebotenen betrieblichen und die durch das Kessel- und Feuerungssystem gebotenen geldlichen und konstruktiven Möglichkeiten auch vollständig ausnutzen und nicht bei Teillösungen stehen bleiben, die einen fühlbar schlechteren als den erreichbaren Wärmeverbrauch geben, ohne die Betriebssicherheit des Werkes zu verbessern oder wesentlich an Anlagekosten zu sparen. Diese Forderung bedeutet etwa 500⁰ Frischdampftemperatur; Vorwärmung des Speisewassers durch mehrfache Anzapfung auf mindestens 200⁰, der Verbrennungsluft auf 250 bis 350⁰; Abkühlung der Rauchgase im Ekonomiser und Luftvorwärmer auf etwa 150⁰ und Aufstellung von Saugzuganlagen in Verbindung mit Schornsteinen von etwa 100 m Höhe. Zu prüfen ist, ob unter diesen Verhältnissen nicht Rauchgaszwischenüberhitzung auf 400 bis 450⁰ den Vorzug vor Frischdampfüberhitzung

verdient, weil der Wärmeverbrauch kleiner[1] wird und man 500⁰ Frischdampftemperatur nicht zu überschreiten und sich nicht in ein Temperaturgebiet zu begeben braucht, das immerhin Neuland ist. Unzulässiger Anstieg der Temperatur des Zwischendampfes läßt sich durch Einspritzen von Wasser unschwer verhindern, ohne daß dadurch die „Versalzungsempfindlichkeit" größer wird, als sie das gewählte Kesselsystem schon an sich bedingt. Andererseits kann man mit Rauchgasen fast ohne Mehrkosten so hoch zwischenüberhitzen, daß die Endfeuchtigkeit des Dampfes in der Turbine und daher die Erosion der letzten Turbinenräder kleiner als üblich wird. An passenden Stellen wird man Speicher zum Auspuffern größerer Spitzen einbauen und von selbsttätiger Steuerung von Kesseln und Speichern weitgehend Gebrauch machen müssen, wofür sich aus den weiter vorn angeführten Gründen hydraulische Übertragung mehr als elektrische empfiehlt. Bei derart weitgehend automatisierten Werken zeigt sich die Überlegenheit von Staubfeuerungen über mechanische Roste in vollem Lichte. Man kann sogar beinahe sagen, daß Staubfeuerungen Voraussetzung für solche Werke sind. Sowohl in der gegenseitigen Anordnung als auch im Aufbau von Kesseln und Turbinen und in der Anordnung und dem Antrieb der Saugzuganlagen muß natürlich darauf geachtet werden, daß sie den besonderen Verhältnissen Rechnung tragen, die sich durch die empfohlenen Maßnahmen ergeben.

Im übrigen wird die Entscheidung, ob bei Elektrizitätswerken die Zukunft mehr Frischdampfdrücken bis etwa 80 at ohne oder von 100 bis 130 at mit Zwischenüberhitzung gehört, nicht nur von wirtschaftlichen Erwägungen, sondern auch von Imponderabilien abhängen, die mit rein geschäftlichen Überlegungen wenig zu tun haben. Außer dem immanenten Drange der Technik zu immer vollkommeneren Maschinen wird sich

---

[1] Wegen des Unterschiedes im Wärmeverbrauch bei Frischdampf- und Rauchgaszwischenüberhitzung siehe „Dampfkraft", S. 270 bis 276.

der starke Eindruck, den das Neuartige und Rekordwärmeverbrauche auf das Publikum auch dann ausüben, wenn sie wirtschaftlich nicht gerechtfertigt sind, zugunsten hoher Drücke auswirken. Die Zahl derer, die danach fragen, wie teuer ein ungewöhnlich niedriger Wärmeverbrauch erkauft werden mußte, ist sehr gering und der Nachweis einer vorzüglichen Wärmeausnutzung ist viel leichter zu führen und zu kontrollieren als der Nachweis der guten Gesamtwirtschaftlichkeit eines Werkes. Diese Tatsachen könnten enttäuschen, wenn sie nicht gleichzeitig den Wagemut des Menschen wecken und dadurch trotz vereinzelter Fehlgriffe und Fehlentscheidungen den technischen Fortschritt fördern würden. Insbesondere große repräsentative Werke sollten aus demselben Grunde da, wo der rein finanzielle Vorteil einer Neuerung klein oder zweifelhaft ist, bei ihrer Entscheidung auch daran denken, ob ihre Anwendung nicht aus allgemeinen Erwägungen geboten ist.

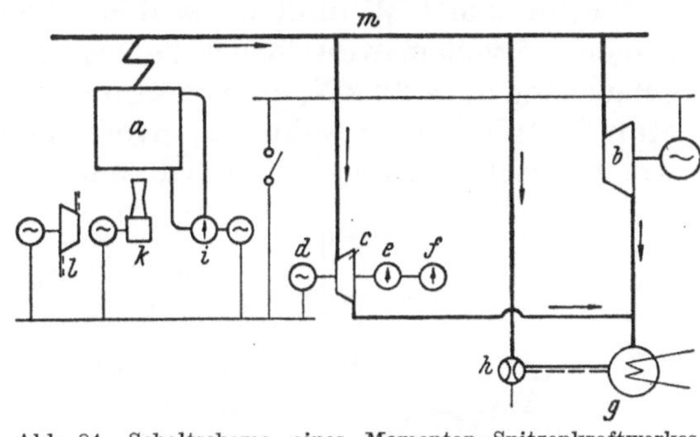

Abb. 84. Schaltschema eines Momentan-Spitzenkraftwerkes, Bauart AEG-Dr. Münzinger.
a Kessel, *b* Hauptturbine, *c* Hilfsturbine, *d* Hilfsgenerator, *e* Kondensatpumpe, *f* Kühlwasserpumpe, *g* Kondensator, *h* Dampfstrahlluftsauger, *i* Umwälzpumpe, *k* Brenner und Ölpumpe, *l* Ventilator, *m* Hauptdampfleitung.
Ständig betriebsbereit: *a* und *m*; beim Anfahrkommando werden in Betrieb gesetzt: *c*, *g* und *h*; nach 2 Min. wird in Betrieb gesetzt: *b*, für gewöhnlich ist außer Betrieb: *c*.

Will aber ein Werk von weitgehender Speisewasservorwärmung durch Anzapfdampf oder weitgehender Abkühlung der Rauchgase keinen Gebrauch machen, so wird es auch besser tun, sich mit einem Kesseldruck zu begnügen, bei dem es ohne Zwischenüberhitzung auskommt.

2. Reserve- und Spitzenkraftwerke. Für Reserve- und Spitzenkraftwerke ist Zwanglauf bestens geeignet, weil sie rasch hochheizbare, gegen schnelle Temperaturwechsel unempfindliche Dampferzeuger benötigen. Da geringe Anlagekosten und kleiner Platzbedarf wichtiger als hoher Wirkungsgrad sind, müssen die Kessel leicht, Gasgeschwindigkeit und Feuerraumbelastung daher hoch sein. Zwangumlauf ist wegen des einfacheren Anheizens, Fahrens bei Schwachlast und Regelns oft vorteilhafter als Zwangdurchlauf. Wird sehr rasches Hochheizen verlangt und ist die jährliche Betriebsdauer kurz, so ist Öl geeigneter als Kohle. Dann sind aber stark belastete Feuerräume und hohe Rauchgasgeschwindigkeiten erst recht am Platz und Zwangumlaufkessel wie Velox- oder Hochgeschwindigkeitskessel, die in 5 bis 8 min vom kalten Zustand auf Vollast kommen, Kesseln mit natürlichem Umlauf überlegen.

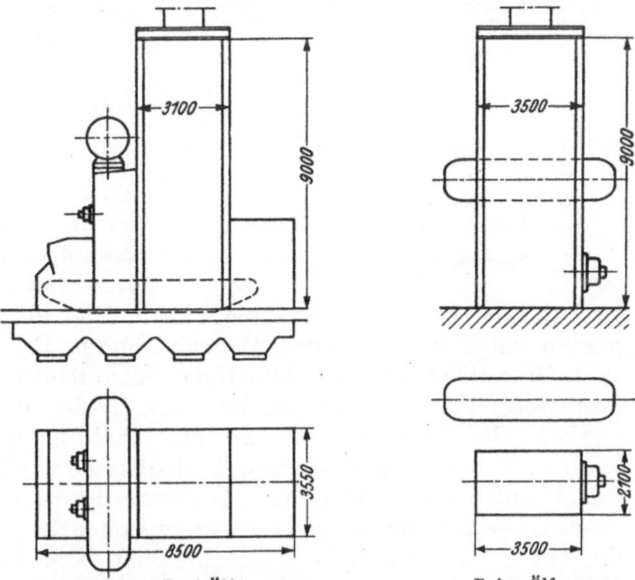

Kombinierte Rost-Ölfeuerung.   Reine Ölfeuerung.
Abb. 85 und 86. Hauptabmessungen von 2 für ein Spitzenkraftwerk mit sehr kurzer Anfahrdauer bestimmten 30 at-Zwangumlaufkesseln für 26 t/h höchste Dampfleistung.

Namhafte Turbinenfirmen garantieren heute bei 10 000 kW-Turbinen für das Evakuieren des Kondensators und das Hochfahren der Turbine eine Zeit von 5 min. Dazu kommt die Zeit, die vergeht, bis der kalte Kessel auf die erforderliche Dampfabgabe gebracht ist. Mit Zwangumlauf-Hochgeschwindigkeitskesseln lassen sich bei Ölfeuerung und bei kombinierter Rost-Ölfeuerung selbst völlig auf sich angewiesene Spitzenkraftwerke gemäß einem Vorschlag des Verfassers dadurch sehr schnell vom kalten Zustand auf volle Turbinenleistung bringen, daß die reichlich bemessene, vom Kessel abschaltbare

Trommel dauernd unter vollem Druck gehalten wird, Abb. 83. Ihr Wasserinhalt gibt dann während des Hochfahrens des Kessels unter Druckabsenkung die zum Evakuieren des Kondensators, zur Versorgung der Hilfsbetriebe (Kondensat-, Kühlwasser-, Umwälz- und Ölpumpe, Gebläse) und zum Hochfahren der Turbine benötigte Dampfmenge her, Abb. 84. Zum einmaligen Hochfahren einer 10 000 kW-Turbine genügt eine Trommel von etwa 2 m l. W. und 5 bis 6 m Länge. Die Stillstandsverluste der Trommel betragen bei vollem Kesseldruck bei reiner Ölfeuerung etwa 15 kW, bei kombinierter Rost-Ölfeuerung etwa 22 kW, können also durch elektrische Beheizung bequem gedeckt werden. Muß das Werk auch während längerer Zeit Strom abgeben, so empfehlen sich in Ländern wie Deutschland kombinierte Öl- oder Gas-Rostfeuerungen; Öl bzw. Gas werden dann

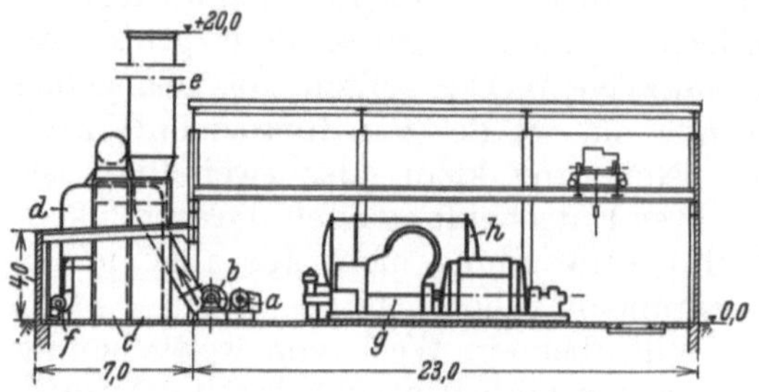

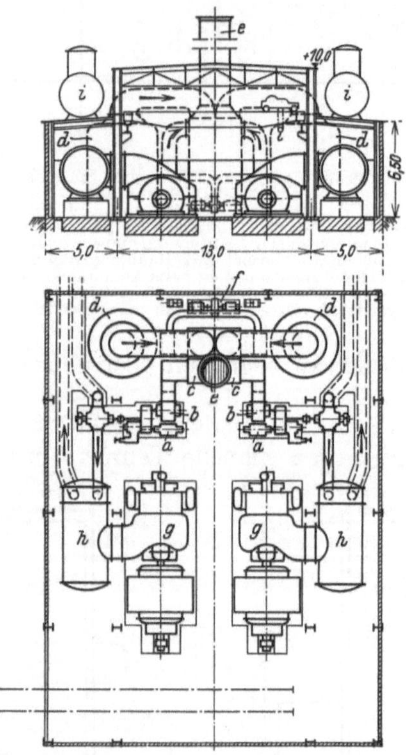

Abb. 87—89. Spitzenkraftwerk mit 2 Turbinen von je 12500 kW Leistung und 2 Zwangumlauf-Hochgeschwindigkeitskesseln. Entwurf AEG. *a* durch Dampfturbine gemeinsam angetriebener Hilfsmaschinensatz, *b* Gebläse für Verbrennungsluft, *c* Luftvorwärmer, *d* Hochgeschwindigkeitskessel, *e* Schornstein, *f* Hilfsmaschinensatz zum Anfahren der Kessel, *g* Turbine, *h* Konsendator, *i* Speisewasserbehälter.

nur solange verfeuert, bis der Rost seine volle Leistung hergibt. Der Platzbedarf ist freilich nicht so klein wie bei Kesseln mit reiner Öl- oder Gasfeuerung, Abb. 85 und 86. Damit auch die übrige Anlage leicht und billig wird, sollten die Luftleere im Kondensator und der Frischdampfdruck mäßig und das Turbinenmodell einfach sein. Es genügen eingehäusige, hochüberlastbare Turbinen mit reichlichen Spielräumen, 25 bis 35 at Frischdampfdruck, 400 bis 420° Frischdampftemperatur und bei Vollast 20 bis 30fache Kühlwassermenge. Die dadurch und durch eine verhältnismäßig hohe Abgastemperatur (250 bis 300°) erzielte Verbilligung der Anlagekosten wiegt die laufenden Mehrkosten für Brennstoffe bei weitem auf. Der Raum- und Grundflächenbedarf derartiger mit ölbeheizten Hochgeschwindigkeitskesseln ausgestatteter Spitzenwerke beträgt etwa $\frac{1}{3}$ der Werte von kohlengefeuerten Grundlastwerken, die Anlagekosten sind etwa halb so groß. Abb. 87 bis 89 zeigen ein Spitzenkraftwerk mit 2 Turbinen und 2 Hochgeschwindigkeitskesseln. Um die Ausgaben für den Kondensationskeller und die dann erforderlichen teureren Turbinenfundamente zu sparen, stehen die Kondensatoren neben den Turbinen. Die verbindlichen Kosten[1] der betriebsfertigen Anlage einschließlich Kesseln, Turbinen, elektrischer Eigenbedarfsanlage, Fundamenten und Baulichkeiten gemäß einem nach diesen Grundsätzen ausgeführten Entwurf der AEG für eine ausländische Elektrizitätsgesellschaft, wo in gegebenem Raum eine tunlichst hohe Leistung möglichst billig untergebracht werden mußte, betrugen nur 95 RM/kW.

Nach Abb. 90 werden Werke mit Hochgeschwindigkeitskesseln auch in Platzbedarf und Anlagekosten von keinem anderen Kesselsystem übertroffen. Die Aussichten leichter Dampfkraftanlagen für solche Zwecke sind um so günstiger als die von Dieselmotoren, je größer die benötigte Leistung ist und je mehr Wert auf geräuschlosen Lauf gelegt

---

[1] Bezogen auf deutsche Verhältnisse.

wird. In Ländern wie Deutschland verdienen sie auch deshalb den Vorzug, weil billigere, leichter aus einheimischen Brennstoffen herstellbare Öle verfeuert werden können.

3. Hüttenwerke. Da Gas fast dieselben Vorteile wie Öl bietet, sind Hochgeschwindigkeitskessel auch für Hüttenwerke bestens geeignet. Brennkammer- und Heizflächenleistungen sind bei Hochofengas nicht so groß wie bei Öl, aber immer noch erheblich höher als bei Kohle. Zum Gebläse für die Verbrennungsluft kommt noch ein weiteres für das Gas, wodurch der Wirkungsgrad der Dampferzeugung bei Hochofengas um 2 bis 3 vH, bei Koksofengas um 0,5 bis 1 vH schlechter als bei Öl wird. Noack empfiehlt für Hüttenwerke Zwangumlaufkessel mit Aufladung und als Ersatz für die sperrigen gemauerten Winderhitzer aus Sonderstahl hergestellte, mit hoher Gasgeschwindigkeit arbeitende, mehrstufige, von den Kesselabgasen beheizte Oberflächenapparate. Die erste Stufe nützt die etwa 400° heißen Abgase der das Verbrennungsluft- und Gasgebläse des Kessels antreibenden Gasturbine, Abb. 91, die zweite die Kesselabgase vor ihrem Eintritt in

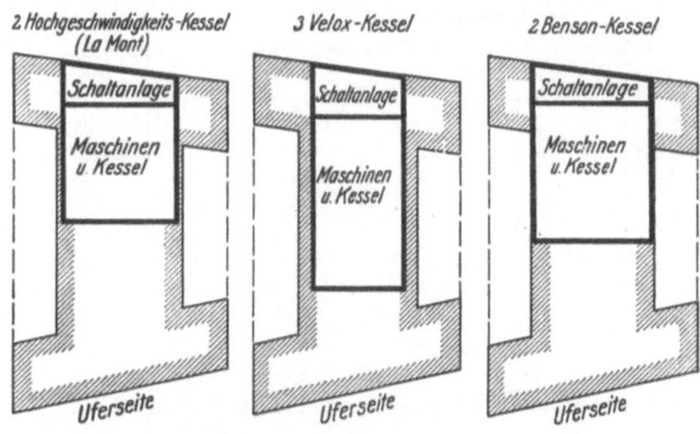

Abb. 90. Vergleich des Grundflächenbedarfes der Entwürfe von drei Firmen für ein gasgefeuertes Heizkraftwerk von 100 Millionen kcal/h Anschlußwert der Berliner Städt. Elektrizitätswerke.

Entwurf		AEG	BBC	SSW
Schaltanlage	m²	146	150	134
Kessel und Maschinen	m²	504	605	606
Gesamter Grundflächenbedarf	m²	650	755	740

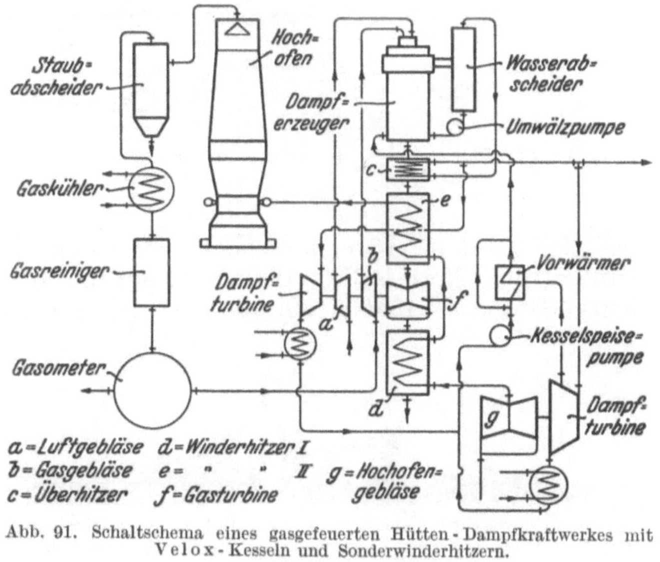

die Gasturbine aus, nachdem sie zuvor in einem Überhitzer auf eine zulässige Temperatur abgekühlt worden sind. Der vom Kessel gelieferte Frischdampf versorgt eine Dampfturbine, die das Gebläse für den Hochofenwind antreibt und eine zweite, die den zusätzlichen Kraftverbrauch der beiden Gebläse für den Kessel deckt und zum Regeln und Anlassen dient. Das Hochofengas braucht nicht so staubfrei wie bei Gasmaschinen zu sein, muß aber zum Vermeiden von Wasserausscheidungen und Verkrustungen des Gebläses mit Dampf etwas vorgewärmt werden. Der jährliche Wärmeverbrauch ist etwa derselbe wie bei Gasmaschinengebläsen, der Platzbedarf beträgt nach Noack nur etwa 20 vH, auch die Anlagekosten sind wesentlich niedriger.

B. Schiffsanlagen.

1. Einleitung. Betriebssicherheit, Anspruchslosigkeit, geringes Geräusch, Wegfall von Erzitte-

Abb. 91. Schaltschema eines gasgefeuerten Hütten-Dampfkraftwerkes mit Velox-Kesseln und Sonderwinderhitzern.

rungen und die großen dampftechnischen Fortschritte hatten die fast völlige Alleinherrschaft des Dampfantriebes bei Schiffen mit über 20 000 WPS Maschinenleistung zur Folge. Getriebe ermöglichten, einen Hauptvorteil von Dampfturbinen, hohe Drehzahlen, auszunutzen und Schiffsturbinen bis zu den größten Leistungen leicht und ebenso wirtschaftlich zu bauen wie ortsfeste Maschinen. Im Streben nach leichten Dampfantrieben blieben aber die Schiffskessel hauptsächlich deshalb hinter den Turbinen zurück, weil man die konstruktiven Möglichkeiten, die Öl gegenüber festen Brennstoffen für ihre Konstruktion bietet, erst allmählich erkannte und auch heute noch keineswegs voll ausnutzt.

Der Bau von Maschinenanlagen für neuzeitliche schnelle Schiffe steht unter dem Einfluß zweier einander widersprechender Bestrebungen: Dem Verlangen nach möglichst leichten (trotz vorzüglicher Wärmeausnutzung) und möglichst betriebssicheren Maschinen. Der Schiffsmaschinenbauer muß wegen der Folgen einer Maschinenstörung konservativer sein als der Erbauer ortsfester Kraftanlagen, und es ist durchaus richtig, wenn letztere bei der Entwicklung führen. Einschneidende Neuerungen sollten zuerst an Land und nicht an Bord erprobt werden, denn eine Störung, die an Land weiter nichts ausmacht, kann, wenn sie zur unrechten Zeit eintritt, Schiff und Fahrgäste schwer gefährden. Aber die Wahl des richtigen Zeitpunktes für die Einführung einer Neuerung ist nicht leicht. Zu frühes Einführen kann die Sicherheit, zu spätes die Wettbewerbsfähigkeit des ganzen Schiffes in Frage stellen. Nach Goos betragen nämlich die Betriebskosten der Maschinenanlage größerer Handels- und Passagierschiffe ohne Verzinsung und Abschreibung etwa 35 vH der

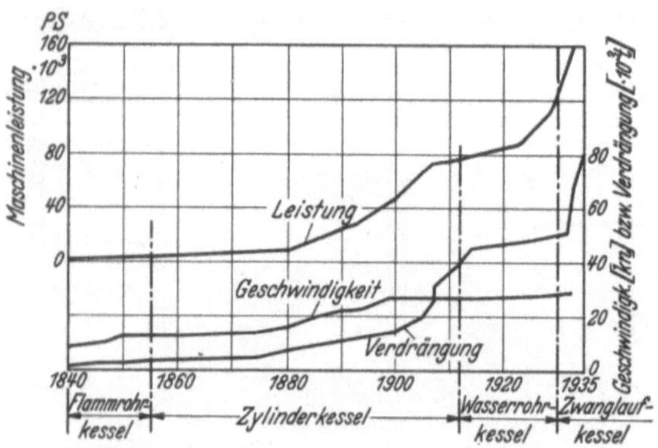

Abb. 92. Steigerung von Verdrängung, Geschwindigkeit und Maschinenleistung von Fahrgast- und Kriegsschiffen seit 1840.

Gesamtkosten, beeinflussen also die Wirtschaftlichkeit sehr stark. Auf schnellen großen Fahrgastschiffen und in der Kriegsmarine werden besonders hohe Maschinenleistungen verlangt, und das Schiff muß auch unter widrigen Umständen manövrierfähig bleiben.

Den Schiffbauer interessiert daher die Frage, wie eine Kraftanlage bei einer Störung weiterarbeitet, viel mehr als etwa ein Elektrizitätswerk, das eine kranke Maschine stillsetzen und im äußersten Notfall den fehlenden Strom von einem anderen Werk beziehen oder Abschaltungen vornehmen kann.

Verdrängung, Geschwindigkeit und Kraftbedarf sind

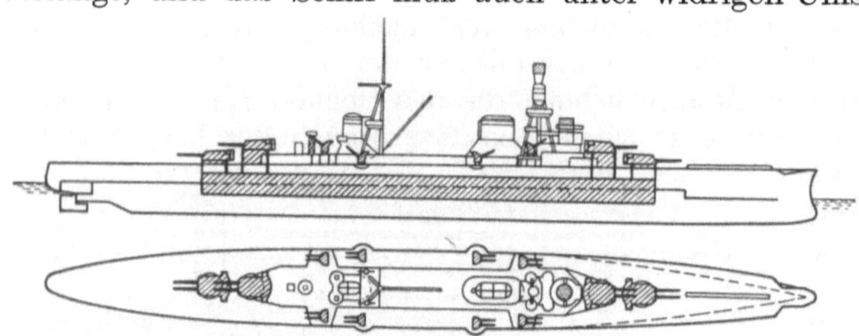
Abb. 93 und 94. Italienischer 10000 t-Kreuzer „Trieste" mit 2 getrennten Kesselräumen. Geschwindigkeit 35,5/38,7 Knoten, Maschinenleistung nach Konstruktion 150000 WPS.

seit der Jahrhundertwende schnell gewachsen, Abb. 92, beträgt doch die Maschinenleistung der „Normandie" (1934) 160000 PS, die der Flugzeugmutterschiffe „Lexington" und „Saratoga" 180000 PS, die der „Queen Mary" 180000 PS. „Normandie" und „Queen Mary" haben die 30 Knoten-Grenze erreicht. Vor allem von den kleinen Kreuzern aller Kriegsmarinen wird eine möglichst große Maschinenleistung bei kleinstem Gewicht und Raumbedarf verlangt. Leistungen bis 90000 WPS und Geschwindigkeiten bis 33 Knoten sind bei 5000 bis 7000 t-Kreuzern nichts Ungewöhn-

Abb. 95. Englischer 5200 t-Kreuzer „Arethusa" mit 2 getrennten Kesselräumen. Geschwindigkeit 32,25 Knoten, Maschinenleistung nach Konstruktion 64000 WPS.

liches. Der italienische Kreuzer „Alberico di Barbiano" erreichte nach Hadeler sogar eine Höchstleistung bzw. -geschwindigkeit von 125000 WPS bzw. 42 Knoten. Solche Maschinenleistungen bedingen manchmal Zugeständnisse an vermindertem Panzerschutz und waren eine der Ursachen für die Unterteilung auf zwei in getrennten Räumen untergebrachte Kesselanlagen, um bei Verletzungen der Schiffshaut ein gleichzeitiges Überfluten zu verhindern (äußerlich an den weit voneinander abstehenden Schornsteinen erkennbar), Abb. 93 bis 95. Aber auch im Fahrgastverkehr dürfte man bei 30 Knoten-Schiffen nicht stehen bleiben. Schon der Wettbewerb von Flugzeug und Luftschiff

wird zu noch schnelleren Schiffen zwingen. Ob eine weitere Vergrößerung der Schiffsver-
drängung hierfür der richtige Weg wäre, erscheint zweifelhaft. Manchen Ingenieuren wird
jedenfalls das Streben nach schnellen Schiffen, die an sich schon starke Maschinen verlangen, in seiner späteren Entwicklung deshalb etwas abwegig erscheinen, weil die Gewichte

Zahlentafel 10. Zusammenstellung der kennzeichnenden Werte einiger wichtiger, vorwiegend
schneller Verkehrsmittel.

Pos.	Art des Beförderungsmittels	a	b	c	d	e
		Höchst-geschwindigkeit	Maschinenleistung bezogen auf		Gewicht des Beförderungsmittels auf 1 zahlenden Fahrgast (bzw. Mitreisenden)	Brennstoffverbrauch auf 500 km Entfernung und 1 zahlenden Fahrgast (bzw. Mitreisenden)
			1 zahlenden Fahrgast (bzw. Mitreisenden)	1 t insgesamt befördertes Gewicht		
		km/h	PS/Person	PS/t	kg/Person	kg/Person
1	Personenzüge	90	1,6 ÷ 2,1	2,4 ÷ 2,8	700 ÷ 800	9 ÷ 11
2	D-Züge	120	4 ÷ 8	3,5 ÷ 5,0	1300 ÷ 1500	17 ÷ 28
3	FD-Züge	140	9 ÷ 11	5 ÷ 6	1800 ÷ 1900	29 ÷ 35
4	Schnelltriebwagen	175	8 ÷ 10	9 ÷ 11	750 ÷ 1000	4 ÷ 5
5	Schnellomnibusse	100	2,5 ÷ 5	15 ÷ 25	150 ÷ 250	rd. 3,5
6	Personenkraftwagen	70 ÷ 100	5 ÷ 20	20 ÷ 35	200 ÷ 400	5 ÷ 15
7	Sehr schnelle leichte Kreuzer	75	—	18	—	—
8	Sehr schnelle Luxusdampfschiffe	55	75 (50)	3	25000 (17000)	155 (105)
9	Normale Fahrgastdampfer (Nord-atlantik)	37	27 (20)	1,5	18000 (13000)	85 (60)
10	Luftschiffe	100 ÷ 130	66 (44)	22	3000 (2000)	40 (26)
11	Verkehrsflugzeuge mit mäßiger Geschwindigkeit	180 ÷ 210	54 ÷ 90 (49 ÷ 77)	130 ÷ 155	370 ÷ 710 (340 ÷ 590)	30 ÷ 50 (27 ÷ 40)
12	mit hoher Geschwindigkeit	300 ÷ 360	110 ÷ 165 (82 ÷ 110)	190 ÷ 215	590 ÷ 840 (440 ÷ 560)	36 ÷ 52 (27 ÷ 43)

gewaltiger Gesellschaftsräume und von anderem übersteigerten Luxus mit einer weit
höheren Geschwindigkeit durch das Wasser getrieben werden müssen als bei Schiffen, die
zur Atlantiküberquerung ein paar Tage mehr brauchten. Nach Zahlentafel 10 kommt

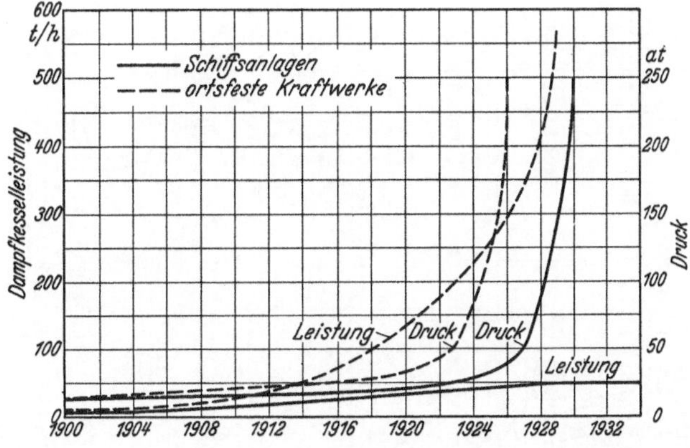

Abb. 96. Höchstwerte von Druck und Leistung bei Schiffs- und Landkesseln seit 1900.

auf 1 zahlenden Fahrgast bei sehr schnellen Luxusdampfern fast die dreifache Antriebsleistung (75 statt 27 PS) und ein um rd. 40 vH größeres Schiffsgewicht als bei 20 Knoten-
Schiffen. Die auf 1 t insgesamt befördertes Gewicht entfallende Maschinenleistung
ist bei sehr schnellen Luxusdampfern 2mal, bei den schnellsten leichten Kreuzern rd.
12mal so groß wie bei Nordatlantik-Fahrgastschiffen von etwa 20 Knoten Geschwindigkeit. Es sind daher bei sehr schnellen Schiffen kompendiöse leichte Dampfantriebe von
sehr gutem Wirkungsgrad unerläßlich, wenn ein wirtschaftlicher Betrieb nicht von Anfang

an ausgeschlossen sein soll. Das Verlangen nach leichten Dampfantrieben besteht aber auch bei kleineren Fahrgast- und Handelsschiffen.

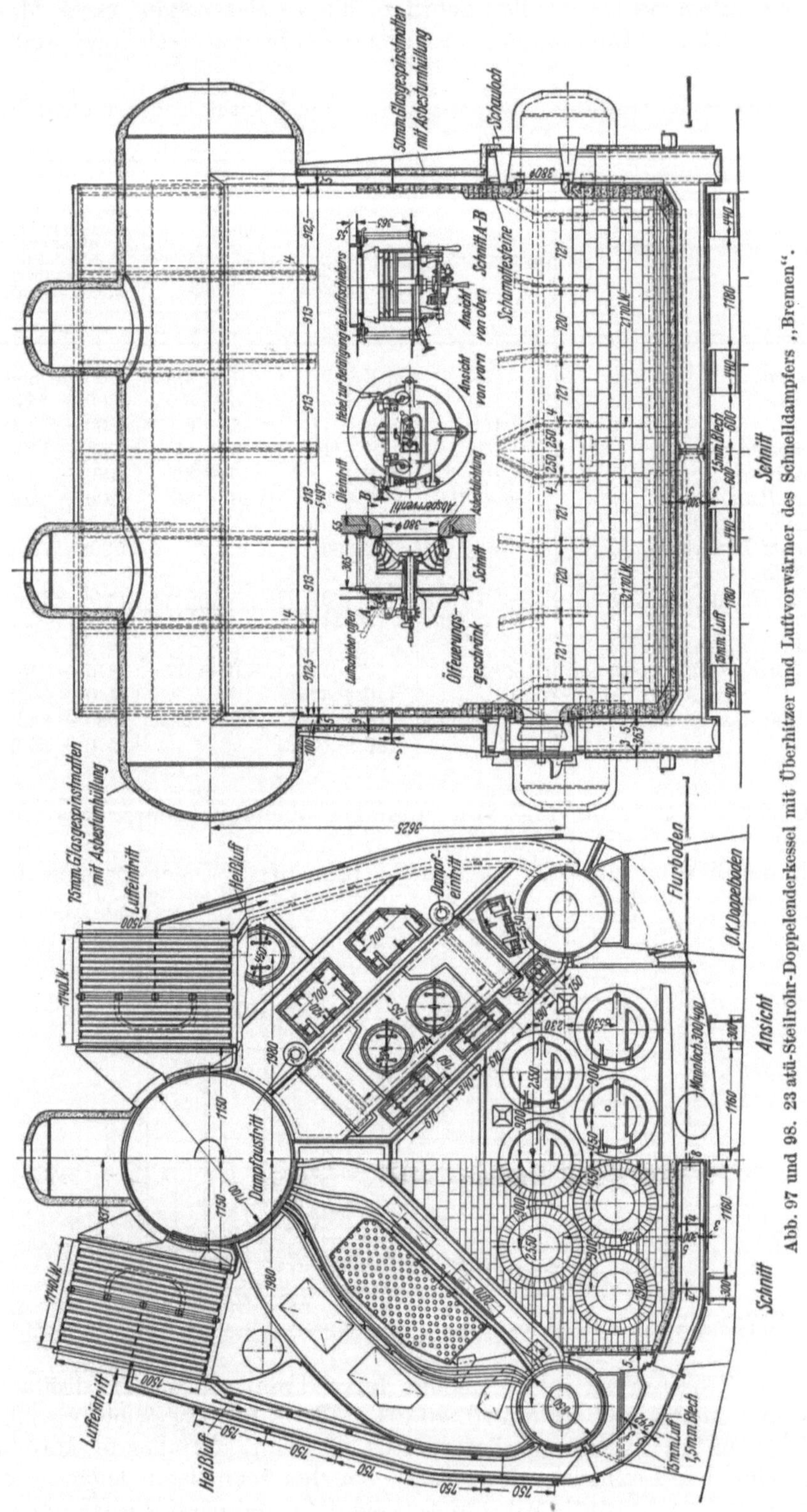

Abb. 97 und 98. 23 atü-Steilrohr-Doppelenderkessel mit Überhitzer und Luftvorwärmer des Schnelldampfers „Bremen".

Die konservative Einstellung des Schiffbaues kommt auch in der Wahl von Frischdampfdruck und -temperatur und von Kesselbauart und -belastung zum Ausdruck.

Zahlentafel II. Hauptwerte einiger kennzeichnender, vorwiegend schneller Handelsdampfer.

	a	b	c	d	e	f	g	h	i	k	l	m	n	o	p	q	
	Name und Nationalität des Dampfers	Baujahr bzw. Bestellungsjahr	Verdrängung des Schiffes	Maschinenleistung	Drehzahl der Turbinen n_T und der Schrauben n_S und Art der Kraftübertragung	Frischdampfzustand		Zahl der Kessel	Art des Wasserumlaufes	Kesselsystem	Leistung eines Kessels	Größe der Kesselheizfläche F_H und der gesamten Heizfläche von Kessel, Überhitzer, Eko und Luvo F_Σ	Lichter Durchmesser der Siederohre	Feuerraumbelastung	Beanspruchung von 1 m² Kesselheizfläche und von 1 m² Gesamtheizfläche	Einheitsgewicht des völlig betriebsfertigen Kessels und Überhitzers einschl. Ummantelung, Brennern, Wasserfüllung, je t/h Dampferzeugung	
			t	WPS	Uml./min	atü	° C				t/h	m²	mm	Millionen kcal/m³h	kg/m²h	ohne Eko oder Luvo — t	mit Eko oder Luvo — t
1	Imperator (Deutschland)	1912	51000	60000 ÷ 84000	$n_T = n_S$ 130 ÷ 180 direkt gekuppelt	16	Sattdampf	46	Natürl. Umlauf	Steilrohr	9,0	$F_H = 410$ $F_\Sigma = 610$	38 ÷ 45	0,5	22 / 13,7	7,1	7,9 (Luvo)
2	King George V (England).	1926		3500	$n_T\,Hdr = 6000$ $n_T\,Ndr = 3000$ $n_S = 580$ (?); Getriebe	38	435	2	Natürl. Umlauf	Steilrohr	7,7	$F_H = 237$ $F_\Sigma = 526$	35	0,44	32,5 / 14,7	—	5,2
3	Bremen (Einenderkessel) (Deutschland)	1926	51635	96000 ÷ 130000	$n_T = 1800 \div 2300$ $n_S = 180 \div 230$ Getriebe	23	360	20[1]	Natürl. Umlauf	Steilrohr	17,5	$F_H = 550$ $F_\Sigma = 958$	33 ÷ 43	0,64	32 / 18,3	3,9	4,4 (Luvo)
4	Empress of Britain[2] (England)	1929		—		36	390	9	Natürl. Umlauf	Steilrohr	28,3	$F_H = 1155$ $F_\Sigma = 3130$	—	—	24,2[4] / 10,6	3,6	8,2 (Luvo)
5	Uckermark[3] (Deutschland)	1930	5500	6000	$n_T = 6000$ Getriebe	250	460	1	Zwangdurchlauf	Benson	20,0	$F_H = 441$ $F_\Sigma = 515$	20	0,44	45 / 38	5,0	—
6	Brummer u. Bremse (Deutschland)	1930		1600	$n_T\,Hdr = 21000$ $n_T\,Ndr = 9600$ $n_S = 805$; Getriebe	50	425	2	Natürl. Umlauf	Wagner	4,0	$F_H = 50$ $F_\Sigma = 143$	18 ÷ 24	2,15	80 / 28	0,7	0,8 (Luvo)
7	Conte di Savoia (Italien)	1931	40640	100000 ÷ 130000	$n_T\,Hdr = 2260$ $n_T\,Ndr = 1640$ $n_S = 223 \div 242$; Getr.	31,5	385	10	Natürl. Umlauf	Steilrohr	30 ÷ 40	$F_H = 1250$ $F_\Sigma = 3460$	33 ÷ 43	0,35	24 ÷ 32 / 9 ÷ 12	6,8	(Luvo)
8	Tannenberg (Deutschland)	1934	7211	12500	$n_T\,Hdr = 18000$ $n_T\,Mdr = 15700$ $n_T\,Ndr = 6500$ $n_S = 250$; Getriebe	60	450	2	Natürl. Umlauf	Wagner	25,0	$F_H = 300$ $F_\Sigma = 959$	30 ÷ 40	0,90	83 / 26	1,6	(Luvo)
9	Scharnhorst (Deutschland)	1934	18184	26000 ÷ 32600	$n_T = 3120$ $n_S = 130$ elektrisch	50	470	4	Natürl. Umlauf	Wagner	36,0	$F_H = 650$ $F_\Sigma = 1898$	30 ÷ 40	0,81	55 / 19	2,5	2,8
10	Potsdam (Deutschland)	1934	17527	26000	$n_T = 3200$ $n_S = 160$ elektrisch	90	470	4	Zwangdurchlauf	Benson	24 ÷ 28	$F_H = 340$ $F_\Sigma = 590$	Strahlungsteil 25 ÷ 33 Berührungsteil 22 ÷ 28	1,0 ÷ 1,2	70 ÷ 82 / 41 ÷ 47	2,1 ÷ 1,8	(Luvo)
11	Gneisenau (Deutschland)	1934	18160	26000 ÷ 32600	$n_T = 3120$ $n_S = 130$ elektrisch	50	470	4	Natürl. Umlauf	Wagner	36,5	$F_H = 607$ $F_\Sigma = 1807$	30 ÷ 40	1,04	60 / 20	2,5	2,8
12	Normandie (Frankreich)	1934	82799	130000 ÷ 160000	$n_T = 2250 \div 2430$ $n_S = 225 \div 243$ elektrisch	28	360	29	Natürl. Umlauf	Steilrohr	25	$F_H = 1000$ $F_\Sigma = —$	33 ÷ 45	—	25	4,8	(Luvo)
13	Kertosono[3] (Holland)	1935	16500	5800	$n_T\,Hdr = 3540$ $n_T\,Mdr = 3540$ $n_T\,Ndr = 2330$ $n_S = 100$; Getriebe	60	375	1	Zwangdurchlauf	Sulzer-Einrohr	21	—	—	—	—	—	—
14	Conte Rosso[3] (Italien)	1935	48500	21750	—	130	475	1	Zwangumlauf	Loeffler	23	$F_H = 169$ $F_\Sigma = 1237$	Strahlungsteil 26 Nachüberh. 34,5 Ekonomiser 23	0,65	135 / 18,5	2,46	2,95
15	Athos[3] (Frankreich)	1936		—	—	50	450	1	Zwangumlauf	Velox	35	$F_H = 76$ $F_\Sigma = 289$	—	4,2	460 / 120	—	1,4 (Eko)
16	Queen Mary (England)	1935	80774	180000	Getriebe	28	370	24	Natürl. Umlauf	Yarrow	—			—	—	—	—

[1] 11 Doppelenderkessel, 9 Einenderkessel. [2] 8 Yarrow-Kessel und 1 Johnson-Kessel. Die Angaben gelten für die Yarrow-Kessel. [3] Der Kessel ist neben vorhandenen Kesseln mit niedrigerem Druck aufgestellt. [4] Die größte Belastung der Heizfläche des Johnson-Kessels betrug 50 bis 60 kg/m² h.

In den Kriegsmarinen herrscht nach **Hadeler** noch gesättigter oder leicht überhitzter Dampf von etwa 17 bis 21 at Überdruck vor[1]. Von bemerkenswerten neueren Handelsdampfern hat die Bremen einen Frischdampfzustand von 23 atü und 360⁰, die Normandie von 28 atü und 360⁰, die Queen Mary von 28 atü und 370⁰. Bis zum Jahre 1930 ging man hauptsächlich aus Mangel an geeigneten Kesseln von einer oder zwei Ausnahmen abgesehen nicht über 36 at und 375⁰. Wenngleich auch heute Kesseldrücke über 50 at und Frischdampftemperaturen über 425⁰ selten vorkommen, so sind die Fortschritte der letzten 5 Jahre doch groß, Zahlentafel 11. Auch die Feuerraumbelastung und die absolute Leistung eines Kessels waren, wenn man an ortsfeste Kessel denkt, bis vor wenigen Jahren recht niedrig, Abb. 96.

2. Schiffskessel mit natürlichem Wasserumlauf. Abb. 97 und 98 zeigen einen Kessel der Bremen (Baujahr 1926), Abb. 99 und 100 einen für die englische Admiralität gebauten Johnson-Kessel, wie er im Jahre 1929 in ähnlicher Ausführung mit einer höchsten Heizflächenbelastung von 64 kg/m² h für die Empress of Britain geliefert wurde, Zahlentafel 11, Abb. 101 und 102 einen Yarrow-Kessel der Queen Mary. Nach Viceadmiral Whayman hat in England bis jetzt keine wesentliche Abweichung von den Bauformen stattgefunden, die vor vielen Jahren für Drücke von 14 bis 18 atü entwickelt wurden. Auch die Penhoët-Kessel der Normandie weichen vom Herkömmlichen nicht ab, Zahlentafel 11. Je weiter man aber die Schiffsgeschwindigkeit steigerte und je größer infolgedessen die benötigte Maschinenleistung ausfiel, um so unerläßlicher wurden kleines Einheitsgewicht und kleiner spezifischer Wärmeverbrauch der Maschinenanlage und infolgedessen höhere Frischdampfdrücke und -temperaturen, Feuerraumbelastungen und absolute Kesselleistungen.

Frischdampfdrücke über 50 bis 70 at haben aber häufig keine rechte wirtschaftliche Begründung. Rein rechnungsmäßig mag im einen oder anderen Falle durch einen noch höheren Druck eine kleine

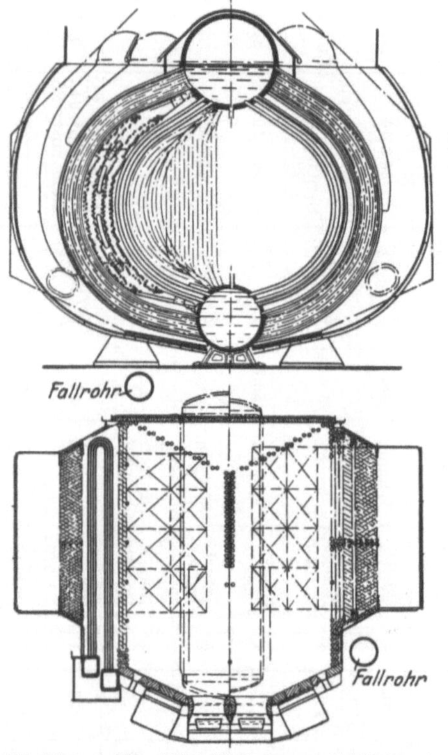

Abb. 99 und 100. 75/90 t/h-Johnson-Schiffskessel von Clarke, Chapman & Co., Gateshead on Tyne für Dampf von 21 at, 330⁰; Kesselheizfläche = 840 m², Überhitzerheizfläche = 168 m².

Ersparnis herausspringen, die aber oft in keinem vernünftigen Verhältnis zur größeren Verwicklung der Maschinenanlage und dem größeren Risiko steht, siehe S. 47. Bei 50 bis 70 at kommt man noch mit sicher beherrschbaren Frischdampftemperaturen und ohne Zwischenüberhitzung aus, die an Bord noch unerwünschter als an Land ist. Eine noch weitere Erniedrigung des Wärmeverbrauches wird daher ebenso wie an Land auf höhere Überhitzung des Frischdampfes abzielen müssen, der der Kesseldruck soweit folgen sollte, daß die Dampfnässe in der letzten Turbinenstufe einen angemessenen Betrag nicht übersteigt. Man muß aber in der Anwendung hoher Frischdampftemperaturen schon deshalb zurückhaltender als an Land sein, weil die Anlage im Gegensatz zu ortsfesten Kraftwerken unter Umständen schnell hintereinander und in sehr kurzer Zeit von

---

[1] In der Diskussion zu einem vom Verfasser in London gehaltenen Vortrag wies Viceadmiral G. Preece darauf hin, daß Kriegsschiffe im Frieden hauptsächlich mit etwa $^1/_3$, im Krieg mit etwa $^2/_3$ ihrer vollen Geschwindigkeit, oder 4 vH bzw. 25 vH ihrer vollen Maschinenleistung fahren. Auch dies sei schon wegen der Turbinen ein Grund für die Bevorzugung mäßiger Frischdampfdrücke von 20 bis 30 at. Zwischenüberhitzung verbiete sich mit Rücksicht darauf, daß Kriegsschiffe erheblich schneller manövrieren müssen als die meisten anderen Schiffe. Trotz ausgezeichneter Ölbrenner würden sich gelegentlich Rußansätze auf der Heizfläche bilden, die sich bei den bekannten Kesselbauarten mit erheblicher Arbeit befriedigend beseitigen lassen, möglicherweise aber nicht bei einigen neuen Bauformen, besonders wenn starker Rauch zu Verschleierungszwecken habe entwickelt werden müssen.

Vollast auf Leerlauf und von Leerlauf wieder auf Vollast kommen muß. Hierdurch
werden vor allem bei direktem Antrieb der Schrauben, der eine besondere Rückwärtsturbine bedingt, an die Turbine hohe Anforderungen gestellt. Bei elektrischer Kraftübertragung liegen die Verhältnisse günstiger, weil die Turbine durchläuft, Abb. 103 bis 108.

Den unverhältnismäßig großen Raumbedarf von Kesseln üblicher Leistung und
Feuerraumbelastung zeigt der Umstand, daß z. B. die Kessel- bzw. die ganze Maschinen-
anlage der Normandie (160 000 WPS) mit 29 Penhoët-Kesseln rd. 32 bzw. 54 vH der
Schiffslänge einnimmt, Abb. 109. Schuld hieran ist ähnlich wie es bei ortsfesten Kraft-
werken noch vor 10 Jahren der Fall war, das Mißverhältnis zwischen der Leistung eines
Kessels und einer Turbine. Eine Tendenz nach größeren Einheiten ist daher unverkennbar.
Die im Jahre 1912 erbaute „Imperator" mit rd. 60 000/84 000 PS Maschinenleistung hat

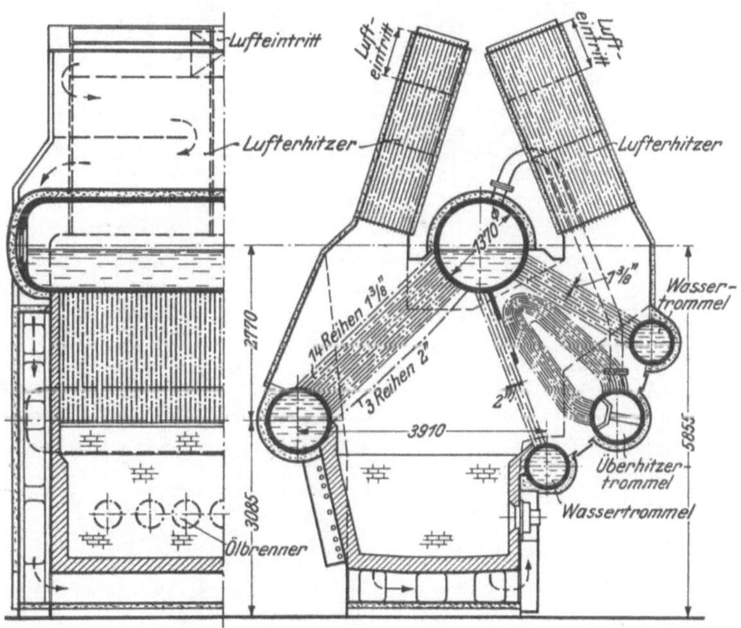

Abb. 101 und 102. Yarrow-Kessel des Schnelldampfers „Queen Mary" für Frischdampf von 28 at, 370°.

z. B. 46 Kessel von je 1300/1830 PS Leistung, die 1930 auf Stapel gelegte „Conte di
Savoia" mit 100 000/130 000 PS nur noch 10 Kessel von je 10 000/13 000 PS. Dampferzeuger von 50 bis 100 t/h dürften daher bei großen schnellen Schiffen bald nichts
Ungewöhnliches mehr sein. Mit der Steigerung der absoluten Leistung eines Kessels ist
nicht nur eine Ersparnis an Raum, sondern auch an Gewicht verbunden. Besonders
wirksame Mittel zur Gewichtsverminderung sind, wie auf S. 43 und in Abb. 74 gezeigt
wurde, hohe Rauchgasgeschwindigkeiten und Feuerraumbelastungen, die bei Kesseln
eine ganz ähnliche Rolle wie hohe Drehzahlen bei den Turbinen spielen. Von den früher
üblichen Feuerraumbelastungen von 400 000 bis 500 000 kcal/m³ h ist man bei großen
Kesseln bereits auf 1 bis 1,2 Millionen kcal/m³ h gekommen, Zahlentafel 11, und wird in
absehbarer Zeit wahrscheinlich zu Werten von 2 bis 4 Millionen kcal/m³ h gelangen.

Abb. 110 bis 114 zeigen einige neuzeitliche deutsche Wasserrohrkessel von ungewöhnlich niederem Einheitsgewicht, Zahlentafel 11, bei denen sich der natürliche Umlauf
als ausreichend erwiesen hat. Die Anwendung geeigneter Mittel zum Bau leichter
Dampfantriebe (bei den Turbinen hohe Drehzahlen, bei den Kesseln hohe Feuerraumbelastungen und Rauchgasgeschwindigkeiten, enge Siederohre, kleine Kesseltrommeln
usw.) hat aber nicht nur die Unterbringung gewaltiger Maschinenleistungen auf großen
Schiffen ermöglicht, sondern Dampfturbinenantriebe auch auf kleinen schnellen Fahrzeugen Fuß fassen lassen, Abb. 112 bis 115. Beispielsweise beträgt das Einheitsgewicht
eines der beiden 45 at-Kessel der schnellen Zollboote Brummer und Bremse von 50 m²

Heizfläche und 4 t/h Dampferzeugung nur rd. 0,7 t, Abb. 112 bis 114; auch der Raumbedarf der 1600 PS-Turbine samt Kondensator ist sehr klein, Abb. 115.

3. Schiffskessel mit Zwanglauf. Das Streben nach geringem Gewicht, guter Anpassungsfähigkeit an örtliche Verhältnisse und guter Wärmeausnutzung (hoher Frischdampf-

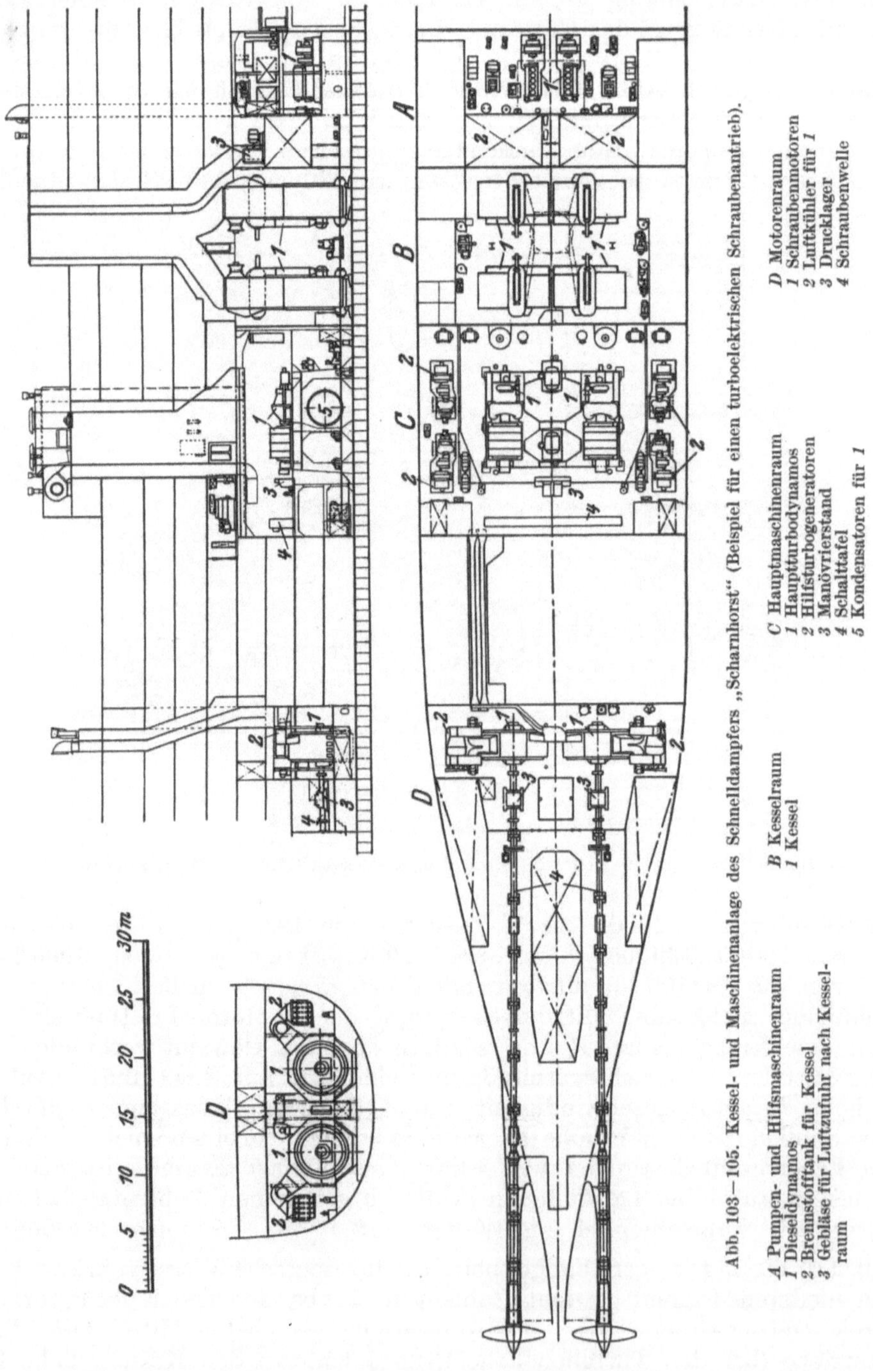

Abb. 103—105. Kessel- und Maschinenanlage des Schnelldampfers „Scharnhorst" (Beispiel für einen turboelektrischen Schraubenantrieb).

A Pumpen- und Hilfsmaschinenraum
1 Dieseldynamos
2 Brennstofftank für Kessel
3 Gebläse für Luftzufuhr nach Kesselraum

B Kesselraum
1 Kessel

C Hauptmaschinenraum
1 Hauptturbodynamos
2 Hilfsturbogeneratoren
3 Manövrierstand
4 Schalttafel
5 Kondensatoren für 1

D Motorenraum
1 Schraubenmotoren
2 Luftkühler für 1
3 Drucklager
4 Schraubenwelle

druck) wandte die Aufmerksamkeit der Schiffbauer auch Zwanglaufkesseln zu, die überraschend schnell Eingang in Bordbetriebe gefunden haben, Abb. 116 bis 121. Die ersten Versuche an Bord wurden gemacht, indem man einen der vorhandenen Kessel durch einen Zwanglaufkessel ersetzte. Hierbei konnten z. B. auf dem Dampfer „Kertosono" der Zwanglaufkessel auf dem früher von einem schottischen Kessel eingenommenen Platz untergebracht, die übrigen 4 Kessel, die nur noch als Reserve dienen, stillgelegt und infolge des höheren Frischdampfdruckes (60 at und 375⁰) die Maschinenleistung von 4500 PS auf 5800 PS und die Geschwindigkeit von 13 auf 15 Knoten gesteigert werden. So lehrreich und zweckmäßig diese Versuche waren, so dürfen sie doch nicht darüber

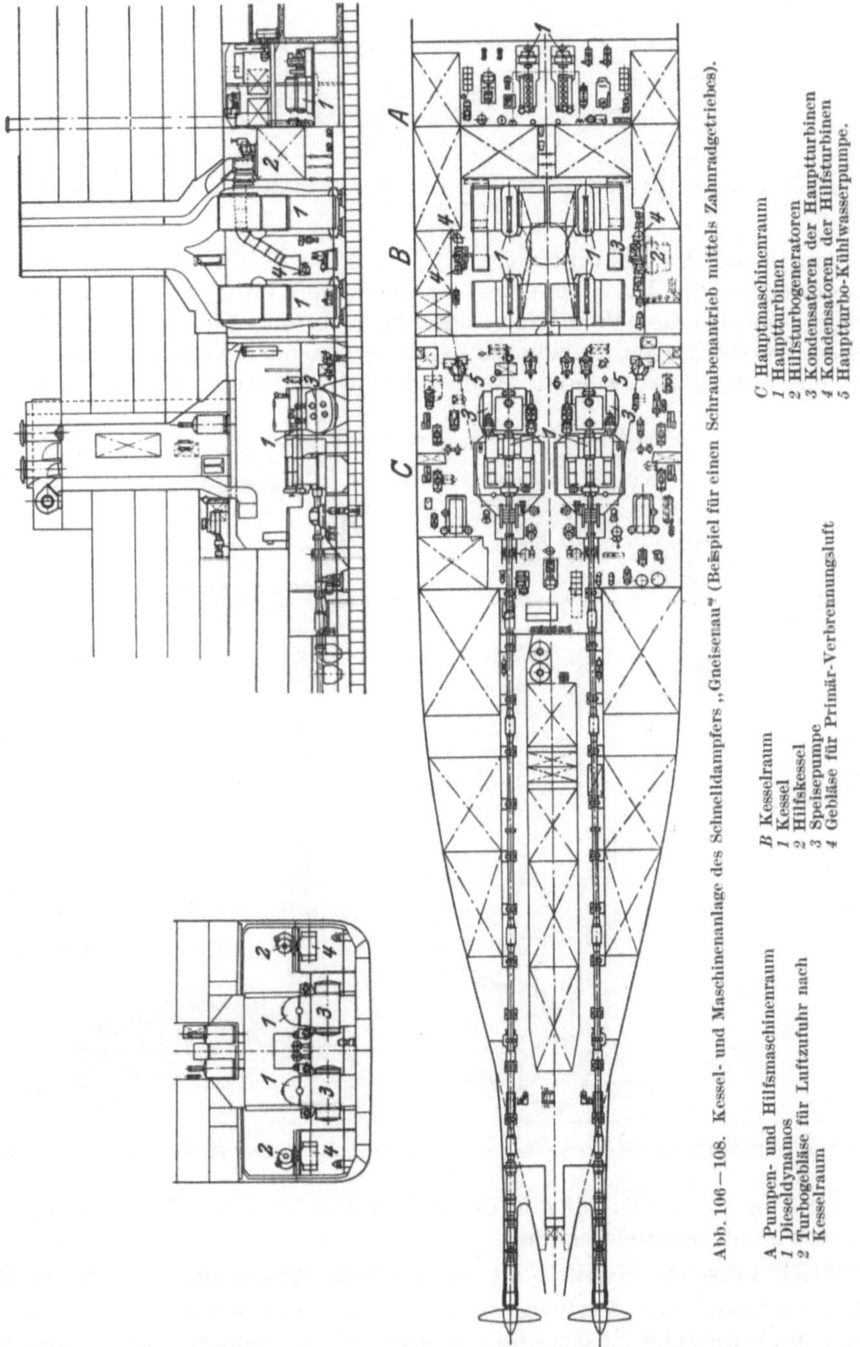

Abb. 106—108. Kessel- und Maschinenanlage des Schnelldampfers „Gneisenau" (Beispiel für einen Schraubenantrieb mittels Zahnradgetriebes).

A Pumpen- und Hilfsmaschinenraum
1 Dieseldynamos
2 Turbogebläse für Luftzufuhr nach Kesselraum

B Kesselraum
1 Kessel
2 Hilfskessel
3 Speisepumpe
4 Gebläse für Primär-Verbrennungsluft

C Hauptmaschinenraum
1 Hauptturbinen
2 Hilfsturbogeneratoren
3 Kondensatoren der Hauptturbinen
4 Kondensatoren der Hilfsturbinen
5 Hauptturbo-Kühlwasserpumpe.

hinwegtäuschen, daß im Notfall normale Kessel zur Verfügung standen, falls der neuartige Kessel ausfiel.

Die auf S. 28 dargelegten allgemeinen Vorteile des Zwanglaufes gelten auch für Schiffskessel. Zwanglaufkessel haben daher an Bord um so günstigere Aussichten, zu je höheren Feuerraumbelastungen man übergeht, weil es nach S. 39 bei ihnen am leichtesten

möglich ist, dem Feuerraum die brenntechnisch günstigste Form zu geben, die besonders
hohen Beanspruchungen ausgesetzten Siederohre mit genügend Wasser zu versorgen und
Störungen des Wasserumlaufes infolge falsch bedienter oder gebauter Brenner sicher zu
vermeiden. Ob die Entwicklung mehr in Richtung von Kesseln mit aufgeladenen Feuerräumen wie dem Velox-Kessel, oder in Richtung von Hochgeschwindigkeitskesseln

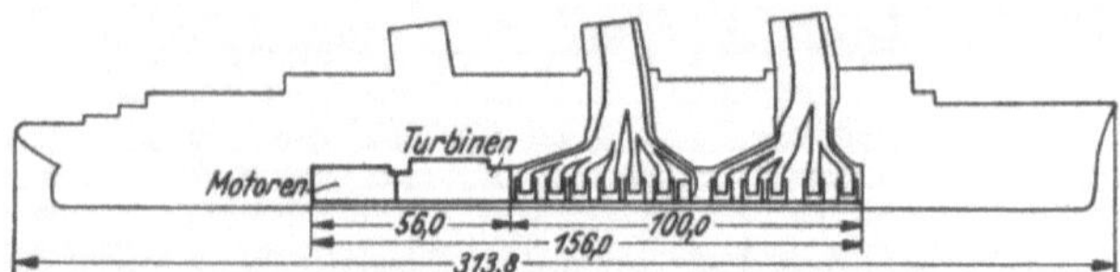

Abb. 109. Platzbedarf der Kessel- und der ganzen Maschinenanlage auf dem 80000 BRT-Dampfer „Normandie" mit 160000 WPS
Maschinenleistung.

verlaufen wird, muß die Zukunft zeigen. Wegen der Gefahr von Seewassereinbrüchen
ins Speisesystem und im Interesse eines ausreichenden Puffervermögens der Kessel wird
man einen gewissen Mindest-Wasserinhalt nicht gern unterschreiten. Es hat daher offenbar
häufig keinen Zweck, ungewöhnliche Konstruktionen oder Verfahren, wie z. B. das Aufladen der Feuerräume, anzuwenden, wenn man mit einfacheren Konstruktionselementen

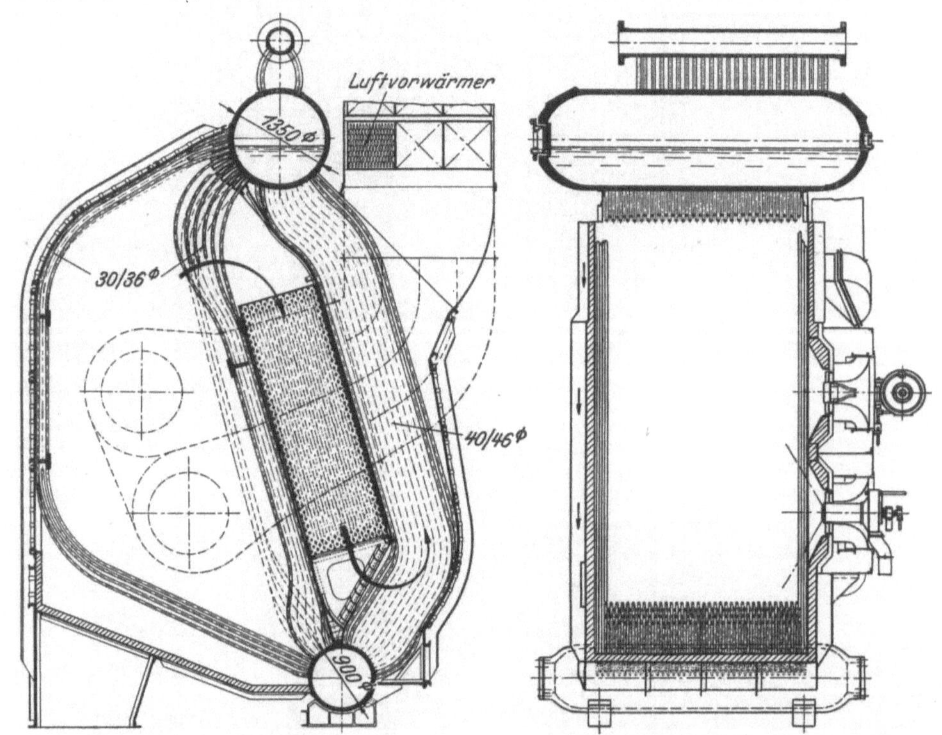

Abb. 110 und 111. 36 t/h-Wagner-Kessel des Schnelldampfers „Scharnhorst" für Frischdampf von 50 at, 470°.

und ohne Auflader gleichfalls auf den durch betriebstechnische Erwägungen bestimmten
Mindest-Wasserinhalt kommen kann.

4. Vergleich zwischen Kesseln mit natürlichem Wasserumlauf und mit Zwanglauf.

a) Allgemeines. Das Verhalten der verschiedenen Kesselsysteme mit Bezug auf
Speisewasser und schnelle Lastwechsel wurde bereits weiter vorn besprochen, S. 28
und 34, es genügt daher, hier die Hauptpunkte kurz zusammenzufassen bzw. ihre Auswirkung auf Schiffskessel zu zeigen.

b) Verhalten gegen unreines Speisewasser. Der Bau von Verdampfern und
die Behandlung des Speisewassers sind heute so vervollkommnet, daß auch an Bord für
jedes Kesselsystem einwandfreies Speisewasser bereitgestellt werden kann. Moderne

Verdampfer erzeugen aus Seewasser ein Destillat von weniger als 5 mg/l Verdampfungsrückstand, auch die richtige Wahl und Dosierung der zum Verhindern von Korrosionen erforderlichen Chemikalien ist kein Problem mehr. Ebenso wie bei ortsfesten Kraftwerken muß das Speisewassersystem geschlossen und gegen jede Aufnahme von Luftsauerstoff geschützt sein. Einbrüche von Salzwasser durch undichte Kondensatoren können aber gerade dann eintreten, wenn die Kessel ihre volle Leistung unbedingt hergeben müssen, und um so verhängnisvoller werden, je geringer ihr Wasserinhalt ist. Infolgedessen sind hochbelastete Kessel gefährdeter als schwachbelastete, Zwangdurchlaufkessel gefährdeter als Zwangumlaufkessel oder Kessel mit natürlichem Umlauf, Kessel mit engen Rohren gefährdeter als weitrohrige.

Auf S. 31 wurde die große Empfindlichkeit von Zwangdurchlaufkesseln ohne dauerndes Abschlämmen gegen Einbruch von unreinem Kühlwasser in die Kondensatoren geschildert und gezeigt, daß man durch verstärktes Abschlämmen im Notfalle Zeit gewinnen kann, um geeignete Maßnahmen zu treffen. Abb. 53 war mit der (willkürlichen) Annahme errechnet, daß der Salzgehalt des Speisewassers plötzlich von 5 bzw. 10 mg/l auf 100 mg/l steige. Nach Abb. 122, deren Ordinaten in logarithmischem Maßstab eingeteilt sind, muß bei einem Salzgehalt des Kühlwassers von 200 mg/l bzw. von 1000 mg/l, wie ihn etwa Flußwasser bzw. Kühlwasser von Rückkühlanlagen haben kann, eine Kühlwassermenge im Betrage von 50 vH (Punkt A) bzw. 9,5 vH (Punkt B) der Speisewassermenge eindringen, damit der Salzgehalt des Speisewassers von 5 mg/l auf 100 mg/l steigt. Das heißt selbst bei Wasser aus Rückkühlanlagen ist ein starker Einbruch nötig, um das vorher einwandfreie Speisewasser auf 100 mg/l anzureichern. Dagegen genügt hierzu bei Seewasser (rd. 30 000 mg/l Salzgehalt) schon eine Menge von nur 0,3 vH (Punkt C). Bereits eine geringfügige Kondensatorundichtheit kann sich also bei

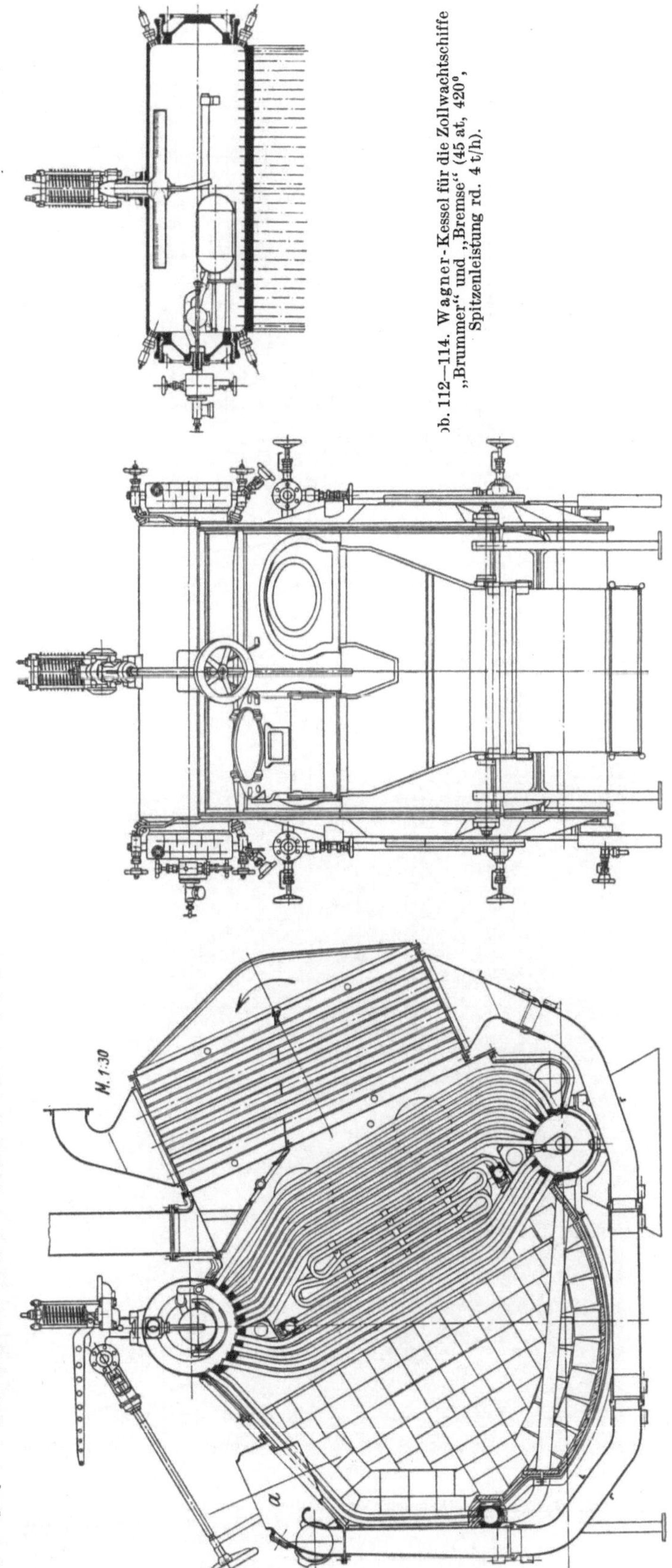

Abb. 112—114. Wagner-Kessel für die Zollwachtschiffe „Brummer" und „Bremse" (45 at, 420°, Spitzenleistung rd. 4 t/h).

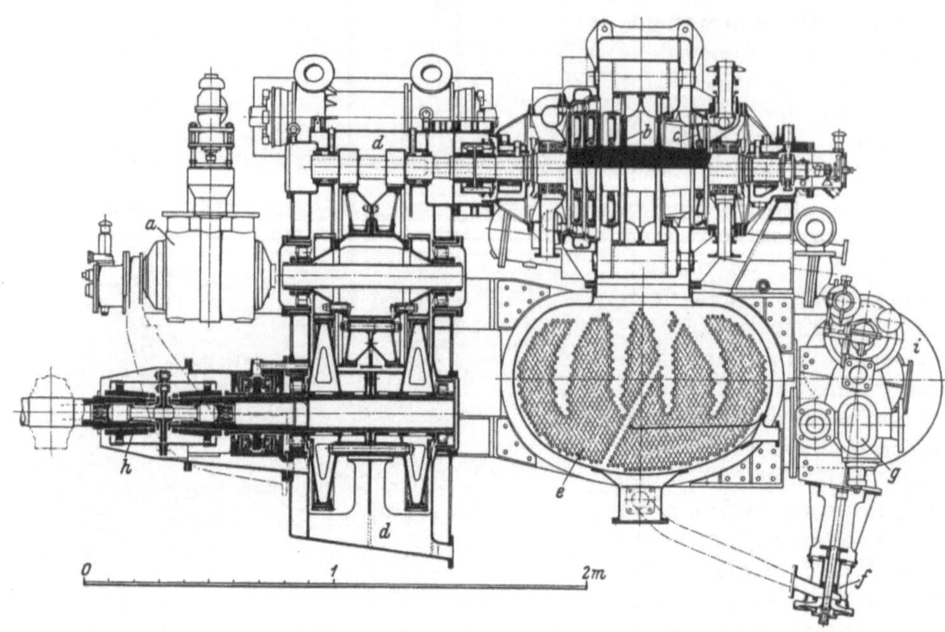

Abb. 115. Wagner-Getriebeturbine der Zollwachtschiffe „Brummer“ und „Bremse“ mit einer Höchstleistung von rd. 1600 PS.
a Hochdruckturbine, *b* Niederdruckturbine, *c* Rückwärtsturbine, *d* Zahnradgetriebe, *e* Kondensator und Ölkühler, *f* Kondensatpumpe,
g Schmierölpumpe, *h* Zahnkupplung, *i* Kühlwasserpumpe.

Abb. 116.   Abb. 117.

Abb. 116. Gekühlte Feuerkammer, Verdampfungs- und Überhitzerheizfläche eines der 90 at-Benson-Kessel des Schnelldampfers
„Potsdam“. (Verdampfungsheizfläche 590 m², davon Kühlheizfläche 90 m², Überhitzerfläche 250 m²,
Frischdampfzustand 90 at, 480°).

Abb. 117. 2,5 t/h-La Mont-Kessel des Dampfers „Juno“ für 14 at mit Planrostfeuerung.

Zwangdurchlaufkesseln ohne dauerndes Abschlämmen verhängnisvoll auswirken. Die besondere Gefahr eines Seewassereinbruches bei solchen Kesseln ist aber die außerordentlich schnelle Zunahme der Konzentration des Speisewassers. Je nachdem, ob der Wasservorrat im Speisesystem klein oder groß ist (k = 10 bzw. 100 vH der bei normaler Belastung stündlich erzeugten Dampfmenge bedeutet 0,1 bzw. 1 h Wasservorrat), Abb. 123, vergehen bei einem Einbruch von rd. 3 vH Seewasser nur 40 sec bzw. $6^1/_2$ min (Punkt A bzw. B), bis der Salzgehalt des Speisewassers von 5 mg/l auf den bei Zwangdurchlaufkesseln ganz unzulässig hohen Wert[1] von 100 mg/l gestiegen ist. Ein unerwarteter Einbruch von Seewasser in Zwangdurchlaufkessel ohne dauerndes Abschlämmen kann also selbst bei aufmerksamer Bedienung in sehr kurzer Zeit gefährlich werden.

c) **Manövrierfähigkeit.** An Bord kann im Gegensatz zu Landanlagen eine plötzliche Belastungsabnahme der ganzen Kesselanlage von Vollast auf Leerlauf häufig und schnell hintereinander vorkommen. Das Verhalten eines Schiffskessels hierbei spielt daher eine große Rolle. Nach Abb. 63 steht bei plötzlicher Entlastung für die Anpassung des Kessels an den neuen Gleichgewichtszustand bei Zwangdurchlaufkesseln nur etwa die Hälfte bzw. ein Drittel der bei Kesseln mit Zwang- bzw. natürlichem Umlauf zulässigen Zeit zur Verfügung, d. h. sie blasen wesentlich schneller ab, wenn das Schiff stoppen muß und erleiden unter Umständen einen unzulässigen Druckabfall, wenn es plötzlich wieder seine volle Fahrt aufnimmt. Ein gewisser Wasserinhalt ist daher außerordentlich erwünscht und die Nachteile des Mehrgewichtes einer Kesseltrommel sind auch aus diesem Grunde entschieden weit geringer als die Vorteile, selbst wenn der Kessel mit einer selbsttätigen Regelung ausgestattet wird.

d) **Automatische Kesselregelung.** In der gesamten Technik geht mit der Vervollkommung einer Maschine eine zunehmende Automatisierung parallel. Man ersetzt gewissermaßen die größere Robustheit und Trägheit gegen äußere Einflüsse, die großer Baustoffaufwand mit sich bringt, durch die rasche Reaktionsfähigkeit einer dem Gewicht nach teureren aber erheblich leichteren Konstruktion. Je leichter die Kessel werden, um so erwünschter ist es, den Heizern

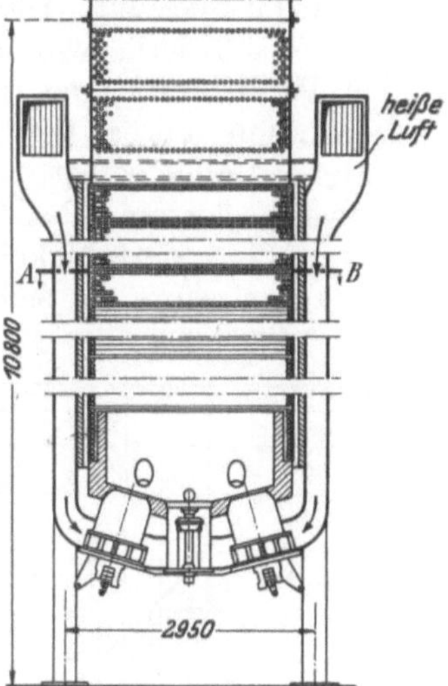

Abb. 118 und 119. 21 t/h-Sulzer-Einrohrkessel des Dampfers „Kertosono" für Frischdampf von 60 at, 375°.

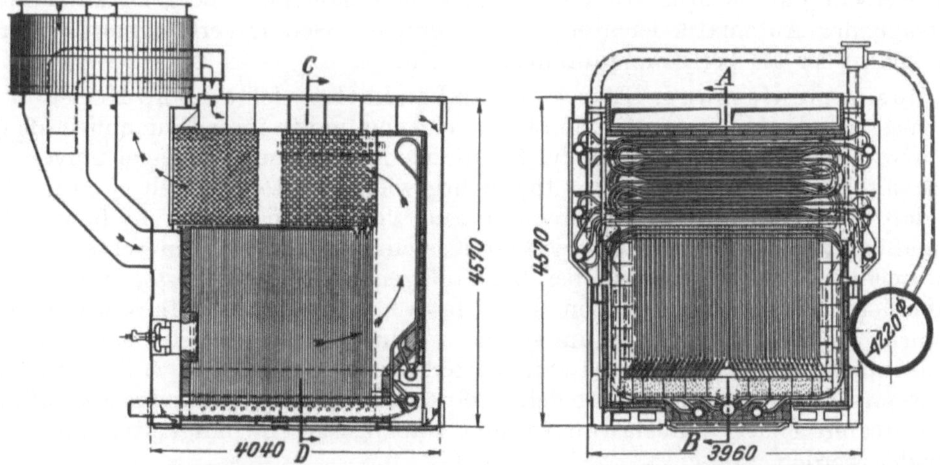

Abb. 120 und 121. 23 t/h-Löffler-Kessel des Schnelldampfers „Conte Rosso" für Frischdampf von 130 at, 475°.

---

[1] Nach **Schneider** muß der Salzgehalt des **Speisewassers** bei den **Benson**-Kesseln der „Potsdam" unter 5 mg/l gehalten werden, hierbei beträgt die Natronzahl 20 bis 50. Dann ist etwa alle 200 Betriebsstunden eine Spülung des Kessels erforderlich, die 10 bis 15 t Destillat benötigt. Der Salzgehalt des **Inhaltes** des **Wagner**-Kessel auf der „Scharnhorst" und „Gneisenau" wird bei leichtem Phosphatüberschuß unter 150 mg/l, die Natronzahl zwischen 100 und 200 gehalten.

wenigstens diejenigen Handreichungen durch selbsttätige Regelung abzunehmen, die besonders wichtig sind und schnell durchgeführt werden müssen. Hierzu gehört vor allem die Speisung. Gleichmäßiges Speisen von Hand ist bei plötzlichen Laständerungen ebenso schwierig wie notwendig, weil sonst Wassermangel oder Überspeisen auftritt, das Wasserstandsglas nicht mehr richtig anzeigt und das gute Arbeiten der Hilfsmaschinen unter heftigen Druckschwankungen im Speisewassersystem und Kessel leidet. Völlig selbsttätige Regelung ist bei hochbelasteten Kesseln wichtiger als bei schwachbelasteten, bei Zwangdurchlauf wichtiger als bei Zwangumlauf, bei Schiffen, an deren Manövrierfähigkeit hohe Anforderungen gestellt werden, wichtiger als bei anderen. Trotzdem wirkt sie sich insofern nicht bei allen Kesselsystemen praktisch gleich aus,

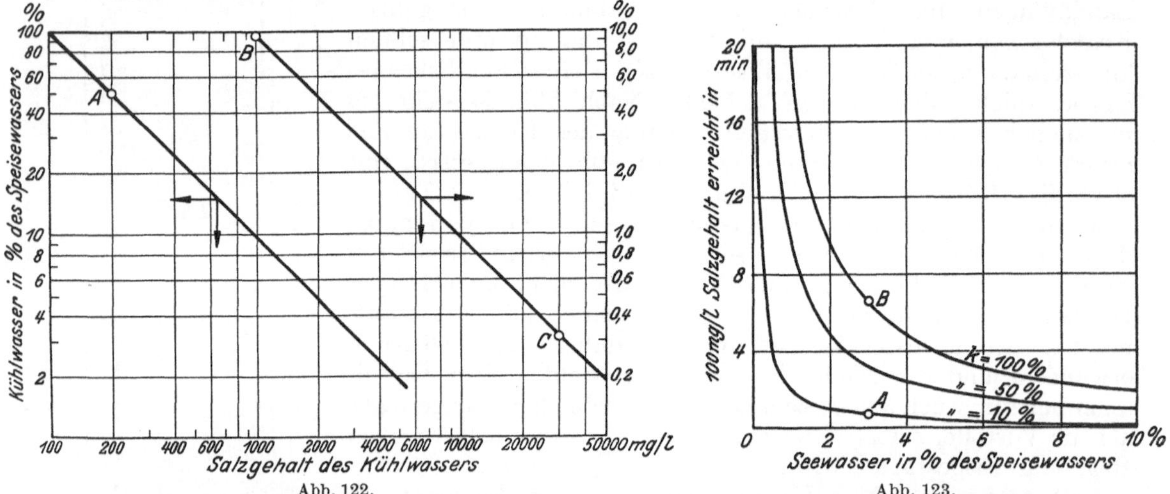

Abb. 122.   Abb. 123.

Abb. 122. Bei einem nicht abgeschlämmten Kessel zur Erhöhung des Salzgehaltes des in den Kessel gelangenden Wassers von 5 auf 100 mg/l erforderlicher Kühlwassereinbruch ins Speisesystem in vH der Speisewassermenge in Abhängigkeit vom Salzgehalt des Kühlwassers.

Abb. 123. Zum Anstieg des Salzgehaltes des in den Kessel bei normaler Belastung gelangenden Wassers von 5 mg/l auf 100 mg/l erforderliche Zeit in Abhängigkeit vom prozentualen Anteil des in das Speisesystem einbrechenden Seewassers am Speisewasser. k = Wasservorrat in dem vom Speisewasser kontinuierlich durchströmten Speisesystem zwischen dem Punkt, wo das Kondensat aus dem Kondensator austritt und dem Punkt, wo es in die Kesselheizfläche eintritt. k = 100 bzw. 50 bzw. 10 vH bedeutet, daß der Wasservorrat = 100 bzw. 50 bzw. 10 vH von der jeweiligen stündlichen Dampferzeugung des Kessels ist.

als bei Kesseln mit natürlichem oder mit Zwangumlauf der Übergang zu Handbetrieb bei versagender Automatik leichter möglich und die Gefahr verhängnisvoller Irrtümer hierbei kleiner ist als bei Zwangdurchlaufkesseln.

e) **Zusammenfassung.** Ebenso wie an Land haben sich an Bord Kessel mit natürlichem Wasserumlauf im wesentlichen als ausreichend und in ihrer Einfachheit als unübertroffen erwiesen, siehe S. 45. Auch auf Schiffen sind Zwangumlaufkessel universaler verwendbar als Zwangdurchlaufkessel. Ihr Mehrgewicht dürfte sehr selten so ins Gewicht fallen, daß ihnen deshalb Zwangdurchlaufkessel vorgezogen werden müßten. Rein gewichtsmäßig ist der Unterschied zwischen Kesseln mit natürlichem Wasserumlauf und mit Zwanglauf nicht so groß wie bei Landanlagen, weil Schiffskessel mit natürlichem Umlauf erheblich engere Rohre haben als ortsfeste Kessel. Zwanglaufkessel werden Kessel mit natürlichem Umlauf an Bord um so eher verdrängen, je höher die spezifische Feuerraumbelastung getrieben wird, und ihre Vorteile werden erst dann voll in Erscheinung treten, wenn Brenner und Kessel ungleich stärker als bisher aufeinander abgestimmt und die erreichbaren Feuerraumbelastungen und Rauchgasgeschwindigkeiten auch wirklich angewendet werden.

Der Wert eines Kessels für schnelle Schiffe hängt also sehr davon ab, ob er bei kleinem Raumbedarf, niedrigem Gewicht, guter Betriebssicherheit, Lebensdauer und Brennstoffausnutzung auch in vielstündiger Fahrt sehr hohe Feuerraumbelastungen verträgt, gegen Fehler in der Feuerführung und gelegentliches Eindringen von Seewasser in das Speisesystem verhältnismäßig unempfindlich ist, sich räumlichen Verhältnissen leicht anpassen läßt, sich für große Leistungen eignet und plötzliche Entlastungen elastisch aufnimmt. Das Primäre im Streben nach leichten, kompendiösen Kesseln müssen aber immer große Rauchgasgeschwindigkeiten, hoch belastete und zweckmäßig gestaltete Feuerräume und sehr leistungsfähige Brenner sein.

Natürlich eignen sich Schiffszwanglaufkessel auch für Beheizung mit Kohle, Abb. 117. Infolge der Trägheit der Feuerung ist dann aber ein gewisser Mindestwasserinhalt erst recht erforderlich. Da es in diesem Buche aber hauptsächlich auf die Untersuchung der Aussichten leichter Dampfantriebe ankommt und aus den angegebenen Gründen die Kessel großer schneller Schiffe heute fast nur noch mit Öl gefeuert werden, wird auf kohlenbeheizte Schiffskessel nicht weiter eingegangen.

In Großbritannien wurde vor einiger Zeit teils zur Hebung des einheimischen Kohlenabsatzes (287 Millionen t im Jahre 1913, 223 Millionen t im Jahre 1935), teils aus Furcht vor einem Abschneiden der überseeischen Ölzufuhr in Krisenzeiten von einigen Kreisen die Wiedereinführung von Kohle in die Kriegsschiffahrt an Stelle von Brennöl verlangt. Es wurde hierbei auch auf den bei Ölfeuerungen fehlenden Bunkerschutz hingewiesen und eine Einrichtung für die wahlweise Verfeuerung von Öl und Kohle gefordert, wie sie sich noch auf einigen französischen Kreuzern findet. Da aber dieselben Bunker nicht für Öl und Kohle benutzt werden könnten und die großen Vorteile reiner Ölfeuerung sowohl bei der Konstruktion wie beim Betrieb der Kessel wegfallen würden, dürfte diesen Bestrebungen kein Erfolg beschieden sein.

5. Gewicht und Raumbedarf. Wenngleich die Bedeutung von Einheitsgewichten nicht überschätzt werden darf, da sie oft für sehr willkürlich gewählte Feuerraumbelastungen und ganz verschiedene Kesselwirkungsgrade ermittelt werden und nur einer der für die Beurteilung eines Dampferzeugers wichtigen Punkte sind, so geben sie doch bei vernünftigem Gebrauch ein gutes Bild von der allgemeinen Tendenz und dem Erreichbaren.

Das Einheitsgewicht wurde durch konstruktive Verbesserungen, größere Einheiten, höhere Feuerraumbelastungen und Rauchgasgeschwindigkeiten in den letzten 20 Jahren außerordentlich gesenkt, Zahlentafel 11. Von 7,1 t Kesselgewicht je t/h Dampferzeugung bei der „Imperator" (1912) ist man über 3,9 t bei der „Bremen" (1926) und rd. 2 t bei der „Potsdam" (1934) bis auf 1,6 t bei der „Tannenberg" (1934) gekommen und hat gleichzeitig den Wirkungsgrad erheblich verbessert, der bei älteren schottischen Kesseln mit 7 t Einheitsgewicht 80 bis 82 vH, bei den Kesseln der „Empress of Britain" mit 3,6 t Einheitsgewicht 89 vH, bei Velox-Kesseln über 90 vH beträgt[1], Abb. 72.

Mit Feuerraumbelastungen von mehreren Millionen kcal/m³ h sind aber schon bei Kesseln von wenigen t/h Dampferzeugung einschließlich Ekonomiser und Luftvorwärmer Einheitsgewichte bis herab auf etwa 0,8 t erzielbar. Für Velox-Kessel einschließlich Gasturbine, Kompressor und Umwälzpumpe werden Werte von 0,6 bis 1,2 t angegeben. Übrigens können bei gleichen Werten für Kosten, Empfindlichkeit gegen schnelle Entlastung, Betriebssicherheit, Wirkungsgrad und Kraftbedarf der Gebläse die Einheitsgewichte der verschiedenen Systeme bei Verbrennung unter annähernd atmosphärischem Druck nicht sehr voneinander abweichen, es sei denn, daß es einer Firma glückt, den Feuerraum wesentlich höher zu belasten. Grundsätzlich werden Zwangdurchlaufkessel am leichtesten. Der Raumbedarf der ganzen Kesselanlage je t/h Dampferzeugung beträgt bei der „Tannenberg" (2 × 25 t/h) rd. 12 m³, bei der „Scharnhorst" und „Potsdam" (4 × 46 t/h) rd. 13 m³, Abb. 103 bis 108, bei einigen mit Wagner-Kesseln ausgestatteten Zollbooten (2 × 4 t/h) rd. 5,6 m³, Abb. 112 bis 114. Aber auch diese Werte werden noch unterschritten werden.

Folgende zwei Beispiele zeigen, was sich durch wenige große Kessel mit hohen Feuerraumbelastungen und Rauchgasgeschwindigkeiten auch gegenüber modernen Schiffen erreichen läßt. Nach Professor Bauer ließe sich durch die in Zahlentafel 12 angegebenen Änderungen die Leistung der Maschinenanlage der „Bremen" von 120 000

---

[1] Die Wirkungsgrade sind im Gegensatz zu den englischen und amerikanischen Originalarbeiten durchweg mit dem unteren Heizwert errechnet.

Zahlentafel 12. Ersatz der vorhandenen Maschinenanlage der „Bremen" durch eine mit Wagner-
Hochdruckkesseln und schnellaufenden Turbinen ausgestattete. Nach Bauer.

		Jetziger Zustand	Zukünftiger Zustand
Zahl der Kessel:			
Doppelenderkessel		11	8
Einenderkessel . . . . ·		9	8
Frischdampfzustand:			
Druck	atü	23	60
Temperatur . . . ·;	⁰ C	360	450
Drehzahl der Turbinen	U/min	2300	HDr = 4000
			MDr = 2700
			NDr = 1775
Erzielbare Maschinenleistung	WPS	120 000	180 000
Länge von Kessel- und Maschinenraum	m	150,3	124,2
Gesamtgewicht der ganzen Maschinen- und Kesselanlage ein-schließlich Wellenleitung, Schiffsschrauben, allen Hilfsma-schinen, Rauchfang, Schornsteinen, Wasser in den Kesseln, Rohrleitungen, Galerien und Abdeckungen	t	7763	7280
Einheitsgewicht der Maschinenanlage	kg/WPS	65	40
Brennstoffverbrauch für alle Zwecke einschließlich Hilfsmaschi-nen, Heizung, Küche und jede Art Brennstoffaufwand an Bord	g/WPS	310	260

auf 180 000 WPS erhöhen und gleichzeitig die Länge des Kessel- und Maschinenraumes
von 150 auf 124 m und das Gewicht der ganzen Maschinenanlage von 7763 auf 7280 t
verringern.

Ein Ersatz der 29 Penhoët-Wasserrohrkessel der „Normandie" durch 12 Velox-
Kessel würde nach Angaben von BBC das Gewicht der Kessel ohne Wasserfüllung und
Rauchgaskanäle von etwa 2900 auf 900 t verringern, Abb. 124 bis 127. Wenngleich

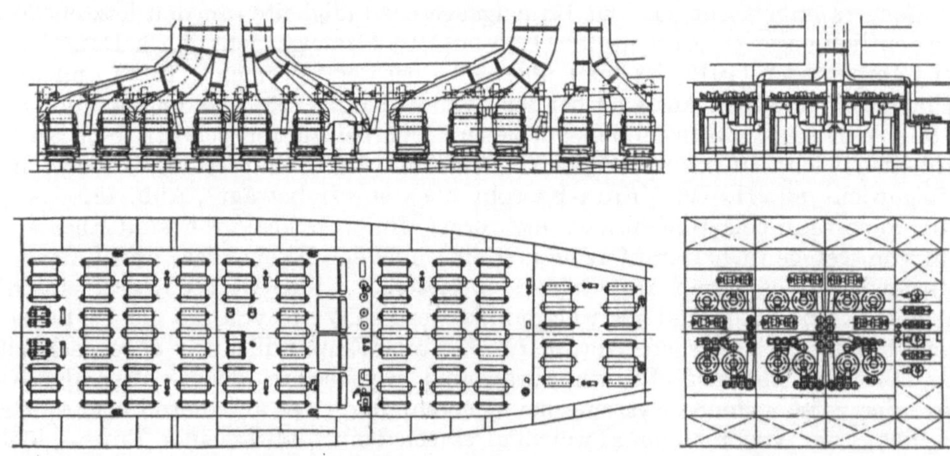

Abb. 124—127. Vergleich des Raumbedarfes der Penhoët-Kessel des Schnelldampfers „Normandie" mit gleich leistungsfähigen
Velox-Kesseln.

sich eine Reederei schwer zu derartig radikalen Änderungen entschließen dürfte und
erst die Erfahrung zeigen muß, wie weit vor allem mit der Beschränkung des Wasser-
inhaltes gegangen werden kann, so sieht man doch, daß der Bau noch wesentlich
schnellerer dampfangetriebener Handels- und Kriegsschiffe am Gewicht und Raumbedarf
der Maschinenanlage nicht zu scheitern braucht. ·

Bei Dampfturbinen wurden ebenso wichtige Fortschritte wie bei den Kesseln erzielt. Während die 30 000/42 000 PS-Turbinen der „Imperator" eine Drehzahl von nur
150 U/min hatten, laufen die HD-Stufen der 6250 PS-Turbinen der „Tannenberg" mit
18 000 U/min und die 13 000/16 000 PS-Turbinen der „Scharnhorst" mit 3120 U/min,

Abb. 128. Zu den Zahnradgetrieben, welche die leichtesten Anlagen geben, Abb. 106 bis 108, ist die elektrische Kraftübertragung getreten, die Geräuschlosigkeit, auch bei langsamer Fahrt sparsamen Betrieb, Schaltbarkeit der Turbinen auf sämtliche Schraubenwellen, volle Maschinenleistung bei Rückwärtsfahrt und andere Vorteile bietet, Abb. 103 bis 105.

Während die mit Zylinderkesseln und Kolbenmaschinen ausgestatteten Antriebe älterer Schiffe etwa 190 kg/WPS wogen (betriebsfertig aber ohne Brennstoff- und Wasservorrat), kann man nach Goos bei 28000 PS-Schiffen mit Triebturbinen und ölbeheizten Wasserrohrkesseln mit etwa 80 kg/WPS, bei sehr großen Schnelldampfern mit Triebturbinen bzw. turboelektrischem Antrieb mit etwa 55 bzw. 60 kg/WPS

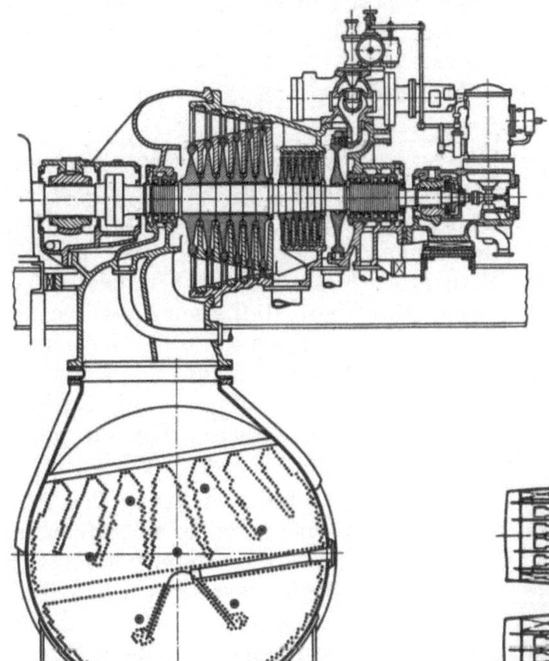

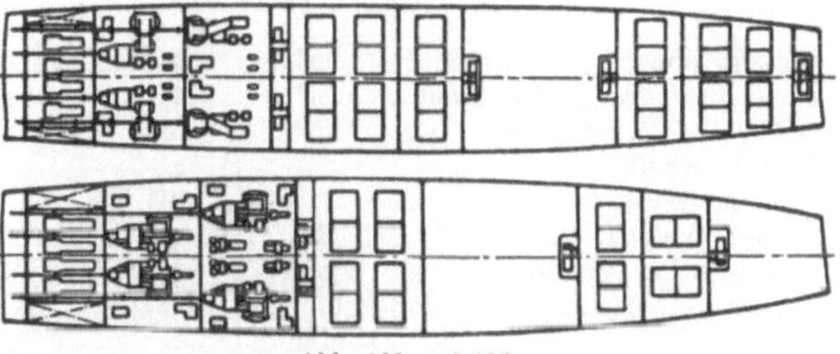

Abb. 128.

Abb. 129 und 130.

Abb. 128. 13000/16000 PS-Turbine der Allgemeinen Elektricitäts-Gesellschaft, Berlin, für den turboelektrischen Schraubenantrieb des Schnelldampfers „Scharnhorst“.

Abb. 129 und 130. Vergleich zwischen einem Dampfantrieb mit Wasserrohrkesseln (22 atü, 370°) von 120000 WPS und mit Benson-Kesseln (150 at, 460°) von 180000 WPS Leistung. Nach Frahm.

		Wasserrohrkesselanlage	Benson-Kesselanlage
Treibölverbrauch	kg/PS	0,305	0,220
Einheitsgewicht	kg/PS	68	38
Einheitsgrundflächenbedarf	m²/PS	0,029	0,17
Leistung der Anlage	WPS	120000	180000

rechnen. Nach Bauer beträgt das Einheitsgewicht der Maschinenanlage der „Bremen“ 65 kg/WPS, ließe sich aber nach Zahlentafel 12 auf 40 kg/WPS unter gleichzeitiger erheblicher Verbesserung von Leistung und Wirkungsgrad verringern. Zu ähnlichen Ergebnissen kommt Frahm beim Vergleich eines Schiffes mit normalen Wasserrohrkesseln der 1931 üblichen Bauart und mit weniger, aber größeren Benson-Kesseln, Abb. 129 und 130. Nach Hadeler wiegen die Getriebeturbinenanlagen amerikanischer und englischer Kreuzer (rd. 80000 WPS) nur 20 kg/WPS, italienische schnelle Kreuzer sollen sogar 14 bis 18 kg/WPS erreicht oder unterschritten haben.

Frahm gibt das auf einem Einschraubenschiff mit Zwangdurchlaufkesseln und einer 9500 PS-Getriebeturbine erreichbare Einheitsgewicht mit 75 kg/WPS, das einer gleichstarken Dieselanlage mit 93 kg/WPS an.

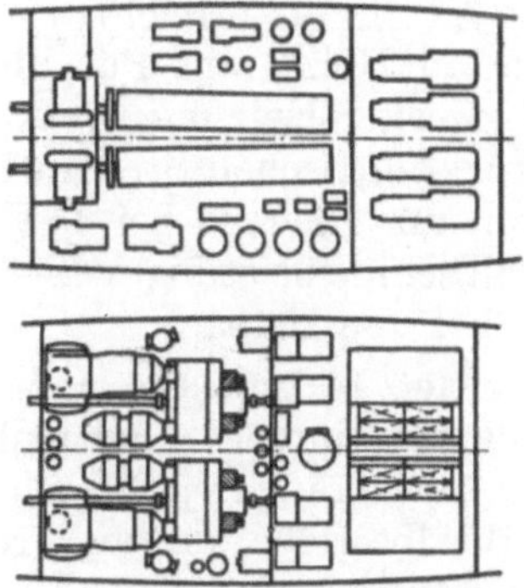

Abb. 131 und 132. Vergleich zwischen einem 15000 PS-Dampfantrieb mit Benson-Kesseln (100 at, 450°) und einer 15000 PS-Dieselmotorenanlage. Nach Frahm.

		Benson-Kesselanlage	Dieselmotorenanlage
Heiz- bzw. Treibölverbrauch	kg	0,232	0,176
Einheitsgewicht	kg/PS	53	55
Einheitsgrundflächenbedarf	m²/PS	0,021	0,023

Bei einem anderen in derselben Quelle angestellten Vergleich eines Zweiwellenschiffes mit 15000 PS Leistung sind bei Dieselmotoren und

Dampfantrieb Gewichte und Raumbedarf nahezu gleich, die Dampfanlage kostet aber erheblich weniger, Abb. 131 und 132. Johnson rechnet bei 20000 bis 30000 WPS Leistung bei Dampfantrieb mit 77 kg/WPS, bei Dieselmotoren mit 125 kg/WPS und glaubt, daß diese Werte im Jahre 1940 auf 67 bzw. 100 kg/WPS gefallen sein werden. Frahm gibt das Einheitsgewicht einer 5000 bzw. 11000 PS-Dieselanlage für Handelsschiffe mit 160 bzw. 100 kg/WPS und die Baukosten eines Dieselschiffes zu 10 bis 15 vH höher als die eines Dampfschiffes an.

6. Wärmeverbrauch der Maschinenanlage. Kurve A_1 in Abb. 72 zeigt den Wirkungsgrad des in Abb. 99 und 100 dargestellten Johnson-Kessels ohne Ekonomiser und Luftvorwärmer, Kurve A_2 den errechneten Wirkungsgrad nach Einbau eines Luftvorwärmers, der bei der Höchstlast von 87 t/h die Abgase von 470⁰ auf 240⁰ abkühlt, Kurve A_3 die gemessene Abgastemperatur des Johnson-Kessels. Zum Vergleich ist die Wirkungsgradkurve eines Velox-Kessels eingetragen. Man sieht, daß auch die Wirkungsgradkurve des Johnson-Kessels recht flach verläuft. Zahlentafel 13 zeigt die an zwei Wagner-Kesseln gemessenen Werte.

Bei Beachtung der weiter vorn angegebenen Maßnahmen muß im Dauerbetriebe bei hochbelasteten ölbeheizten Zwanglauf-Schiffskesseln mit Ekonomisern bzw. Luftvorwärmern selbst bei 2 bis 3 Millionen kcal/m³ h Feuerraumbelastung ein Wirkungsgrad von 88 bis 90 vH über einen weiten Bereich unschwer erzielbar sein. Der Wirkungsgrad der Kessel der „Bremen" im Dauerbetrieb wird mit 86 bis 88 vH angegeben. Außer vom Kesselwirkungsgrad hängt der Wärmeverbrauch je WPSh stark vom Frischdampfzustand ab. Frahm rechnet mit einem Verbrauch einschließlich aller Hilfsmaschinen bei 35000 WPS Leistung und 120 at Kesseldruck von 218 g/WPSh, bei kleineren Schiffen und etwa 60 at mit 236 g/WPSh, Johnson bei 20000 bis 30000 WPS mit 227 g/WPSh, hält aber bei Frischdampf von 42 at und 425⁰ 218 g/WPSh für erreichbar. Goos gibt für ein 23000 PS-Turbinenschiff folgende Verbrauche an Heizöl an: Für die Maschinenanlage allein 230 g/WPSh, zuzüglich des für Schiffszwecke (Heizung usw.) benötigten Dampfes 254 g/WPSh, zuzüglich des Verbrauches für elektrischen Strom 265 g/WPSh. Nach Wagner verbrauchte eine Wagner-Anlage von nur 1600 PS bei 45 at und 450⁰ Frischdampf 349 g/WPSh. Wagner hält bei einer Maschinenleistung von 500 bis 1500 WPS bzw. 3000 bis 4000 WPS 330 bzw. 300 g/WPSh für erzielbar.

Zahlentafel 13. Angaben über Wagner-Wasserrohrkessel auf den Schiffen „Scharnhorst" und „Gneisenau" (s. auch Zahlentafel 11 und 14).

Name des Schiffes		Scharnhorst	Gneisenau	
Wasserraum	m³	8,5	7,8	
Dampfraum in Obertrommel.	m³	2,5	2,5	
Größe des Feuerraumes. . .	m³	36	28	
Kesselgewicht				
ohne Wasser	t	93	93	
mit Wasser.	t	98	98	
Erzeugte Dampfmenge . . .	t/h	29,5	36	55,8
Feuerraumbelastung	Millionen kcal/m³ h	0,545	0,93	1,47
Abgastemperatur.	⁰ C	210	240	320
Kesselwirkungsgrad.	vH	90,3	88,8	86,2

Zahlentafel 14 gibt die auf mehreren Reisen (mit Ausnahme der Jungfernreise) auf den Schnelldampfern „Scharnhorst", „Potsdam" und „Gneisenau" erreichten spezifischen Heizölverbrauche je WPSh an, in denen der Verbrauch sämtlicher Hilfsmaschinen und aller Bordbetriebe, dessen Größe Schneider zu 8 bis 10 % des Gesamtverbrauches beziffert, enthalten ist.

Für einen neuzeitlichen Schiffsantrieb von 20000 bis 30000 WPS dürfte daher bei Drücken von 50 bis 70 at und einer Frischdampftemperatur von 475⁰ ein Verbrauch der Maschinenanlage von 220 bis 250 g/WPSh ein angemessener Wert sein.

Für große Dieselmotoren gibt Johnson bei direkter Kupplung 200 g/WPSh, bei Getriebeübertragung 204 g/WPSh und einschließlich des auf Heizöl umgerechneten Schmierölbedarfes 218 bzw. 222 g/WPSh an. Johnson meint, daß bei einem 20000 PS-Schiff Dieselmotoren zwar etwa 20 t weniger Öl je Tag verbrauchen, aber etwa 500 t mehr wiegen, so daß bei einer Fahrtstrecke von 10000 Seemeilen Dampfanlagen gewichtsmäßig nicht ungünstiger abschneiden. Goos gibt den Ölverbrauch von Dieselmotoren während der Fahrt mit 170 bis 200 g/WPSh an und hält 170 g/WPSh für den niedersten erreichbaren Wert, Abb. 13.

Bei großen Fahrgast- und Handelsschiffen braucht also ein neuzeitlicher Dampfantrieb um 15 bis 25 vH mehr Brennstoff als eine Dieselanlage. Zur Zeit rechnet man damit, daß zum Erreichen gleicher Brennstoffkosten das Heizöl um 25 bis 30 vH billiger als Dieselöl sein muß. Bei der heute möglichen weiteren Verbesserung von Dampfantrieben kommt man aber schon zu gleichen Brennstoffkosten, wenn Heizöl nur 80 bis 85 vH soviel kostet wie Dieselöl. Je größer die benötigte Antriebsleistung ist, um so günstiger sind die Aussichten des Dampfantriebes. Die Bestrebungen, Dampfantriebe durch Steigerung von Feuerraumbelastung, Rauchgasgeschwindigkeit und absolute Leistung der Kessel sowie durch Erhöhung der Drehzahl der Turbinen leichter, billiger und raumsparender zu bauen, werden dem Dampfantrieb auch Eingang in Schiffe verschaffen, deren Maschinenleistung unterhalb der Grenze liegt, die heute als Domäne von Dieselmotoren angesehen wird.

7. Ausblick. Außer durch kleineren Brennstoffverbrauch sind Dieselmotoren durch ihr selbsttätiges Arbeiten und durch die bequeme

Zahlentafel 14. Mittelwerte mehrerer Ostasienreisen der Dampfer „Scharnhorst", „Potsdam" und „Gneisenau". Nach Schneider.

Name des Schiffes		Scharnhorst	Potsdam	Gneisenau
Geschwindigkeit auf See	Knoten	20,0	20,5	19,57
Maschinenleistung	WPS	20800	21200	20850
Dampftage auf See		58,8	55,5	57,92
Insgesamt verbrauchtes Treiböl . . .	t	11,0	112	29,0
Insgesamt verbrauchtes Heizöl . . .	t	9722	9124	8984
Auf See verbrauchtes Heizöl	t	8790	8614	8518
Spezifischer Heizölverbrauch der Hauptturbinen einschließlich des Verbrauches sämtlicher Hilfsmaschinen und Bordbetriebe (Beleuchtung, Lüftung, Heizung, Küche, Kühlanlagen)	g/WPSh	299	305	294
Dasselbe auf Öl von 10000 kcal/kg Heizwert umgerechnet	g/WPSh	291	297	286,5

Unterteilbarkeit der gesamten Maschinenleistung auf mehrere voneinander unabhängige, in sich geschlossene Anlagen Dampfantrieben überlegen. Wie aber bereits ausgeführt wurde, macht die selbsttätige Regelung der Kessel keine Schwierigkeit mehr und wird sich um so rascher durchsetzen, je höher absolute Kesselleistung, Feuerraumbeanspruchung und Öldurchsatz eines Brenners gesteigert werden. Die Heizer brauchen dann nur noch die Kessel zu überwachen und gelegentlich von Hand nachzuregeln. Können aber große Kessel ebenso betriebssicher wie solche üblicher Leistung gebaut werden, so kann man durch die Unterteilung der gesamten Maschinenleistung in mehrere in getrennten Räumen untergebrachte, je aus einer Turbine mit einem oder zwei zugehörigen selbsttätig geregelten Kesseln bestehende vollautomatische Einzelanlagen die Sicherheit und Manövrierbarkeit von Mehrwellenschiffen auch unter widrigen Umständen beträchtlich verbessern. Erst bei völlig selbsttätiger Regelung der Kesselanlage werden Kessel und Turbinen eine Betriebseinheit, und erst dann können, was richtig ist, die Kessel beim Manövrieren die Führung übernehmen. Der Umstand, daß selbsttätige Kesselregelung die Anlage um so weniger verteuert und verwickelt, je geringer die Zahl der Kessel ist und je weniger Brenner sie haben, ist ein weiterer Vorteil von Hochleistungsbrennern und wenigen großen Dampferzeugern.

C. Schienen- und Straßenfahrzeuge.

1. Allgemeines. Der Wettbewerb von Kraftwagen und Flugzeug hat das Monopol der Eisenbahn als schnellstes Beförderungsmittel gebrochen und das Verlangen nach einem schnelleren und dichteren Verkehr auch auf den Bahnen wachgerufen. Er trug mit dazu bei, daß die Reisegschwindigkeiten der Züge, die lange Zeit hindurch fast gleich geblieben waren, sprungartig in die Höhe schnellten. Diese Entwicklung war nicht überall dieselbe. Da z. B. der Flugzeugverkehr in England infolge der ungünstigeren atmosphärischen Bedingungen und anderer Gründe wegen nicht die Bedeutung wie in Deutschland hat, haben die englischen Bahnen auch nicht das große Interesse am Bau besonders schneller Züge, in deren Einführung Deutschland ebenso wie mit den im regelmäßigen Bahnverkehr erreichten Höchstgeschwindigkeiten an der Spitze marschiert.

2. Dampflokomotiven. Die im Jahre 1903 zwischen Marienfelde und Zossen mit einem elektrischen Triebwagen erreichte Geschwindigkeit von 210 km/h blieb lange Zeit ohne Auswirkung. Im Weltkrieg ging die Geschwindigkeit stark zurück, 1927 und 1933 stieg sie

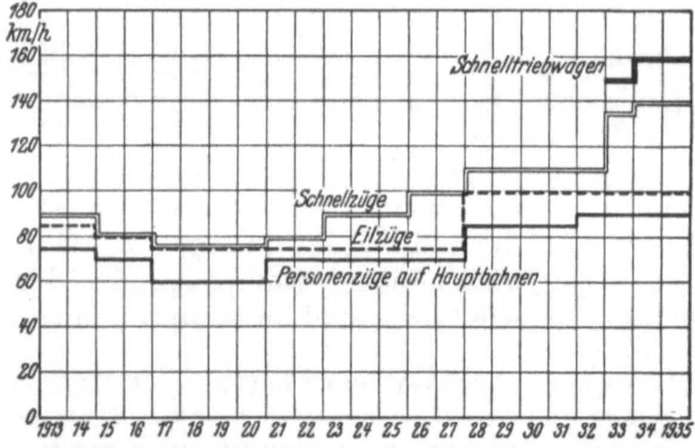

Abb 133. Höchstgeschwindigkeiten der Reisezüge der Deutschen Reichsbahn in den Jahren 1913 bis 1935. Nach Leibbrand.

Zahlentafel 15. Steigerung der Reisegeschwindigkeit des jeweils schnellsten deutschen Zuges zwischen 1914 und 1935. Nach Leibbrand.

Berlin-Hamburg . . . . von 88,8 auf 124,6 km/h
Berlin-Frankfurt/Main . . . . von 76,0 auf 108,2 km/h
Berlin-Köln . . . . von 71,0 auf 116,9 km/h
Größte Reisegeschwindigkeit auf der Strecke Berlin-Hannover im Jahre 1935. . . . . 132,6 km/h
Mit Stromliniendampflokomotive der Borsig Lokomotiv-Werke, Baureihe 05, mit 4 D-Zugwagen
    am 11. Mai 1936 erreichte Geschwindigkeit . . . . 201,0 km/h

Abb. 134. 2 C 2-Stromlinienlokomotive der Borsig Lokomotiv-Werke. Schnellste Dampflokomotive der Welt.

wieder schlagartig, Abb. 133, Zahlentafel 15.

Die schnellste Dampflokomotive der Welt ist zur Zeit die von den Borsig Lokomotiv-Werken im Jahre 1935 für die Deutsche Reichsbahn gebaute 2 C 2-Stromlinienlokomotive 05, Abb. 134. (Preis etwa 265 000 RM, Dienstgewicht der Lokomotive 130 t, des Tenders mit vollen Vorräten 90 t; Frischdampfzustand 20 at, 400°; größte indizierte Leistung rd. 3400 $\mathrm{PS_i}$; erreichte Spitzengeschwindigkeit 201 km/h; Kesselheizfläche 256 m²; Dreizylindertriebwerk

Abb. 135. Doppelstöckiger durch eine 1 B 1-Tenderlokomotive von Henschel & Sohn, Kassel, angetriebener Stromlinienzug für 120 km/h Geschwindigkeit der Lübeck-Büchener Eisenbahngesellschaft.

mit 120° Kurbelversetzung; Gewicht des Zuges mit 6 Stahlwagen für etwa 300 bis 350 Fahrgäste 250 t.) Durch geeignete Formgebung und die bei Schnelltriebwagen bewährten „Schürzen", d. h. Triebwerk und Räder verkleidende, fast bis auf Schienenoberkante reichende Bleche, Abb. 1, wurde ein sehr geringer Luftwiderstand und ein besonders hohes Verhältnis zwischen Zughakenleistung und indizierter Leistung erreicht.

Zwei andere bemerkenswerte Beispiele schneller, leichter Dampfzüge sind der doppelstöckige Stromlinienzug der Lübeck-Büchener Eisenbahngesellschaft und der Henschel-Wegmann-Dampfzug. Ersterer dient für den Vorortschnellverkehr zwischen Hamburg und Travemünde (84 km). Die 1 B 1-Tenderlokomotive mit Stromlinienverkleidung zieht bzw. schiebt den Zwillingswagen. Beim Schieben wird sie von einem der an den

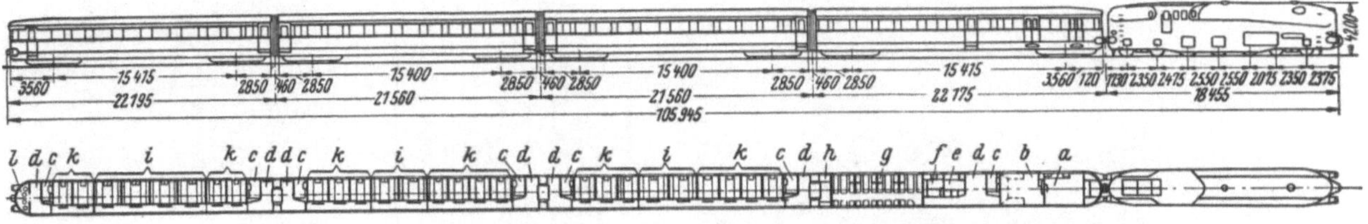

Abb. 136 und 137. Henschel-Wegmann-Dampfzug mit Stromlinien-Tenderlokomotive.

beiden Wagenenden untergebrachten Führerstände aus elektrisch ferngesteuert. Auf der Lokomotive ist dann lediglich der Heizer (Frischdampfzustand 16 at, 390°; indizierte Leistung 650 PS; größte Geschwindigkeit 120 km/h; 300 Sitzplätze; Gewicht des Zwillingswagens 71 t), Abb. 135. Der für eine Fahrgeschwindigkeit von 160 km/h bestimmte, von einer Stromlinientenderlokomotive gezogene Henschel-Wegmann-Dampfzug, Abb. 136 und 137, besteht aus 4 Wagen (Gewicht 125 t, Fassungsvermögen 192 Fahrgäste). Die Lokomotive kann den Zug ohne Drehen von beiden Enden aus fahren, ein Schieben des Zuges wäre bei so großer Geschwindigkeit unzulässig.

Je höher aber die Fahrgeschwindigkeit stieg, um so nachteiliger wurde die Auswirkung des großen Gewichtes und einiger anderer Eigenschaften von Dampflokomotiven auf Kohlenverbrauch, Unterhaltungskosten und Bahnkörper, Abb. 138. Der Bau leichterer Lokomotiven ist wiederholt versucht worden, und Zwanglaufkessel werden diesen Bemühungen neuen Auftrieb geben, weil Ersparnisse an Kesselgewicht in der Größenordnung von 25 bis 35 vH zu erwarten sind und weil infolge des bei ihnen möglichen höheren Kesseldruckes auch der Dampfverbrauch kleiner wird. Die Entwicklung derartiger Lokomotiven wird aber schon deshalb nicht einfach sein, weil es bei den Bahnen, dem Rückgrat unseres Verkehrswesens, auf störungsfreien Betrieb auch in kritischen Zeiten ankommt und Einfachheit, Einheitlichkeit der Typen, Anspruchslosigkeit an Wartung und Speisewasser nicht weniger wichtig als leichtes Gewicht und geringer Dampfverbrauch sind.

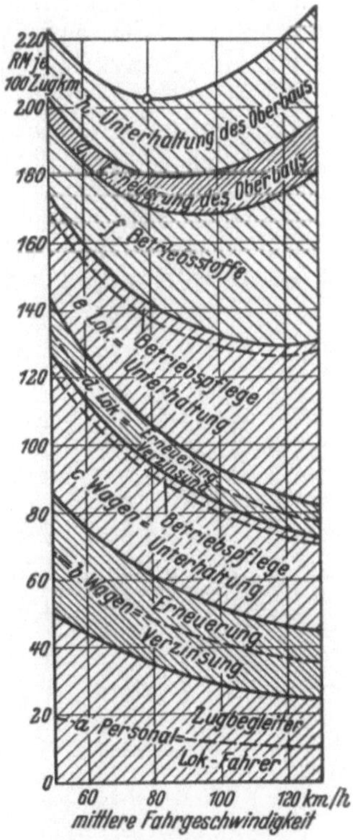

3. Motortriebwagen und -züge. Außer dem hohen Gewicht ist die Eigenart des Triebwerkes der üblichen Dampflokomotiven ruhigem Lauf bei den heute verlangten hohen Fahrgeschwindigkeiten abträglich. Beispielsweise haben die Treibräder der Stromlinienlokomotive in Abb. 134 den gewaltigen Durchmesser von 2300 mm und laufen mit Drehzahlen bis zu 450 U/min. Dies bedingt außer einer sehr sorgsamen und daher teuren Herstellung eine außerordentlich hohe Beanspruchung der Lagerstellen und Kuppelstangen. Schließlich beeinträchtigen infolge der starren Kupplung der Treibachsen miteinander schon geringfügige Unterschiede der Treibraddurchmesser infolge nicht ganz sorgfältiger Werkstättenarbeit oder etwas ungleichmäßiger Abnutzung das ruhige Fahren sehr. Dazu kommen die großen ungefederten Massen des Triebwerkes und der Radsätze[1] und die vom Triebwerk ausgehenden Massenkräfte. Abb. 139 bis 142 zeigen einen Vorschlag von Buchli, bei dem unter

Abb. 138. Kosten einer Schnellzug-Reisezugfahrt bei verschiedenen Fahrgeschwindigkeiten. Nach Leibbrand.

---

[1] Unabgefedertes Gewicht einer Treibachse 4,5 t.

Beibehaltung der üblichen Lokomotivenform zwei dreizylindrige, einfach wirkende Gleichstrommdampfmaschinen über zwei Zahnräder und eine Hohlwelle auf jede der drei voneinander unabhängigen Treibachsen arbeiten. Auf diese Weise werden die bewegten Massen vorzüglich ausgeglichen und günstige Fahreigenschaften erreicht (Betriebsdruck 18 at;

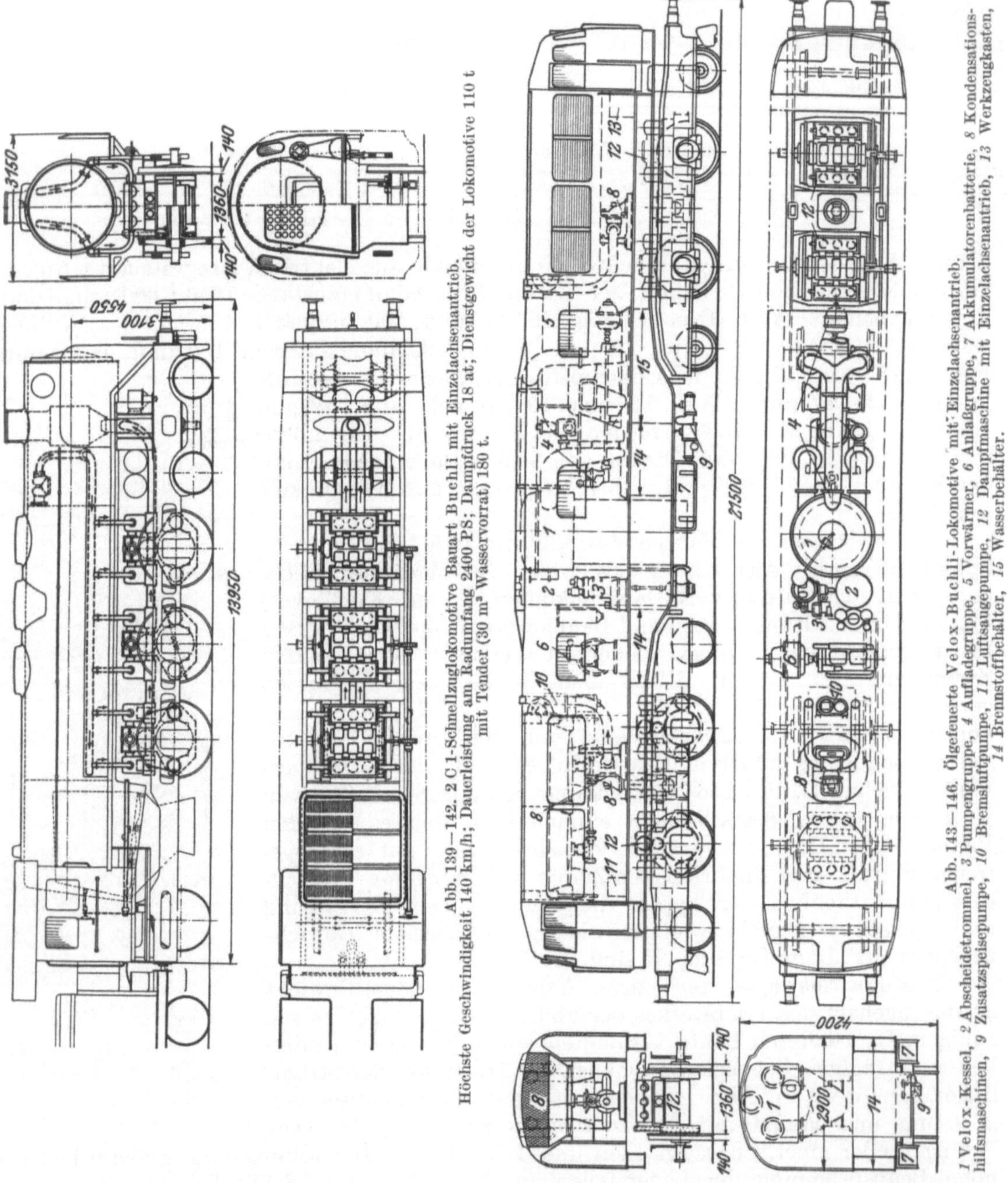

Abb. 139—142. 2 C 1-Schnellzuglokomotive Bauart Buchli mit Einzelachsenantrieb. Höchste Geschwindigkeit 140 km/h; Dauerleistung am Radumfang 2400 PS; Dampfdruck 18 at; Dienstgewicht der Lokomotive 110 t mit Tender (30 m³ Wasservorrat) 150 t.

Abb. 143—146. Ölgefeuerte Velox-Buchli-Lokomotive mit Einzelachsenantrieb. 1 Velox-Kessel, 2 Abscheidetrommel, 3 Pumpengruppe, 4 Aufladegruppe, 5 Vorwärmer, 6 Anlaßgruppe, 7 Akkumulatorenbatterie, 8 Kondensationshilfsmaschinen, 9 Zusatzspeisepumpe, 10 Bremsluftpumpe, 11 Luftsaugepumpe, 12 Dampfmaschine mit Einzelachsenantrieb, 13 Werkzeugkasten, 14 Brennstoffbehälter, 15 Wasserbehälter.

Dauerleistung der Lokomotive am Radumfang 2400 PS; Dienstgewicht der Lokomotive 110 t, des Tenders 70 t; Höchstgeschwindigkeit 140 km/h). Auch bei der mit einem ölbeheizten Velox-Kessel ausgestatteten Lokomotive in Abb. 143 bis 146 haben die 4 Treibachsen derartige Antriebe. Der Dampf wird unter atmosphärischem Druck kondensiert. Das Mehrgewicht der Kondensation wird durch das Mindergewicht an mitzuschleppendem Wasservorrat mehr als ausgeglichen. Der Abdampf der Dampfmaschinen tritt mit 1,3 bis 1,4 ata Druck in eine Hilfsturbine ein, die die Kühlluftventilatoren der Kondensation antreibt.

Die erwähnten Umstände tragen dazu bei, daß bei den üblichen Lokomotiven und den heutigen hohen Geschwindigkeiten der Verschleiß groß, die Unterhaltung teuer und der Oberbau stark beansprucht wird. Da außerdem eine einfache Aufteilung der üblichen Züge zwecks Erzielung einer größeren Verkehrsdichte unwirtschaftlich wäre, führte die Deutsche Reichsbahn im Jahre 1932 durch Dieselmotoren angetriebene Schnelltriebwagen ein. Bei ihnen ist nicht nur das auf einen Reisenden entfallende Zuggewicht kleiner, Zahlentafel 10, Kolonne d, sondern durch Verwendung von Laufrädern von nur rd.

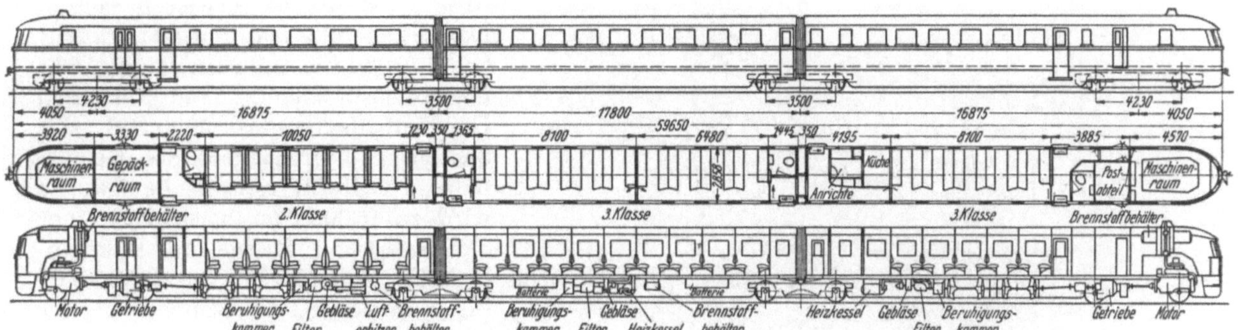

Abb. 147—150. Dreiteiliger Schnelltriebwagenzug der Deutschen Reichsbahn mit Dieselmotorenantrieb.

1000 mm Durchmesser, Vermeiden von Kuppelstangen und anderer hin- und hergehenden Massen, voneinander unabhängigen Antrieb der einzelnen Treibachsen und starke Verringerung der unabgefederten Massen werden auch die Fahreigenschaften günstiger und daher die Beanspruchungen des Oberbaues kleiner als bei Zügen mit Dampflokomotiven derselben Fahrgeschwindigkeit. Die Triebfahrzeuge werden durch geeignete Formgebung, Abb. 1, Verkleidung und Leichtbauweise den gesteigerten Geschwindigkeiten angepaßt.

Besonders bekannt geworden ist der Fliegende Hamburger (Erstausführrung: zweiteiliger Wagen mit zwei 410 PS-Maybach-Dieselmotoren; Leergewicht 87 t; Gewicht mit Betriebsstoffen 91,2 t; Höchstgeschwindigkeit 150 bis 160 km/h; 80 bis 100 Sitzplätze). Die späteren Ausführungen mit größerem Fassungsvermögen erhielten einen Mittelwagen und durch Abgasturbogebläse aufgeladene Motoren, Abb. 147 bis 150 (zwei 600 PS-Maybach-Dieselmotoren mit 1400 U/min; Gesamtlänge 60,15 m; Dienstgewicht 107 t; 130 Sitzplätze). Noch größere Wagen mit einem

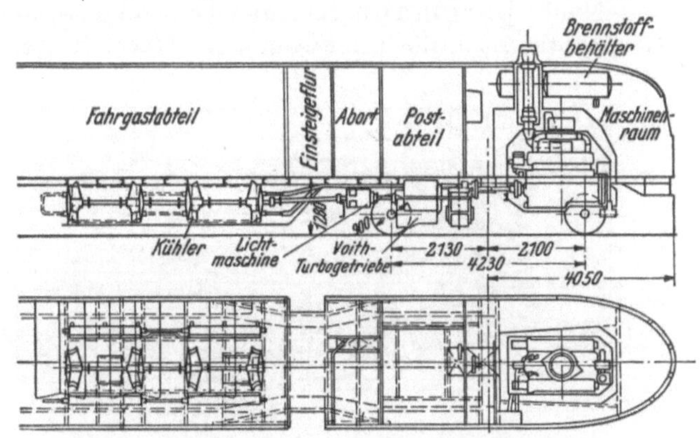

Abb. 150. Gesamtanordnung der Maschinenanlage des dreiteiligen Schnelltriebwagens der Deutschen Reichsbahn.

1300 PS-Antriebsmotor und einem Hilfsmotor sind im Bau. Das Einheitsgewicht der 12 zylindrigen für die Deutsche Reichsbahn gelieferten Maybach-Dieselmotoren mit Büchi-Aufladern, die bei 1500 U/min 700 PS leisten, wird mit 4 kg/PS angegeben.

Ferner wurde der Deutschen Reichsbahn im Juli 1935 eine 1400 PS-Diesellokomotive für Personen- und Güterzugbeförderung mit einem Achtzylinder-MAN-Dieselmotor abgeliefert (920/1400 PS-Motor mit Büchi-Gasturbo-Aufladegebläse; Motordrehzahl $n_{max} = 700$ U/min; größte Geschwindigkeit 100 km/h; Voith-Föttinger-Flüssigkeitsgetriebe; Dienstgewicht 75 t), Abb. 151, bei der die Treibräder starr miteinander gekuppelt sind, Abb. 152 bis 154. Aus Amerika ist der aus 8 Wagen bestehende Denver Zephyr der Chicago, Burlington a. Quincy Railroad mit Dieselmotorenantrieb und 187 km/h Höchstgeschwindigkeit und die Dieseldoppellokomotive der Atchison, Topeka a. Santa Fé Railroad (zwei 900 PS-Dieselmotoren je Einheit; 3600 PS Gesamtleistung; 240 t Gewicht) bekannt geworden.

Die Betriebskosten des Fliegenden Hamburger und seiner Nachfolger liegen nach Leibbrand mit 1,16 RM je Zugkilometer einschließlich der Kosten für Verzinsung und Erneuerung und der Kosten für Oberbaubeanspruchung bereits heute unter denen eines kurzen FD-Zuges, den sie ersetzen sollen. Obgleich Schnelltriebwagen noch teuer sind (Fliegender Hamburger mit 2×410 PS-Motoren etwa 360 000 RM), kann ihre Wirtschaft-

Abb. 151. 920/1400 PS-MAN-Hauptdieselmotor mit Büchi-Aufladegebläse (rechts oben) für die in Abb. 152—154 dargestellte 1400 PS-Diesellokomotive.

lichkeit im Verkehr zwischen den deutschen Großstädten nach Leibbrand bereits als erwiesen gelten. Der Fliegende Hamburger braucht bei 170 000 km Jahresleistung 126 t Gasöl entsprechend einem jährlichen Devisenbedarf von rd. 5000 RM. Der derzeitige Jahresbedarf der Reichsbahn an Öl für motorische Zwecke wird zu 15 000 t (entsprechend einer gleichwertigen Menge an Lokomotivkohle von 25 000 bis 30 000 t), ihr jährlicher Devisenbedarf für Treib- und Schmieröle zusammen zu rd. 500 000 RM angegeben. Unsere Einfuhr an Mineralölen überhaupt verzehrte im Jahre 1934 137 Millionen RM, der Kohlenverbrauch der Deutschen Eisenbahnen betrug nach Zahlentafel 2 im gleichen Jahre 12,7 Millionen t mit einem Werte von schätzungsweise 250 bis 300 Millionen RM.

Nach Bergmann hat die Deutsche Reichsbahn 20 200 Dampf-, 500 elektrische Lokomotiven, 1100 Triebwagen für Oberleitung oder Stromschiene, 600 Triebwagen mit

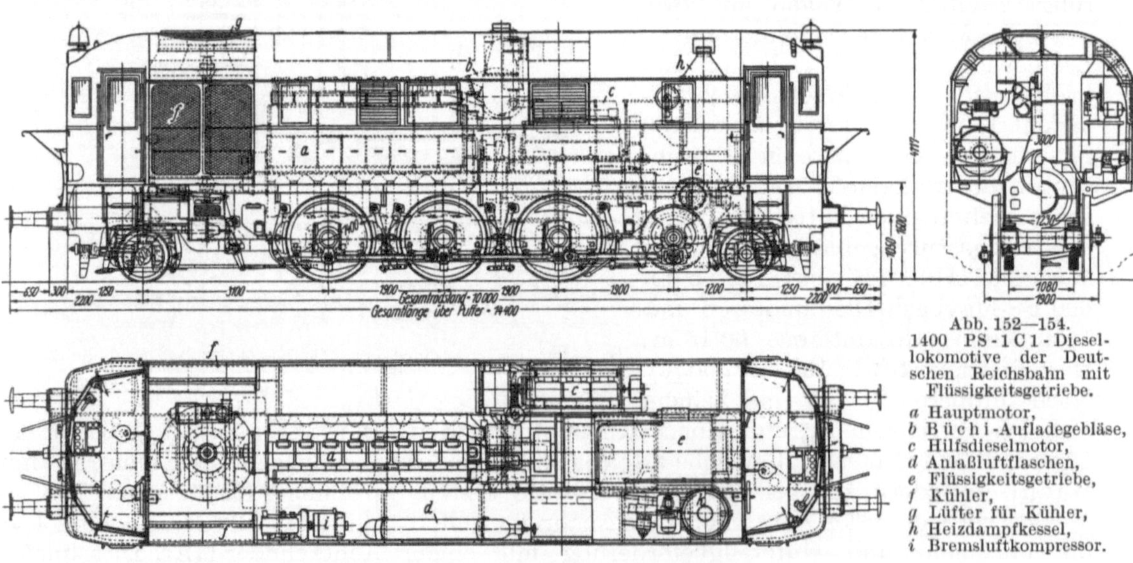

Abb. 152—154.
1400 PS-1C1-Diesellokomotive der Deutschen Reichsbahn mit Flüssigkeitsgetriebe.

a Hauptmotor,
b Büchi-Aufladegebläse,
c Hilfsdieselmotor,
d Anlaßluftflaschen,
e Flüssigkeitsgetriebe,
f Kühler,
g Lüfter für Kühler,
h Heizdampfkessel,
i Bremsluftkompressor.

eigener Kraftquelle[1], 1000 Kleinlokomotiven. Regelmäßige Tagesläufe von weit über 1000 km waren bei den Schnelltriebwagen nach Leibbrand nicht selten.

Auf Kleinbahnstrecken laufen durch zwei 50 PS-Ottomotoren (je einer für Vorwärts- und Rückwärtsfahrt) angetriebene Triebwagen mit Generatorgas aus Holzkohle (Geschwindigkeit 45 bis 50 km/h; 54 Fahrgäste; Verbrauch an Holzkohle 38 kg auf 100 km;

---

[1] Im Jahre 1935 hatten von den jenesmaligen 502 Triebwagen mit eigener Kraftquelle 16 Dampfantrieb, 302 Verbrennungsmotore, 184 elektrische Akkumulatoren.

Brennstoffkosten 3,04 Pfg/km gegenüber 8,10 Pfg/km bei Benzin; anfahrbereit aus kaltem Zustand in 5 bis 8 min, nach Pausen von 10 bis 15 min sofort).

4. Dampftriebwagen. Dampftriebwagen sind nichts Neues. Bereits 1878 brachte Belpaire einen solchen mit einem kleinen querliegenden Lokomotivkessel, Rowan mit einem stehenden Röhrenkessel heraus. Später traten Konstruktionen von Stoltz, Serpollet u. a. mit engrohrigen Kesseln hinzu und in England hat in neuerer Zeit der Dampftriebwagen von Sentinel mit Ölfeuerung ziemliche Verbreitung gefunden. Auch die in den letzten Jahren in Deutschland gebauten Dampftriebwagen haben vorwiegend Ölfeuerungen. Zum Bau von Dampftriebwagen reizt vor allem der Wunsch, die teuren, viel Wartung erfordernden Dieselmotoren durch den billigeren und anspruchsloseren Dampfantrieb und Treiböl durch das billigere Heizöl oder womöglich feste einheimische Brennstoffe zu ersetzen. Bei Ölbeheizung lassen sich die Anforderungen an hohe Geschwindigkeit und einfachen Betrieb leichter erfüllen und bei den Kesseln die in Abschnitt II B und C

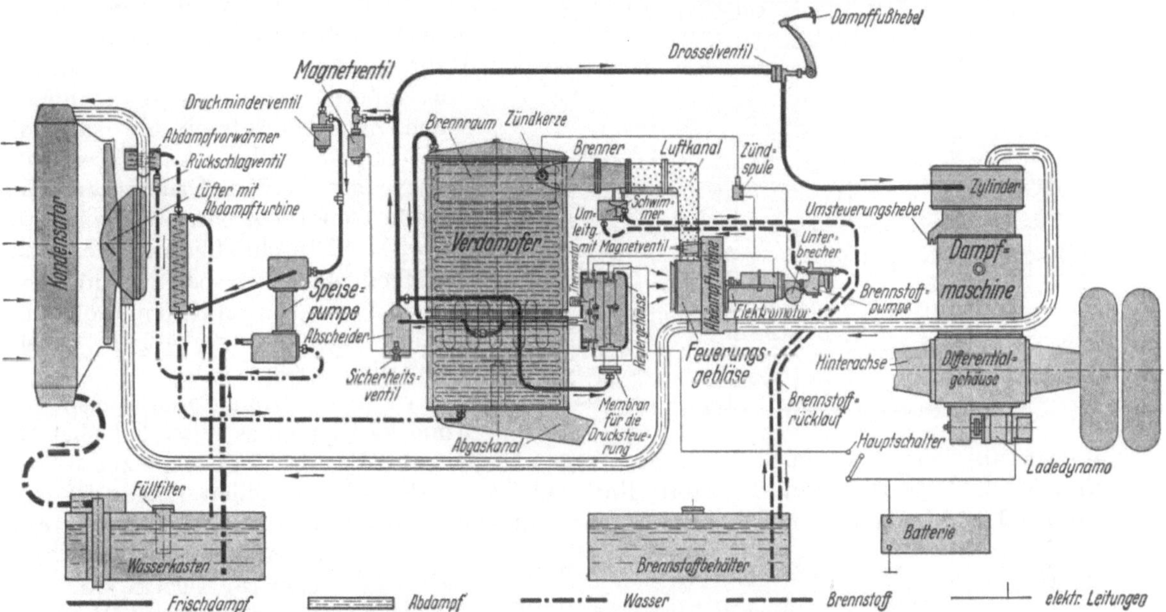

Abb. 155. Arbeitsschema eines Dampflastwagens von Henschel & Sohn, Kassel.

behandelten Vorteile besser herausholen. Bei Beheizung mit Kohle wird zwar der Kessel schwerer und der Betrieb nicht so angenehm, aber man macht sich von ausländischem Öl frei und kann infolge des weit niedrigeren Wärmepreises von Kohle trotz der thermischen Überlegenheit von Dieselmotoren an Brennstoffkosten sparen. Der Unterschied zwischen den Wärmeverbrauchen von Dieselmotoren und Dampfantrieben ist nämlich bei Schienenfahrzeugen erheblich größer als bei ortsfesten und Schiffsanlagen, weil man Dampftriebwagen schon der Einfachheit und der Anlagekosten wegen nur mit einem geringfügigen Unterdruck im Kondensator betreiben kann und die Kondensation im wesentlichen nur eine Wiedergewinnung des Dampfes bezweckt. Zum ungünstigen Einfluß des kleinen Druckgefälles auf den Wärmeverbrauch kommt bei Verwendung von Dampfturbinen deren infolge ihrer kleinen Leistung mäßiger Gütegrad. Außerdem bringt hoher Frischdampfdruck wegen der verhältnismäßig hohen Spaltverluste nicht die Ersparnisse wie bei großen ortsfesten Turbinen. Bei Dampfmaschinen aber, die auch unter den gegebenen Verhältnissen hohen Gütegrad haben, wird der Abdampf durch Schmieröl verunreinigt und, soweit sie mit hoher Drehzahl und Überhitzung betrieben und mit Tauchkolben ausgestattet werden, kann eine Verunreinigung des Schmieröles im Kurbelgehäuse eintreten.

Abb. 155 zeigt das Arbeitsschema eines Henschel-Dampflastwagens, Abb. 156 bis 158 die Gesamtanordnung, Abb. 159 den Kessel des von Henschel & Sohn für die Lübeck-Büchener Eisenbahngesellschaft im Jahre 1933 gelieferten Dampftriebwagens (Leistung am Radumfang 300 PS, Geschwindigkeit bis 110 km/h, Gewicht des betriebsfertigen Wagens ohne bzw. mit Anhänger 48 bzw. 90 t; Fassungsraum 70 bzw. 137 Plätze; Frischdampfzustand 80 at und ursprünglich 440°, später 390°; Heizfläche jedes der beiden Kessel 19 m²; Abgastemperatur 200 bis 300°; Dampfverbrauch 5 bis 5,5 kg/PSh). Die elektrische Aussetz

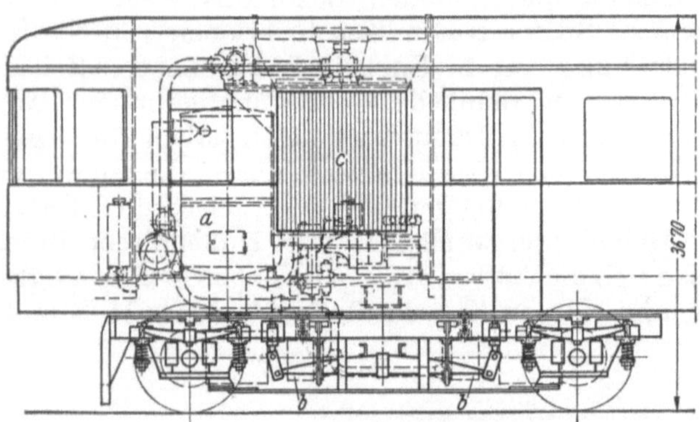

regelung löst bei Überschreiten eines bestimmten Druckes oder einer bestimmten Dampftemperatur solange die erforderlichen Regelvorgänge aus, bis der gewünschte Zustand wieder erreicht ist. Der Zug hatte bis März 1936 rd. 120 000 km zurückgelegt. Das gleichzeitige Aufheizen beider Kessel dauert 5 min. Um beliebiges Leitungswasser verwenden zu können, wurde nachträglich eine Verdampfer- sowie eine Ölabscheideanlage eingebaut. Die Rohrschlangen werden zum Entfernen von inneren Ansätzen in angemessenen Zwischenräumen mit sandhaltiger Luft ausgeblasen, äußere Rußansätze mit heißem Druckwasser aus der Lokomotiv-Auswaschanlage abgespritzt. Einschließlich dreimaligem täglichen Anheizen beträgt der Verbrauch an Braunkohlenteeröl von Triebwagen und Anhänger durchschnittlich 1,8 kg/km.

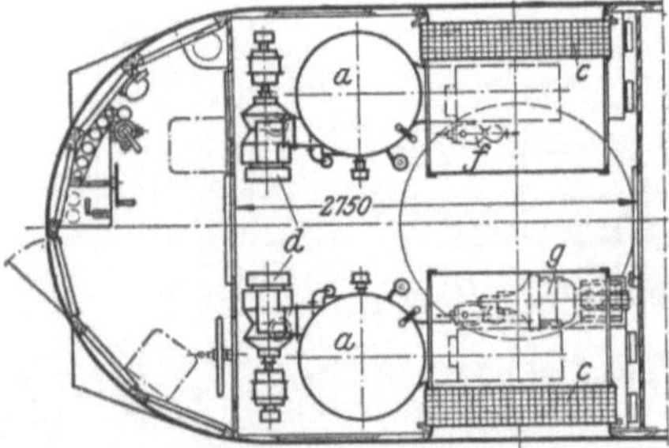

Abb. 156 und 157. Maschinenanlage eines Doble-Dampftriebwagens von Henschel & Sohn, Kassel.

a Doble-Kessel,
b Dampfmaschine,
c Kondensator,
d Feuerungsgebläse,
e Kühlluftventilator,
f Speisepumpe,
g Bremsluftkompressor.

In den Vereinigten Staaten von Amerika ist meines Wissens bisher ein einziger aus 2 umgebauten Stahlpersonenwagen bestehender Dampf-Triebwagenzug bei der New York, New Haven a. Hartford Railroad Co. in Betrieb. Im einen Wagen ist eine Besler-Dampfanlage mit Ölfeuerung und Luftkondensation von 550 PS Leistung eingebaut. Außerdem hat die General Electric Co. 2 ölgefeuerte turboelektrische 2500 PS-Lokomotiven für die Union Pacific Railroad Co. im Bau, deren Kessel auf S. 29 beschrieben ist, Abb. 49 bis 52 (Kesselleistung 18 t/h; Frischdampfzustand 84 at, 510°; größte Feuerraumbelastung 3,55 Millionen kcal/m³h; völlig automatische Regelung zwischen 10 und 100 vH; Zeit bis zur vollen Dampfleistung aus kaltem Zustand 10 min).

Abb. 158. Ansicht des Doble-Dampftriebwagens von Henschel & Sohn, Kassel, für die Lübeck-Büchener Eisenbahngesellschaft.

Die Sentinel Wagon Works Ltd. in Shrewsbury und die Clayton Wagons Ltd. in Lincoln, England, bauen mit etwa 18 at Frischdampfdruck und Auspuff arbeitende Triebwagen mit Steinkohlenfeuerungen. Bis 300 PS Leistung werden stehende Quersieder-Feuerbüchskessel, Abb. 160, darüber Dreitrommelwasserrohrkessel verwendet, Abb. 161. Die Maschinenfabrik Esslingen hat in neuerer Zeit für die Türkischen Staatsbahnen zweiteilige Dampftriebwagen (Frischdampfzustand 25 atü und

400⁰; 56 Sitzplätze, Post- und Gepäckraum, 75 km/h Geschwindigkeit) gebaut, deren Wasserrohrkessel mit einer selbsttätigen Steinkohlenfeuerung ausgestattet ist.

Zur Förderung des Steinkohlenverbrauches veranstaltete das Rheinisch-Westfälische Kohlensyndikat Ende 1934 ein Preisausschreiben über einen dreiteiligen Hauptbahn-Dampftriebwagen mit Steinkohlenfeuerung und selbsttätiger Regelung für 180 Sitzplätze, 130 km/h Höchstgeschwindigkeit, 120 t Gesamtgewicht, etwa 500 PS Bahnordnungs-leistung und 1000 bis 1200 PS Beschleunigungsleistung. Alle eingegangenen Entwürfe sahen eine mit atmosphärischem Druck arbeitende Kondensation und Dampfmaschinen- oder Dampfturbinenantrieb vor und nur einer verwendete keinen Hochdruckdamf. Als

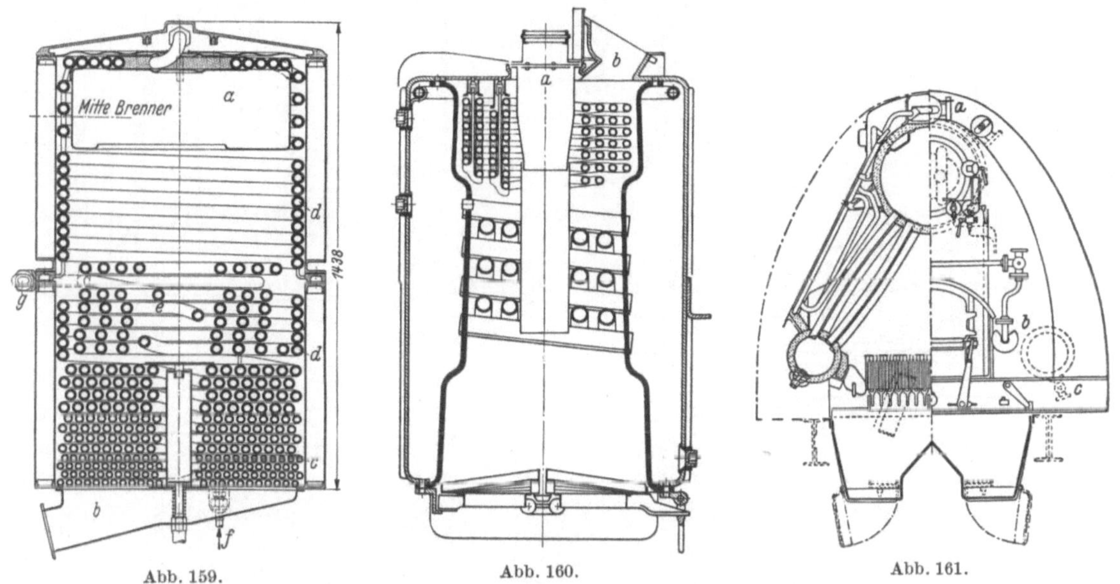

Abb. 159.   Abb. 160.   Abb. 161.

Abb. 159. Doble-Kessel für einen Dampftriebwagen von Henschel & Sohn, Kassel.
a Feuerraum, b Fuchs, c Ekonomiserteil, d Verdampferteil, e Überhitzer, f Speisewassereintritt, g Dampfaustritt.
Abb. 160. Feuerbüchsenkessel für einen Sentinel-Dampflastwagen. a Brennstoffaufgabe, b Rauchgasabzug.
Abb. 161. Englischer Dreitrommelwasserrohrkessel für Dampftriebwagen.

beste Lösung wurde die in Abb. 162 und 163 mit einer besonderen Trommel bezeichnet, in der überschüssiger Dampf zum Decken eines erheblichen Teiles der Anfahrleistung ge-speichert wird.

5. Zweckmäßigster Frischdampfzustand. Der zweckmäßigste Frischdampfdruck richtet sich unter anderem nach der verlangten Leistung und der Art der Antriebs-maschine. Er kann infolge der in Frage kommenden Leistungen bei großer Maschinen-leistung höher als bei mäßiger, bei Dampfmaschinen höher als bei Dampfturbinen sein. Der wärmetechnische Vorsprung von Dampfmaschinen vor Turbinen wird aber zum Teil wieder dadurch aufgehoben, daß bei ersteren wegen der Schmierung nur eine geringere Überhitzung zulässig ist. Abb. 164 zeigt die großen Ersparnisse, die hohe Kesseldrücke und Kondensationsbetrieb gegenüber mit Auspuff arbeitenden 16 at-Einheitslokomotiven bringen. Es hat daher nicht an Versuchen gefehlt, diese Möglichkeiten auszunutzen. Der Kohlenverbrauch der zwischen 12,5 und 0,19 ata arbeitenden Kruppschen Turboloko-motive war z. B. um 25 vH kleiner als der der Einheitslokomotive, die Löffler-Schwarz-kopff-Lokomotive arbeitete zwischen 110 und 1,4 ata, die Benson-Maffei-Lokomotive zwischen 150 und 0,3 ata. Trotz ihres geringeren Wärmeverbrauches haben sich aber derartige Sonderlokomotiven schon deshalb nicht einführen können, weil die Kohlen-ersparnis infolge der verhältnismäßig kurzen Benutzungsdauer durch die höheren Kapital- und Unterhaltungskosten der weit teureren Lokomotiven mehr als ausgeglichen wurde[1].

---

[1] Eine Einheitsschnellzuglokomotive kostet 220000 RM und verbraucht bei 120000 km Jahresleistung für rd. 40000 RM Kohle. Ihre Lebensdauer beträgt 20 Jahre, ihre Abschreibung erfolgt in 20 Raten zu je 5 vH des Anschaffungspreises. Zahl der Einheitslokomotiven Anfang 1937 rd. 1400.

Außerdem haben sich die Kondensationseinrichtungen als eine sehr unerwünschte Verwicklung erwiesen, zumal auch Leute mit durchschnittlicher Schulung Lokomotiven aus den wiederholt erörterten Gründen im Notfall fahren können müssen.

Wenigstens bei schnellen Triebfahrzeugen ist die Kondensation des Auspuffdampfes (unter annähernd atmosphärischem Druck) wegen des kleineren mitzuschleppenden Wasservorrates, und weil keine Kesselsteinbildner in den Wasserkreislauf kommen, angezeigt. Da infolge der fehlenden Luftleere hoher Frischdampfdruck am Platze ist,

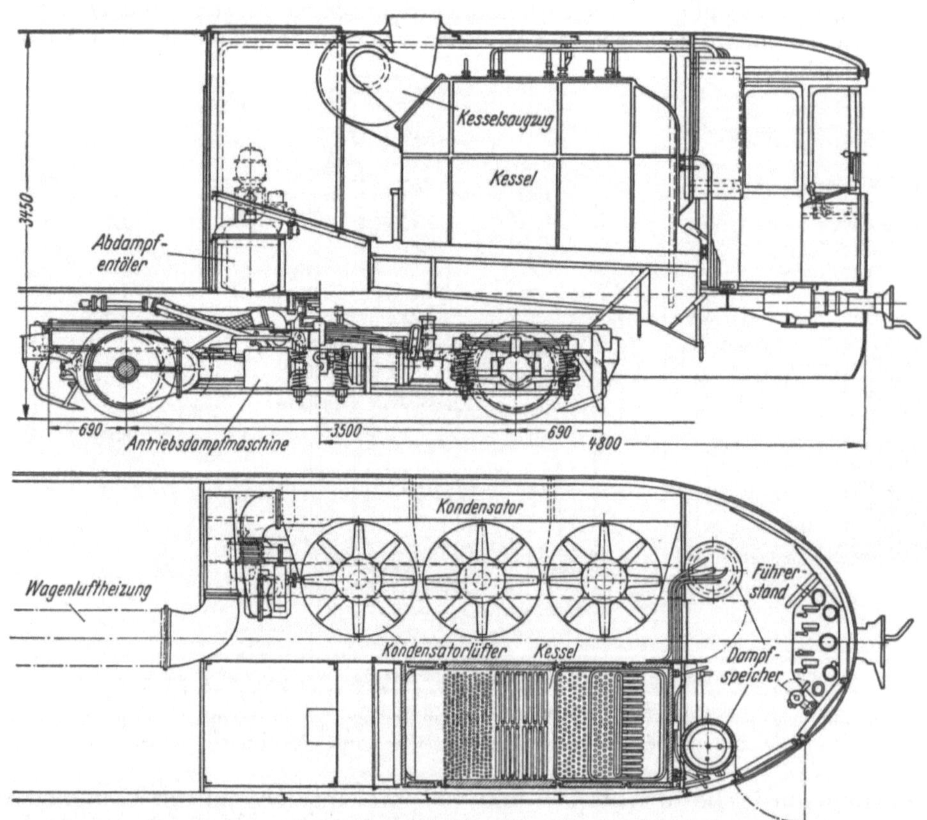

Abb. 162 und 163. Vorschlag der Friedrich Krupp A.G. für das Preisausschreiben des Rheinisch-Westfälischen Kohlensyndikates. Kohlengefeuerter Dampftriebwagen mit 2 dreizylindrigen, je eine Achse über Vorgelege antreibenden Dampfmaschinen.

wird man bei Dampfmaschinen auf etwa 60 bis 80 at, bei Turbinen auf etwa 40 bis 70 at gehen. Derartig hohe Kesseldrücke zwingen zu engen Siederohren und diese zu reinem Speisewasser. Bei Dampfmaschinen sind daher wirkungsvolle Entölvorrichtungen unerläßlich, möglicherweise lassen sich innere Heizflächenverschmutzungen durch Ausblasen der Rohrschlangen mit sandhaltiger Luft beseitigen (siehe S. 76).

6. Wasserrohrkessel für Triebfahrzeuge. Die Maschinenanlage von Schienenfahrzeugen muß Lastschwankungen zwischen 10 und 100 vH fast augenblicklich folgen können. Diese Aufgabe ist bei Kesseln ohne nennenswerten Wasserinhalt schon bei Ölfeuerungen schwer erfüllbar und bei Rosten erst recht schwierig. Mindestens bei größeren mit Kohle beheizten Fahrzeugen verdienen daher Kessel mit natürlichem oder mit Zwangumlauf den Vorzug vor Zwangdurchlaufkesseln, es sei denn, daß man auch letztere mit einer Trommel ausstattet oder einen Wärmespeicher einbaut. Reichlich bemessene Kesseltrommeln sind einfacher und zweckmäßiger als besondere Wärmespeicher. Eine genügende Speicherwirkung läßt sich mit mäßigem Mehrgewicht erzielen, indem man dauernd oder vorübergehend mit einem Kesseldruck arbeitet, der um 10 bis 30 at über dem Druck vor den Regelventilen der Kraftmaschine liegt oder indem man die Anfahrspitze durch Senken des Kesseldruckes deckt und den Dampfüberschuß bei Verlangsamung der Fahrt durch Wiederansteigen des vorher abgesenkten Druckes aufnimmt.

Zwanglaufkessel lassen sich den beschränkten räumlichen Verhältnissen auf Schienenfahrzeugen am besten anpassen und geben das kleinste Gewicht und die vorteilhafteste Gestaltung von Feuerbüchse und Heizfläche.

7. Wahl der Antriebsmaschine. Kolbenmaschinen sind dadurch Dampfturbinen überlegen, daß sie Dampf von hoher Spannung auch bei kleiner Leistung gut ausnutzen und einfach umsteuerbar sind. Sie sind überaus elastisch, ermöglichen schnelles Anfahren und brauchen keine umständlichen Umschaltgetriebe und Kupplungen Abb. 165. Außerdem kann jede Treibachse ohne nennenswerte Verschlechterung der Wärmeausnutzung der Gesamtanlage von einer besonderen Maschine angetrieben werden. Ihr Nachteil ist die innere Verschmutzung der Kessel durch Schmieröl bei Rückgewinnung des Kondensates.

Die Mehrzahl der Lokomotiven wird wohl noch auf lange Zeit ähnlich gebaut werden wie heute. Bei Lokomotiven für Sonderzwecke und hohe Geschwindigkeiten ergibt sich aber für die nähere Zukunft etwa folgendes Bild: Je nach der Leistung und Bauart der Antriebsmaschine kommen Kesseldrücke von 40 bis 80 at und Frischdampftemperaturen von 400 bis 475⁰ in Betracht. Mechanisch am einfachsten und am billigsten werden Lokomotiven mit Einzelantrieb der Treibachsen durch

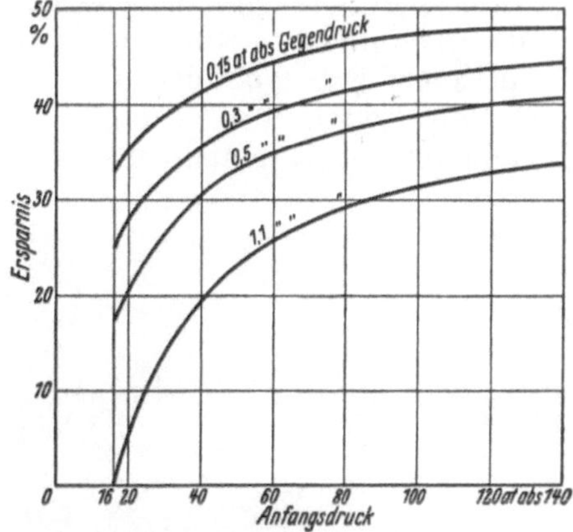

Abb. 164. Einfluß des Frischdampfdruckes auf den Wärmeverbrauch von Dampflokomotiven (Ersparnis gegenüber einer 16 at-Einheitslokomotive)[1]. Nach Najork und Wichtendahl.

schnellaufende Dampfmaschinen. Das sanfteste Anfahren, den ruhigsten Lauf, den einfachsten Antrieb der Hilfsmaschinen, die bequemste Regelung, den sichersten Kesselbetrieb, die geringsten Kosten für Wartung und Unterhaltung und die vorteilhafteste Zahl der Treibachsen erhält man bei turboelektrischem Antrieb. Bei Dampfmaschinen aber sowohl wie bei Dampfturbinen sollte der Dampf durch Kondensation unter annähernd atmosphärischem Druck für die Kesselspeisung zurückgewonnen werden. Zwanglaufkessel sind besser als Kessel mit natürlichem Umlauf geeignet. Auf reichlichen Wasserinhalt ist besonders bei Verfeuern fester Brennstoffe zu achten. Eine Beheizung von Lokomotiven durch Öl kommt für deutsche Verhältnisse kaum in Betracht. In anderen Ländern, wo dies nicht zutrifft, erscheinen aber aufgeladene Feuerungen nicht erforderlich, weil sich mit normalen

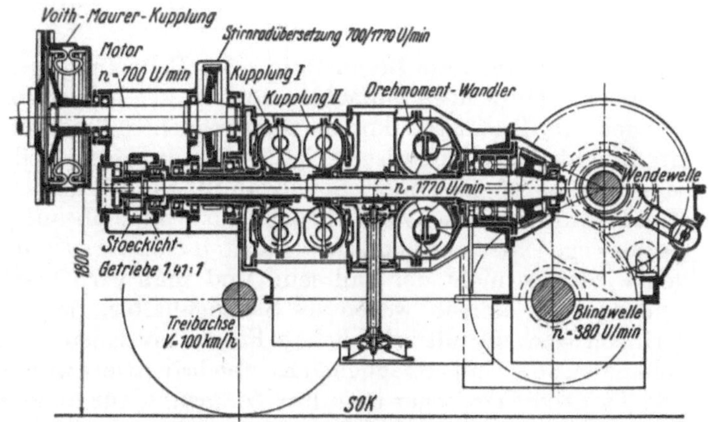

Abb. 165. Voith-Föttinger-Flüssigkeitsgetriebe für die 1400 PS-Diesellokomotive in Abb. 152—154.

engrohrigen, als Hochgeschwindigkeitskessel ausgebildeten Zwanglaufkesseln praktisch dasselbe erreichen läßt, ohne daß man die Lokomotive mit Teilen zu belasten braucht, mit denen das durchschnittliche Bedienungspersonal nicht vertraut ist.

Bei schnellen Dampftriebwagen liegen die Verhältnisse ganz ähnlich. Dort wird die Grenze zwischen Dampfturbine und Dampfmaschine bei Leistungen von etwa 400 PS liegen, der Betrieb mit festen Brennstoffen aber auf größere Schwierigkeiten als bei Lokomotiven stoßen.

Die Ansichten darüber, ob Triebwagen mit eingebauter Kraftanlage oder besondere Triebfahrzeuge den Vorzug verdienen, sind geteilt. Für letztere spricht ihre viel

---

[1] Kohlenverbrauch einer modernen Heißdampf-Vierzylinder-Verbundlokomotive (25 atü, 450°) 0,7 kg/PS$_i$h.

universalere Verwendbarkeit, der günstigere Einbau des Triebwerkes, Abb. 166, das Fernhalten von Geräuschen und Gerüchen von den Fahrgasträumen, der größere Reisekomfort und die bequeme Anpassung der Wagenzahl an die Nachfrage nach Plätzen. Bei einer Leistung von 1000 bis 2000 PS wird zwar der Wärmeverbrauch bei Dampfantrieb etwa doppelt so groß als bei Dieselmotoren. Dieser Mehrverbrauch spielt aber infolge der kurzen Benutzungsdauer selbst bei Öl keine entscheidende Rolle. Außerdem sind die Anlagekosten und Ausgaben für Wartung und Reparatur wesentlich niedriger und es können billigere Öle verfeuert werden. Die Überlegenheit von Dampfantrieben wird aber erst voll zur Geltung kommen, wenn ihr Betrieb mit festen Brennstoffen gelöst ist. Es eröffnet sich also leichten Dampfantrieben auch auf diesem Gebiete ein aussichtsreiches Feld.

Abb. 166. Triebdrehgestell mit Dieselmotor und Voith-Föttinger-Getriebe für den dreiteiligen Schnelltriebwagen in Abb. 147—150.

8. Kessel für feste Brennstoffe. Die Beheizung mit festen Brennstoffen ist bei besonderen Triebfahrzeugen einfacher möglich als bei Personenwagen mit eingebauter Kraftanlage. Als Brennstoff kommen ausgesuchte Steinkohlen und Schwelkoks in Betracht. Braunkohlenschwelkoks ist an sich bestens geeignet, weil er vorzüglich brennt und das Feuer sehr rasch angefacht und wieder gedämpft werden kann und dann zu neuem Anfachen bereit stundenlang weiterschwelt. Fraglich ist nur, ob aus betrieblichen Gründen und ihrer Asche wegen alle Schwelkokse, wenigstens so, wie sie anfallen, brauchbar sind. Voraussichtlich wird dies nicht der Fall sein, und man wird bestimmte Sorten aussuchen müssen. Außerdem muß man wegen des Staubgehaltes, der mangelnden Backfähigkeit und dem geringen Gewicht mit erheblichen Flugkoksverlusten rechnen. Es wird daher viel davon abhängen, ob sie mit erträglichen Kosten brikettiert werden können, wodurch auch Stapelung und Transport einfacher und ihre Vergasung für andere Zwecke leichter werden würden. Solange dies nicht der Fall ist, werden die Schwelkokse meines Erachtens vorteilhafter in großen Kraftwerken verfeuert, die sich auf ihre Eigenschaften besser einrichten können als Bahnen mit ihrem weitläufigen Betrieb. Brauchbare Ansätze zum Verfeuern von Steinkohle sind vorhanden. Zwanglaufkessel werden bei Kohlenbeheizung zwar schwerer als bei Ölfeuerungen, aber doch beträchtlich leichter als die üblichen Lokomotivkessel. Ein angemessener Wasserinhalt ist bei Rostfeuerungen besonders am Platze. Von der aus Sorge vor unzureichender Elastizität von Rostfeuerungen erwogenen Vorschaltung eines Gasgenerators vor Fahrzeugkessel, die höchstens für kleine Leistungen in Frage kommt, ist eine Dauerlösung meines Erachtens nicht zu erwarten.

9. Kraftwagen. a) Allgemeines. Auf S. 6 wurde bereits auf die außerordentliche Zunahme der Zahl der Kraftwagen in den letzten Jahren hingewiesen. Ein eindrucksvolles Bild hiervon geben auch die das weitgehend motorisierte Großbritannien betreffenden Werte, Zahlentafel 16.

Zahlentafel 16. Übersicht über den englischen Kraftwagenverkehr. Nach Sir Philip Dawson.

Pferdefuhrwerke: 1921 bzw. 1934	270000 bzw. 23000[1]
Lastkraftwagen: 1931 bzw. 1935	360000 bzw. 435000
Kraftfahrzeuge einschließlich Motorräder: 1935	rd. 2,5 Millionen
davon Dieselwagen	5400
Dampfwagen	2081
Zahl der Dampfwagen im Jahre 1926	9186
Treibstoffverbrauch für Kraftfahrzeuge im Jahre 1934	4 Millionen t
Zahl der im Jahre 1935 unmittelbar und mittelbar im Verkehrswesen beschäftigten Personen:	
im Kraftwagenverkehr	1,27 Millionen
im Bahnverkehr	675000

Deutschland ist in der Motorisierung hinter dem Ausland nach dem Kriege sehr zurückgeblieben, hat aber seit 1933 viel Versäumtes aufgeholt. Zahlentafel 16 zeigt die außerordentliche Bedeutung des Kraftwagens an sich und der Aufrechterhaltung des im öffentlichen Interesse unentbehrlichen Kraftwagenverkehrs auch in Krisenzeiten. Dampfantriebe für Kraftwagen müssen daher auch unter dem Gesichtspunkt geprüft werden, welche Vorteile sie in normalen und in Krisenzeiten mit Bezug darauf bieten, daß Deutschland nur über kleine natürliche Ölvorkommen verfügt, siehe S. 2.

b) Kraftwagenbetrieb mit Gasen. Der Treibölverbrauch von Kraftwagen wurde bereits durch den Übergang zum Betrieb mit Generatorgas und fertigen Gasen etwas entlastet, Zahlentafel 17. Für das Beschicken von Gasgeneratoren kommen Holz und Holzkohle, Steinkohle und Anthrazit, Braunkohlenbriketts und -schwelkoks, an fertigen Gasen Leuchtgas (4000 kcal/m³), Koksofengas (4100 kcal/m³), Gas aus Kläranlagen der Abwässerbeseitigung (rd. 7000 kcal/m³), Methan und das eigentliche Treibgas, das als Leunatreibgas und unter ähnlichem Namen verkauft wird, in Betracht. Es fällt bei der Herstellung von Benzin durch Hydrieren und Synthese, Abb. 6, beim Kracken von Erdölen und

Zahlentafel 17. Antriebsart der am 1. Juli 1936 im deutschen Reich zugelassenen Kraftomnibusse, Lastkraftwagen und zulassungspflichtigen Zugmaschinen und Sattelschlepper.

Antriebsart	Kraft-omnibusse	Last-kraftwagen	Zugmaschinen und Sattelschlepper
Ottomotoren	11195	233119	10469
Dieselmotoren	3921	29878	8957
Glühkopfmotoren	—	—	10491
Gasgeneratoren	48	798	55
Speichergas	364	506	17
Dampfmaschinen	5	16	31
Elektromotoren	13	5874	301
Summe[2]	15567	269581	30877

bei der Tieftemperaturzerlegung von Koksofengas an und besteht aus einem Gemisch von Propan und Butan mit 22000 kcal/m³ Heizwert. Es wird bei etwa 8 at flüssig und kommt in Stahlflaschen, die mit 45 at Druck geprüft sind, in den Handel. Eine 108 l-Flasche wiegt leer 53 kg, gefüllt 99 kg und ersetzt etwa 64 l Aral. Nach Bock sollen im Jahre 1937 rd. 145000 t Treibgas für Motorwagen zur Verfügung stehen.

Eine Schwäche von Gasgeneratoren ist ihr Gewicht und der erhebliche Rückgang an Motorleistung infolge des heizwertarmen Gases, der durch größere Verdichtung nur zum

---

[1] Das Problem, lebenswichtigen einheimischen Bedarf durch einheimische Naturprodukte zu decken, gilt für das deutsche Ernährungswesen ganz ähnlich wie für die deutsche Energiewirtschaft. Zwischen beiden besteht über die Zugpferde insofern eine interessante Verbindung, als deren Ersatz durch Lastwagen und Traktoren die Sicherstellung der Versorgung des deutschen Volkes mit Lebensmitteln fühlbar erleichtern würde. Die Angaben über den verhältnismäßigen Bedarf an Nahrungsmitteln bzw. landwirtschaftlicher Nutzungsfläche für 1 Pferd und 1 Menschen gehen weit auseinander (1,3 : 1 bis 2,5 : 1). Der deutsche Bestand an Pferden ohne Militärpferde betrug im Jahre 1935 rd. 3,39 Millionen und hat sich gegenüber dem Jahre 1913 um nur rd. 400000 gesenkt. Gelänge es im Laufe der Zeit unseren Pferdebestand um $^1/_3$ zu verringern, so würden damit für rd. 1,5 bis 2,5 Millionen Menschen Lebensmittel frei. Weitgehende Motorisierung ist also auch für die Ernährung des deutschen Volkes wichtig.

[2] In der Summe sind 21 bzw. 390 bzw. 106 Fahrzeuge ohne Angabe der Antriebsart enthalten.

Teil ausgeglichen werden kann. Ihr Einbau in den Kraftwagen ist aber bereits recht befriedigend geglückt, Abb. 167. Mit Anthrazit und Braunkohlenbriketts wurden günstige Erfahrungen gemacht, Schwelkoks muß wegen seines hohen Staubgehaltes voraussichtlich brikettiert werden. Die Ersparnisse an Brennstoffkosten bei mit Generatoren ausgestatteten schweren Lastwagen gegenüber Betrieb mit Aral gibt Schultes zu 75 bis 90 vH an, denen um etwa 17 vH größere Ausgaben für zusätzliche Kapital- und Bedienungskosten gegenüberstehen sollen. Brikettierter Braunkohlenschwelkoks dürfte unter anderem deshalb günstigere Aussichten als z. B. bei Bahnen haben, weil der Kraftwagenbetrieb den Mehrpreis eher verträgt, den die Auswahl geeigneter Sorten (geringer Aschengehalt, hoher Aschenschmelzpunkt) und eine Formgebung verursacht, die seinen Transport und seine Vergasung im Generator erleichtert (Brikettierung in kleines Format, harte Konsistenz usw.).

Abb. 167. Einbau eines Holzgasgenerators, Bauart Imbert, Köln, in einem windschnittigen Omnibusaufbau.

Ein interessantes Bild von den Brennstoffverbrauchen und -kosten von 46 mit verschiedenen Treibmitteln gefeuerten Lastkraftwagen gibt das Ergebnis der achtwöchigen „Versuchsfahrt mit heimischen Brennstoffen 1935", an der auch 2 Auspuff-Dampftriebwagen englischer Bauart mit Gasgeneratoren teilnahmen, Abb. 168 und Zahlentafel 18.

Zahlentafel 18. Verhältnismäßige Brennstoffkosten für 1 t Nutzlast bei verschiedenen Treibmitteln. Nach E. Schulz. Kosten von Dieselöl (16 RM/100 kg) für 1 t Nutzlast = 1 gesetzt.

Treibmittel	Vergleichskostenzahl	Treibmittel	Vergleichskostenzahl
Steinkohlen-Schwelkoks . . .	0,54—0,59	Torfkoks	1,09
Anthrazit	0,57—0,77	Holzkohle	1,43—1,60
Braunkohlenbriketts	0,65	Motorenmethan	2,57
Braunkohlen-Schwelkoks . . .	0,74	Ruhrgasöl	3,96
Holz	0,92—1,06	Methanol	5,55
Braunkohlen-Dieselöl	**1,00**		

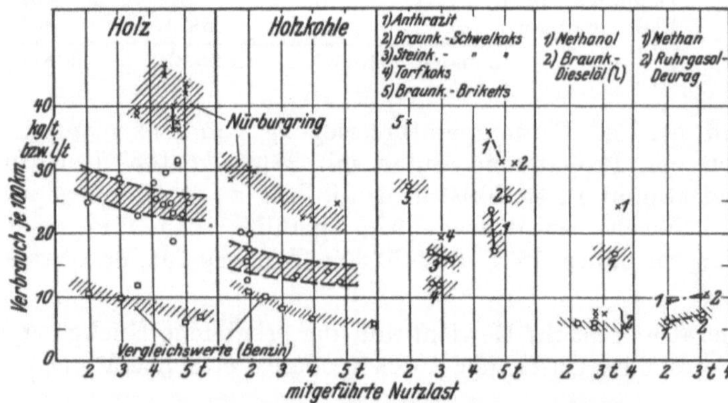

Abb. 168. Brennstoffverbrauch der an der „Versuchsfahrt mit heimischen Brennstoffen 1935" beteiligten Lastkraftwagen. Nach E. Schulz.
○ bei 35 bis 40 km/h Fahrgeschwindigkeit in der Ebene;
✕ bei 21 bis 25 km/h Fahrgeschwindigkeit auf dem Nürburgring;
☐ Vergleichswerte bei Benzinbetrieb.

Die Brennstoffkosten waren also bei Schwelkoks und Anthrazit wesentlich billiger, bei fertigen Gasen erheblich teurer als bei Dieselmotoren.

Bei Treibgas tritt keine Minderleistung des Motors ein, bei Leucht-, Koksofen- und Klärgas, die in Stahlflaschen unter 150 bis 200 at Druck mitgeführt werden, geht die Motorleistung zurück. 1 m³ unverdichtetes Klärgas entspricht etwa 1 l flüssigem Brennstoff und kostet verdichtet 8 bis 10 Pfg., der Leistungsabfall des Motors beträgt etwa 10 vH. Die Flaschen werden entweder nach Erschöpfung ihres Inhaltes gegen frische ausgetauscht oder in Tankstellen aufgeladen. Zu den Ersparnissen an Brennstoffkosten kommt noch die bei schweren Lastwagen beträchtliche Ermäßigung der Fahrzeugsteuer bei Umstellung von flüssigen auf gasförmige Brennstoffe. Generatorgas und verdichtete Gase kommen vor allem für Lastfahrzeuge im Nahverkehr in Betracht, also für die Kraftwagen von Gemeinden, Fabriken, Zechen usw. Sie bedeuten eine immerhin fühlbare Ersparnis an flüssigen Brennstoffen und eine Sicherstellung des Brennstoffverbrauches auch in Krisenzeiten. Im September 1936 hatten 28 deutsche Städte 32 Versorgungsstellen mit einer Verdichterleistung von 4800 m³/h, 11 weitere sind im Bau, Abb. 7. Weitere stark ins Gewicht fallende Ersparnisse an Treibölen bringen Dieselmotoren, die auf Omnibussen und Lastkraftwagen Ottomotoren fast ganz verdrängt haben und infolge ihres vorzüglichen Brennstoffverbrauches besonders auch bei Teillast, Abb. 169 und 170 mit weniger, billigerem und mit einfacheren Mitteln herstellbarem Öl auskommen. Seit einiger Zeit werden Dieselmotoren auch für Personenwagen geliefert, Abb. 171 (Leistung 30 bis 50 PS, Drehzahl 3000 bis 3500, Einheitsgewicht 6,5 bis 7,5 kg/PS).

c) **Dampfantriebe für Kraftwagen.** In Großbritannien laufen mit Kohle gefeuerte und mit Auspuff arbeitende Dampfkraftwagen. Es sind für deutsche Begriffe ungefüge, aber fast geräusch- und rauchlos arbeitende Fahrzeuge (Nutzlast bis zu 10 bis 15 t), deren Einfachheit und Betriebssicherheit gerühmt wird. Sie haben Feuerbüchsen- oder Rauchrohrkessel, Abb. 160, die sich bequem von Kesselstein und Schlamm

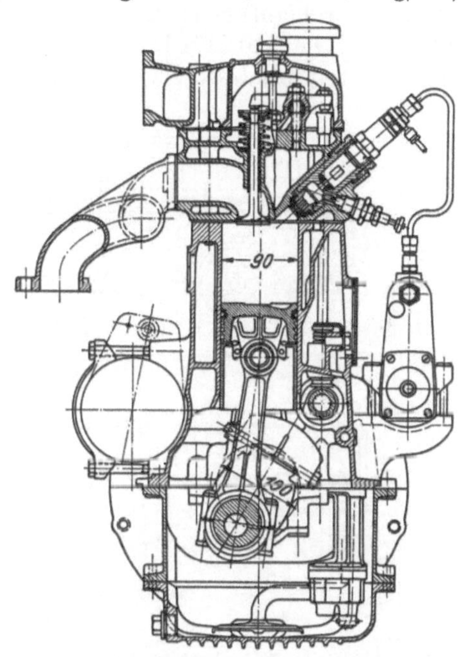

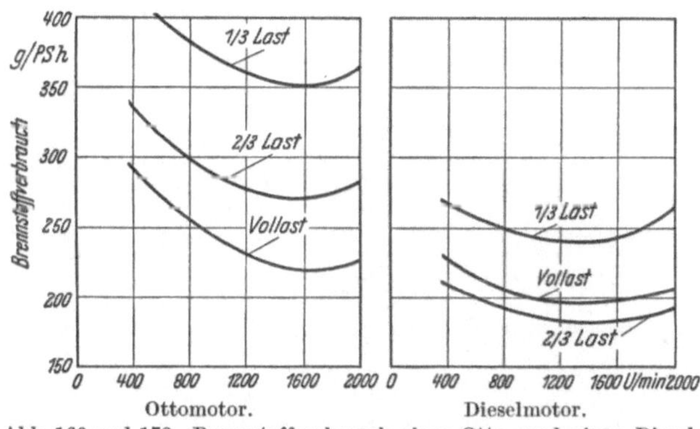

Ottomotor. Dieselmotor.

Abb. 169 und 170. Brennstoffverbrauch eines Otto- und eines Dieselmotors für Kraftwagen bei verschiedenen Lasten. Nach Preuß.

Abb. 171. 2,6 l-Personenwagen-Vierzylinder-Dieselmotor von Daimler-Benz. Bohrung 90 mm, Hub 100 mm, Verdichtungsverhältnis 20, Leistung bei 3000 U/min 45 PS.

reinigen lassen. Die Kohlenzufuhr wird teils selbsttätig, teils von Hand geregelt, da meist ein zweiter Mann mitfährt. Es werden folgende Werte angegeben: Anheizzeit 35 min, zulässige Geschwindigkeit bei Vollgummireifen unter 32 km/h, Wasservorrat für 70 bis 100 km Fahrstrecke, Dampfverbrauch 7 bis 8 kg/PSh, Kohlen- bzw. Ölverbrauch 1 bzw. 0,8 kg/PSh. Der Kohlenverbrauch des Foden-Dreiachsers soll auf gewöhnlicher Straße bei 12 t Nutzlast rd. 1,6 kg/km betragen. Setzt man unter deutschen Verhältnissen die Brennstoffkosten eines 5 t-Lastwagens je 100 km bei Betrieb mit Benzol gleich 100 vH, so sollen sie in ganz roher Annäherung bei mit Gasöl betriebenen Dieselmotoren etwa 25 vH, bei mit Steinkohle gefeuerten und mit Auspuff arbeitenden Dampfwagen etwa 13 vH betragen.

Eine Ursache für den starken Rückgang von 9186 Dampfwagen im Jahre 1926 auf 2081 im Jahre 1935, Zahlentafel 16, ist die im Jahre 1930 in Kraft getretene Road Traffic Act, die durch Begrenzung des zulässigen Wagengewichtes einen der Hauptvorteile von Dampfwagen, die Beförderung sehr schwerer Lasten, aufhob. Aber auch in Großbritannien häufen sich die Fragen, wie im Falle kriegerischer Verwicklungen die ungeheuren Treibölmengen für Kraftfahrzeuge herbeigeschafft werden sollen. Sie gehen Hand in Hand mit dem Hinweis darauf, daß 2 Dampfwagen 1 Bergarbeiter Unterhalt und damit die Möglichkeit geben, die stark gefallene Kohlenförderung (287 Millionen im Jahre 1913, 223 Millionen t im Jahre 1935) zu heben. Trotzdem sind die allgemeinen Aussichten von Dampfantrieben weder in Großbritannien noch bei uns sehr günstig, weil bei Öl als Treibmittel Dieselmotoren sehr viel sparsamer arbeiten und weil bei Verfeuern fester Brennstoffe in Gasgeneratoren Ottomotoren gleichfalls sparsamer und alles in allem wohl

6*

auch zuverlässiger sind. Dampfwagen sind daher zur Zeit wohl nur da wettbewerbsfähig,
wo ihre große Elastizität, ihr ruhiger Lauf und ihre einfache Umsteuerung eine wichtige
Rolle spielen, wie z. B. im großstädtischen Verkehr. Der Fahrer braucht bei ihnen lediglich
durch den Drosselhebel die Fahrgeschwindigkeit und durch einen zweiten Fußhebel Füllung
und Fahrtrichtung zu ändern und erspart dadurch im großstädtischen Omnibusverkehr
täglich rd. 4000 Schaltungen. Ferner sollen bei Dampfomnibussen durch den stoßfreien
Übergang von Vorwärts- auf Rückwärtsfahrt die mit dem Schalten von Motoren verbundenen Stöße und Schwingungen wegfallen und bis zu 25 vH größere Reisegeschwindigkeit erzielbar sein.

Abb. 172 bis 174 zeigen einen Doble-Dampfomnibus von Henschel & Sohn, dessen
Zwangdurchlaufkessel (9 m² Heizfläche, 16 l Wasserinhalt) dem in Abb. 159 dargestellten
gleicht. Die 110 PS-Dampfmaschine hat neben der Drossel- eine Füllungsregelung
(Füllung normal 35 vH, maximal 80 vH, Drehzahl normal 1500, Frischdampfzustand

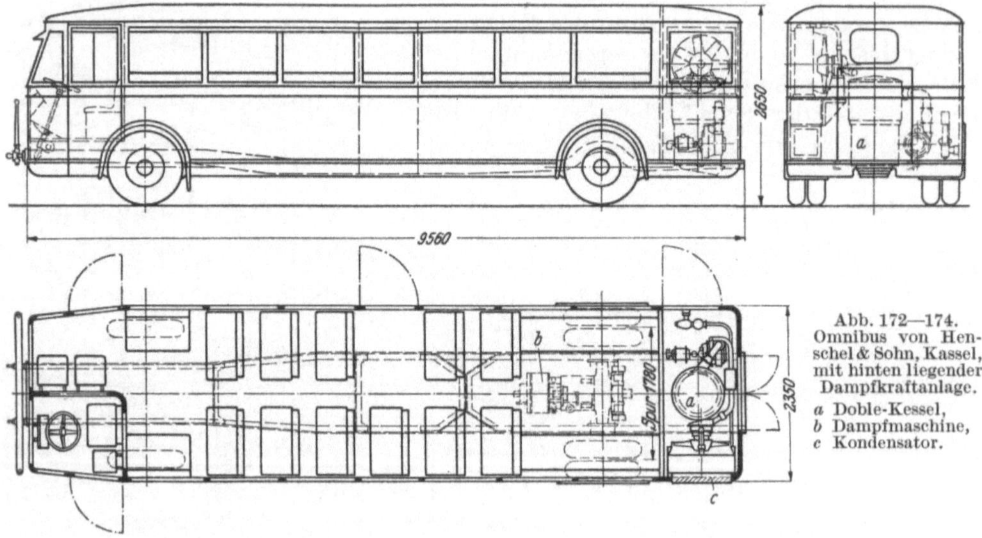

Abb. 172—174.
Omnibus von Hen-
schel & Sohn, Kassel,
mit hinten liegender
Dampfkraftanlage.
a Doble-Kessel,
b Dampfmaschine,
c Kondensator.

100 at, 450⁰). Derartige Omnibusse sollen Brunnen- und Leitungswasser vertragen und
nicht schwerer als Dieselomnibusse sein (Wasserverbrauch 0,51 l/km, Anheizzeit 2 min).
Nach den Erfahrungen der Elberfelder Bahnen verhalten sich die verbrauchten Brenn-
stoffmengen bei derselben Nutzleistung bei Vergasermotoren : Dieselmotoren : Dampfantrieben = 100 : 74 : 123. Die Brennstoffkosten betragen je nach den Bezugspreisen
der Brennstoffe bei Vergasermotoren 18,5 bis 19,5 Pfg./km, bei Dieselmotoren 4,8 bis
5,8 Pfg./km, bei Dampfantrieben 6 bis 8 Pfg./km, d. h. bei Dampfantrieb nur knapp
50 vH der Kosten bei Vergasermotoren und bis zu 20 vH mehr als bei Dieselmotoren.

d) Ausblick. Zusammenfassend ergibt sich bei Dampfantrieben für Kraftwagen
zur Zeit etwa folgendes Bild:

Infolge der kleinen verlangten Leistung werden die Anlagekosten und der Wärmeverbrauch von Dampfantrieben verhältnismäßig hoch, aber auch aus dem Grunde ist
ihre allgemeinere Verwendung bei Kraftwagen nicht sehr wahrscheinlich, weil sie nicht so
„foolproof" wie Motoren und ihnen bei festen und flüssigen Brennstoffen im Wärmeverbrauch erheblich unterlegen sind. Außerdem ist das Garagenpersonal mit der Wartung
und Reparatur von Dampfwagen nicht vertraut, die auf sachverständige Wartung
erheblich stärker angewiesen sind als Motorwagen. Während bei Verbrennungsmotoren
der Fahrer im wesentlichen nur frischen Brennstoff aufzufüllen braucht, muß er bei
Dampfantrieben auch noch den Speisewasservorrat durch geeignetes Wasser erneuern,
die Wirksamkeit des Ölabscheiders kontrollieren und von Zeit zu Zeit den Kessel innen
und außen reinigen. Unterläßt er dies oder nimmt er ungeeignetes Wasser, so sind
Maschinenschäden unvermeidlich. Freier Auspuff bedingt aber einen kleinen Aktions-
radius des Wagens und leicht reinigbare und daher schwere Kessel. Kohlenfeuerung

macht den Wagen noch schwerer. Daß derartige Gefährte dem Wettbewerb mit modernen Verbrennungsmotoren nicht gewachsen sind, zeigt Großbritannien. Dampfantriebe haben daher voraussichtlich nur z. B. im großstädtischen Last- und Omnibusverkehr und wahrscheinlich nur bei Beheizung mit Öl oder Gas nennenswerte Aussichten, weil dort ihre fahrtechnischen Vorzüge voll zur Geltung kommen und die betreffenden Fuhrunternehmen den Wagen die unerläßliche sachgemäße Pflege und Wartung zuteil werden lassen können. Die Deutsche Reichsbahn hat z. B. 10 Henschel-Dampflastwagen in Betrieb gestellt, aber auch eine größere Zahl von Motorwagen mit Holzgasgeneratoren ausgestattet (Ottomotoren von rd. 115 PS, bei Holzgas rd. 88 PS Leistung und Dieselmotoren von 117 PS, bei Holzgas rd. 95 PS Leistung). Ferner könnten sich Dampfantriebe für Schnellreisewagen mit einer Reise- bzw. Spitzengeschwindigkeit von 100 bis 150 km/h eignen. Man denkt an 6rädrige Wagen mit 250 bis 360 PS Leistung, bei denen das sanftere Anfahren und Schalten und der ruhigere Lauf von Dampfmaschinen wichtig wären.

Die Bestrebungen, unseren Ölverbrauch weitgehend durch feste Brennstoffe zu ersetzen, könnten schließlich der Elektrodroschke im großstädtischen Verkehr zu neuem Leben verhelfen. Ihr Betrieb ist außerordentlich sauber, geräuschlos und einfach. Auch in hygienischer Hinsicht sind Elektrowagen durch den Wegfall der Abgase Motor- und Dampfwagen überlegen. Schließlich erhöhen sie die Nachtbelastung der Elektrizitätswerke und werden ausschließlich mit einheimischen Brennstoffen betrieben, ohne daß letztere vorher eine umständliche, die Investierung erheblicher Kapitalien bedingende chemische Umwandlung durchzumachen brauchen. Daß der hochentwickelte Kraftwagenbau heute ungleich bessere Elektrowagen als vor 10 Jahren würde liefern können, ist außer Zweifel.

D. Luftschiffe und Flugzeuge.

1. Allgemeines. So zweifellos sich bereits heute Luftschiffe und Flugzeuge durch Dampfkraft antreiben ließen, so ungeklärt ist eine Reihe grundsätzlich wichtiger mit dem Dampfantrieb zusammenhängender Dinge, deren Kenntnis und Beherrschung unerläßlich ist, wenn er ernsthafter Wettbewerber von Verbrennungsmotoren werden soll. Hierbei handelt es sich in ungleich höherem Maße als bei Schiffen oder Bahnen um verwickelte, außerhalb der Kraftanlage liegende Fragen, z. B. der Aerodynamik und des eigentlichen Flugbetriebes, die großes Sonderwissen verlangen und der Vorstellungswelt des Kraftmaschineningenieurs ferner liegen als entsprechende Dinge bei erdgebundenen Verkehrsmitteln. Die Sachlage ist heute die, daß den an Hunderttausenden von Flugzeugmotoren gewonnenen Erfahrungen nur wenige Mitteilungen in der Fachpresse über einen kleinen Dampfantrieb gegenüberstehen. Aus allen diesen Gründen und wegen der sich überstürzenden Neuerungen und Fortschritte ist Zurückhaltung und Vorsicht bei der Beurteilung der Aussichten von Dampfantrieben geboten. Die folgenden Ausführungen, die weder auf Vollständigkeit noch Endgültigkeit Anspruch machen, wollen daher auch nicht mehr sein als ein Beitrag zur Prüfung ihrer Aussichten und ein Anreiz zur näheren Beschäftigung mit einer Kraftquelle, die heute aussichtslos erscheinen mag, aber vielleicht bereits morgen große Bedeutung erlangen kann. Aus den eben genannten Gründen gilt das Folgende nur auf Grund der Tatsachen, die Ende 1936 der Öffentlichkeit bekannt waren. Es ist durchaus möglich, daß neue Erkenntnisse und Fortschritte die Verhältnisse so ändern, daß auch neue Schlüsse gezogen werden müssen. Im folgenden werden, soweit nicht ausdrücklich etwas anderes gesagt ist, ausschließlich Verkehrsflugzeuge für Überlandflüge und mittlere Flugstrecken von 300 bis 800 km behandelt. Dieser Hinweis muß gemacht werden, weil das Gewicht der mitzuschleppenden Betriebsstoffe eine weit größere Rolle spielt als bei anderen Verkehrsmitteln, von denen sich Verkehrsflugzeuge vor allem durch die große auf 1 zahlenden Fahrgast entfallende Maschinenleistung (50 bis 165 PS), die rd. 5 bis 15mal größer als bei den schnellsten Schienenfahrzeugen ist, das kleine auf 1 zahlenden Fahrgast entfallende Gewicht des Beförderungsmittels, das nur Kraftwagen unterschreiten, Zahlentafel 10 auf S. 53, und die starke Abhängigkeit der Nutzlast vom Brennstoffverbrauch unterscheiden. Ein Vergleich mit sehr schnellen Luxusfahrgastschiffen, die mit Bezug auf Bequemlichkeit die Antipoden von Flugzeugen sind, zeigt, daß die Größenordnung der auf 1 zahlenden Fahrgast entfallenden Maschinenleistung in beiden Fällen nicht sehr verschieden ist. Der Brennstoffverbrauch auf 500 km Entfernung und 1 zahlenden Fahrgast ist dagegen bei sehr schnellen Luxusdampfern rd. 3mal größer als bei Flugzeugen, was von dem außerordentlich viel größeren auf 1 zahlenden Fahrgast entfallenden Gewicht von Schiffen herrührt (25 000 kg gegenüber 400 bis 850 kg). Die Werte großer Luftschiffe, die einen für eine weit längere Flugstrecke ausreichenden Brennstoffvorrat mit sich führen müssen und dem Reisenden wesentlich mehr Komfort bieten als Flugzeuge, liegen etwa in der Mitte. Das kennzeichnendste Merkmal von Flugzeugen ist aber die außerordentlich hohe auf 1 t insgesamt befördertes Gewicht (Flugzeug + Mitreisende + Betriebsstoffe) kommende Maschinenleistung, die um 6 bis 30mal größer ist als bei sämtlichen anderen Verkehrsmitteln einschließlich Luftschiffen, und die überaus kurze

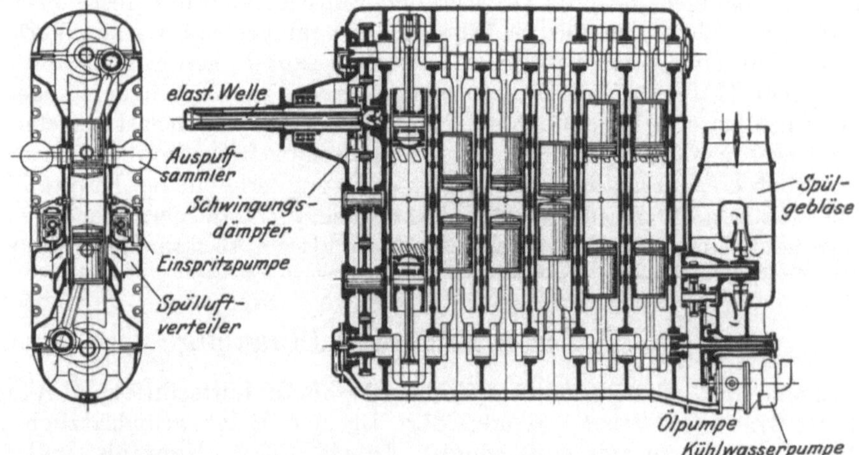

Abb. 175 und 176. Sechszylinder-Jumo-205-Junkers-Flugzeugdieselmotor. Höchste Drehzahl 2200 U/min, höchste Leistung 700 PS, Leistungsgewicht 0,73 kg/PS.

Dauer einer Reise ($1^1/_2$ bis 4 h gegenüber 36 bis 72 h bei Luftschiffen und 72 bis 150 h bei Nordatlantik-Fahrgastschiffen). Diese Zusammenhänge sind für den Antrieb von Flugzeugen von grundlegender Bedeutung.

Bei Maschinenanlagen für Luftfahrzeuge kommt es noch weit mehr als bei schnellen Seeschiffen auf kleines Gewicht, geringen Raumbedarf und niedrigen Brennstoffverbrauch an. Will man daher die Aussichten des Dampfantriebes beurteilen, so muß man sich zunächst ein Bild von den Anforderungen des Flugbetriebes und davon zu machen versuchen, wie sie von Verbrennungsmotoren erfüllt werden.

2. Verbrennungsmotoren. a) **Leistung, Gewicht und Brennstoffverbrauch.** Verkehrsflugzeuge benutzen vorwiegend luftgekühlte Sternmotoren von 500 bis 1000 PS Leistung, ein nennenswertes unmittelbares Bedürfnis nach stärkeren Motoren soll bei ihnen zur Zeit nicht bestehen. Für Rennflugzeuge wurden zwar Motoren bis 3000 PS Leistung verwendet, doch handelt es sich hierbei um seltene, nur für diesen Zweck gebaute, sehr kurzlebige, außerordentlich kostspielige Sonderausführungen, Abb. 186. Nackte luftgekühlte Sternmotoren (Motor + Vergaser + Zündvorrichtungen + Ölpumpe, aber ohne Schraubennabe, Anlasser, Auspuff, Gemischvorwärmer) für Verkehrsflugzeuge haben ein auf die Volleistung bezogenes Einheitsgewicht von 0,6 bis 0,7 kg/PS, doch werden bei Ottomotoren bereits 0,5 kg/PS erreicht. Das Einheitsgewicht der flüssigkeitsgekühlten Junkers-Zweitaktdieselmotoren beträgt bei Jumo-206 mit 1000 PS bzw. Jumo-205 mit 700 PS Leistung 0,63 bzw. 0,73 kg/PS, Abb. 175 und 176. Ottomotoren für ausgesprochene Rennzwecke, die ohne das Gewicht der Kühlvorrichtungen mit Einheitsgewichten bis herab zu 0,3 kg/PS gebaut wurden, können hier außer Betracht bleiben. Die gesamte Maschinenanlage von Verkehrsflugzeugen wiegt bei luftgekühlten bzw. flüssigkeitsgekühlten Ottomotoren etwa 1,0 bzw. 1,2 kg/PS, Zahlentafel 19.

Der Versuchsstand-Brennstoffverbrauch bei Volleistung beträgt bei Ottomotoren 200 bis 240 g/PSh, doch ist man schon auf 180 g/PSh gekommen; für den normalen Langstreckenflug rechnet man mit einem Brennstoffverbrauch von etwa 230 bis 260 g/PSh. Die Jumo-205-Dieselmotoren der beiden Dornier-Flugboote Do 18 hatten auf ihren verschiedenen Atlantiküberquerungen im Jahre 1936 einen durchschnittlichen Verbrauch von 160 bis 165 g/PSh bei 20 vH Drosselung.

Das Zeppelinluftschiff Hindenburg mit 190000 m³ Nenngasinhalt hat 4 Daimler-Benz-Dieselmotoren, (16 Zylinder, Dauer- bzw. Höchstleistung 850 bzw. 1200 PS, Brennstoffverbrauch rd. 170 g/PSh), Abb. 17, 177 und 178. Das Gewicht der Motoren ist schon mit Rücksicht darauf, daß sie jeweils mehrere Tage ununterbrochen mit voller Leistung laufen und nach kurzem Aufenthalt eine neue lange Reise antreten müssen, erheblich höher als das von Flugzeugmotoren. Fassungsvermögen und Leistung der Maschinenanlage von Luftschiffen haben in wenigen Jahren stark zugenommen und man wird daher in Zukunft mit einem Bedürfnis nach noch größeren Luftschiffen und noch stärkeren Motoren rechnen müssen.

Zahlentafel 19. Kennwerte eines schnellen Passagier- und eines Postflugzeuges.

		I	II
Höchstgeschwindigkeit . . .	km/h	340	250
Reisegeschwindigkeit	km/h	320	200
Reichweite	km	850	
Motorleistung $= N$	PS	1×670	2×450
Zahl der Fluggäste		6	—
Brennstoffverbrauch bei Reisegeschwindigkeit . . .	kg/h	117	—
Gewichte:			
1. Flugwerk	kg	1358	
2. Triebwerk	kg	722	
Motor	kg	435	
Luftschraube	kg	97	
Maschinenanlage	kg	190	
3. Ausrüstung	kg	310	
Besatzung	kg	160	
Betriebsstoff	kg	365	
Nutzlast $= NL$	kg	635	
4. Zuladung	kg	1160	3230
Fluggewicht $= G = 1. + 2. + 3. + 4.$	kg	3550	8000
Leistungsbelastung $= \dfrac{G}{N}$.	kg/PS	5,3	7,2
Flächenbelastung $= \dfrac{G}{F}$.	kg/m²	102	72
Flächenleistung $= \dfrac{N}{F}$ . .	PS/m²	19,2	10
desgl. bezogen auf Reiseleistung	PS/m²	rd. 14	rd. 6

b) Anforderungen an Flugzeugmotoren. Die nur kurzzeitig und in geringer Höhe benötigte Startleistung soll 30 bis 50 vH größer als die Reiseleistung sein, die der Motor während des normalen Fluges bei guter Lebensdauer herzugeben imstande ist, damit ein Flugzeug auch von kleinen Flughäfen aufsteigen und sich bei Zwischenfällen helfen kann. Aber auch bei größerer Flughöhe sollen die einzelnen Motoren im Notfall eine tunlichst große Leistung während längerer Zeit hergeben können, damit ein mehrmotoriges Flugzeug bei Versagen eines Motors noch den nächsten Flughafen zu erreichen vermag. Das

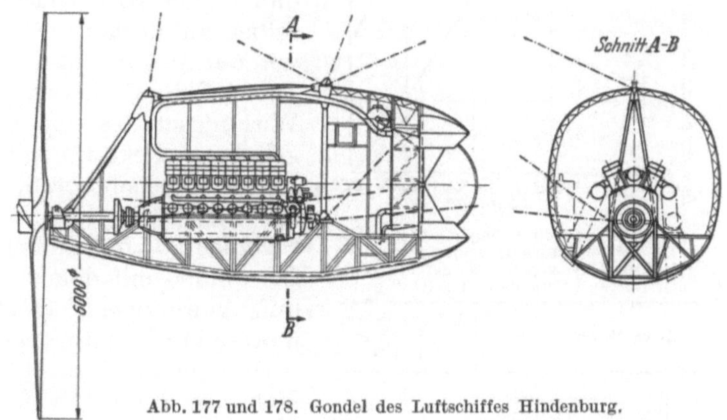

Abb. 177 und 178. Gondel des Luftschiffes Hindenburg.

Verhältnis $\dfrac{\text{Reiseleistung}}{\text{Nennleistung}}$ liegt im allgemeinen zwischen 0,6 und 0,8, seine Nenn- oder Volleistung (auch Spitzenleistung genannt) kann ein Motor etwa 5 min lang hergeben, während 1 min verträgt er im allgemeinen eine noch weitere Überlastung. Je kleiner das Verhältnis $\dfrac{\text{Reiseleistung}}{\text{Nennleistung}}$ ist, um so größer ist die Lebensdauer eines Motors und die Flugsicherheit mehrmotoriger Flugzeuge bei Maschinenstörungen. Den ungünstigen Einfluß einer hohen Belastung auf die zwischen 2 Überholungen zulässige Betriebszeit zeigt Abb. 179, nach der bei 50 vH Belastung eine Überholung erst nach 600 bis 800 h, bei 100 vH aber schon nach 100 bis 160 h erforderlich wird. Eine gut geleitete amerikanische Luftverkehrsgesellschaft mit normaler Wartung rechnet bei einer Reiseleistung von 75 vH der Nennleistung je 1,8 Millionen Flugkilometer mit der niedrigen Zahl von 3, bei 65 vH Reiseleistung mit nur etwa 1,5 Motorstörungen während des Fluges. Beim Start, Flug und Landen treten teils durch (unvermeidliches) Verschulden des Flugzeugführers, teils durch Staub usw. gelegentlich ungewöhnliche Beanspruchungen auf, durch die sich Motoren im Flugzeug wesentlich ungünstiger verhalten als auf dem Versuchsstand.

Da Flugzeuge in sehr verschiedener Höhenlage fliegen müssen, angesaugtes Luftgewicht und Motorenleistung aber vom Luftdruck abhängen, sind besondere Vorrichtungen zum Erreichen der verlangten Leistung auch bei größerer Höhe nötig. Die meisten Motoren für Verkehrsflugzeuge haben daher Aufladegebläse, die mit konstanter Übersetzung von der Motorwelle aus angetrieben werden und neben guter Startleistung noch bei 4 km Flughöhe volle Reiseleistung ermöglichen. Ihr Verdichtungsverhältnis darf aber einen bestimmten Betrag nicht übersteigen (rd. 1,85 : 1), weil sonst

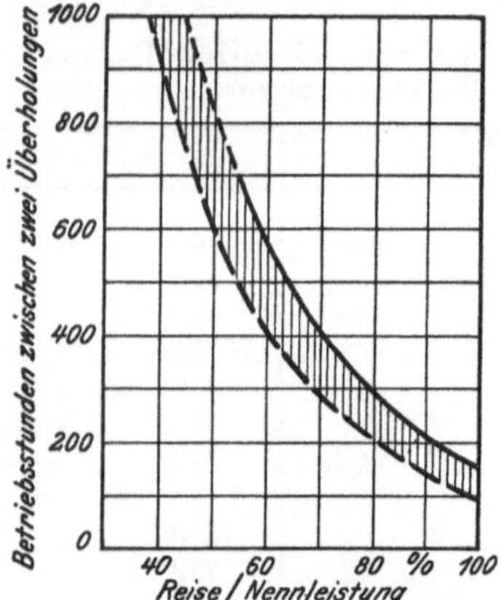

Abb. 179. Geschätzte Abhängigkeit des Verhältnisses zwischen Reiseleistung und Nennleistung eines Flugzeug-Ottomotors von der Betriebsstundenzahl zwischen 2 Überholungen. Nach Nutt.

der Leistungsbedarf in Bodennähe übergroß wird. Wird daher in noch größerer Höhe Bodenleistung verlangt, so nimmt man zweistufige oder auf 2 Geschwindigkeiten umschaltbare Lader, mit denen eine Flughöhe von etwa 7,5 km erreicht wird. Der Kraftbedarf starr angetriebener Gebläse fällt aber bei größerer Flughöhe schwer ins Gewicht, z. B. nimmt der Brennstoffverbrauch eines Motors bei normalem Flug von 190 bis 205 g/PS in mäßiger Höhe auf etwa 220 bis 230 g/PS in 7,5 km Höhe zu und hebt dadurch den Hauptvorteil des Höhenfluges, die Brennstoffersparnis, wieder zum Teil auf, Abb. 180. Bei großen Flughöhen, besonders beim Stratosphärenflug muß man daher den Kraftbedarf des Gebläses aus dem Prozeß selber zu decken versuchen, indem man es durch eine von den Motorabgasen durchströmte Gasturbine antreibt. Die auf S. 40 hervorgehobene Bedeutung eines hohen Wirkungsgrades von Gebläse und Gasturbine bei aufgeladenen Feuerräumen von Dampfkesseln gilt auch bei Verbrennungsmotoren, Abb. 181. Beispielsweise leistet die neue von den Junkerswerken entwickelte Abgasturbine in 6 km Flughöhe bei nur 30 kg Gewicht 160 PS. Zusammen mit dem durch die tiefere Lage der Auspufflinie gewonnenen Leistungszuwachs dürfte bei Ottomotoren mit Gasturbogebläsen der spezifische Brennstoffverbrauch in 10 bis 15 km Flughöhe gegenüber mäßiger Höhe um etwa 15 vH abnehmen. Die Spitzendrücke in den Zylindern werden durch das Aufladen nicht erheblich erhöht, dagegen setzt die starke Zunahme der Wandungs- und Auspufftemperaturen dem Aufladen Grenzen, auch gibt es noch keine Gasturbinen, die die hohen in Frage kommenden Abgastemperaturen von Ottomotoren auf

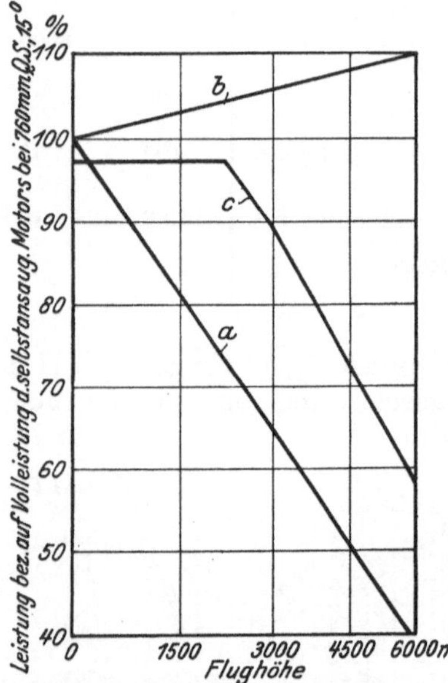

Abb. 180. Leistung eines Flugzeug-Ottomotors in vH der Volleistung des selbstansaugenden Motors in Abhängigkeit von der Flughöhe. Nach Bureau of Standards und O. Kurtz.

Betriebsbedingungen	Lufttemperatur am Vergasereintritt
a selbstansaugender Motor	15°
b Luftzustand von 760 mm QS, 15° C am Vergasereintritt in allen Höhen konstant gehalten . . .	15°
c Ladermotor mit mechanisch angetriebenem Kapselgebläse und Druckvergaser	der Flughöhe entsprechend

die Dauer aushalten. Aufgeladene Motoren neigen infolge des höheren Verdichtungsdruckes und der durch das Aufladegebläse erhitzten Luft mehr zum Klopfen.

Durch immer größere Verdichtungsdrücke, Aufladen und Benutzung klopffester Brennstoffe konnten Leistung und Wirtschaftlichkeit von Flugzeug-Ottomotoren außerordentlich erhöht werden. (Zur Zeit betragen: Verdichtungsverhältnis bis 6, mittlerer Kolbendruck bis 14 kg/cm², Literleistung 30 bis 60 PS/l, Einheitsgewicht und Brennstoffverbrauch siehe weiter vorn.) Diese Fortschritte rühren in erster Linie von dem vervollkommneten Brennstoff her. Klopffeste Benzine mit hoher Oktanzahl (s. S. 5 und 8) greifen aber Ventile und Zündkerzen an und sind teurer als gewöhnliche. Manche Verkehrslinien benutzen daher für den Start einen anderen Brennstoff als für den Flug. Dies bedingt zwei getrennte Brennstoffsysteme und kann zu verhängnisvollen Irrtümern führen, weshalb man Vorrichtungen zum selbsttätigen Einstellen der Oktanzahl erwägt.

Bei ganz geöffneter Drosselklappe könnten im Ladebetrieb unzulässig hohe Drücke entstehen, die der Motor weder mechanisch noch thermisch verträgt. Selbsttätige Regelung des Ladedruckes je nach der Flughöhe entlastet den Flugzeugführer erheblich und spart Brennstoff. Ungünstiges Mischungsverhältnis kann einen erheblichen Mehrverbrauch an Brennstoff bewirken. Bei Ottomotoren besteht schließlich in großer Höhe noch die Gefahr des Vereisens der Vergaser, wogegen man sich durch Beimischen von etwas Alkohol zum Benzin zu schützen versucht,

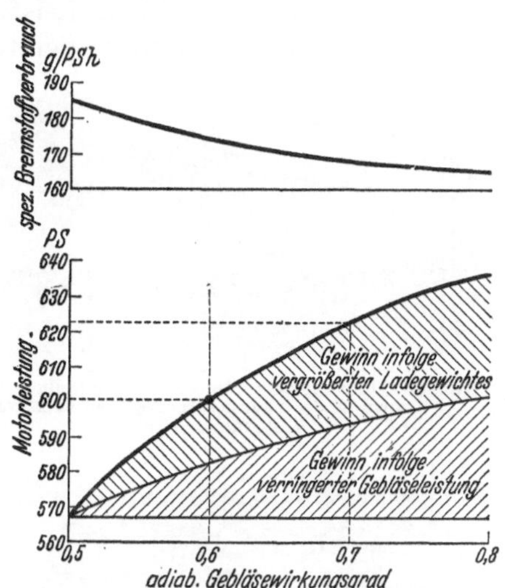

Abb. 181. Leistungsgewinn von Junkers-Dieselmotoren durch verbesserte Spülung und verbesserte Auflader. Nach Gasterstädt.

und wegen der verminderten Leistung der Kühler für die Verbrennungsluft und den dadurch verursachten Anstieg der Eintrittstemperatur des Gemisches die Neigung zum Klopfen. Die eben geschilderten bei den verschiedenen Stadien eines Fluges auftretenden Schwierigkeiten sind infolge des anderen Arbeitsverfahrens, des anderen Betriebsstoffes

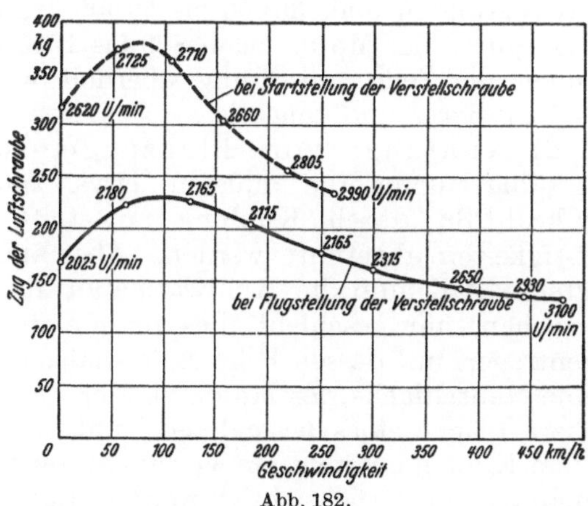

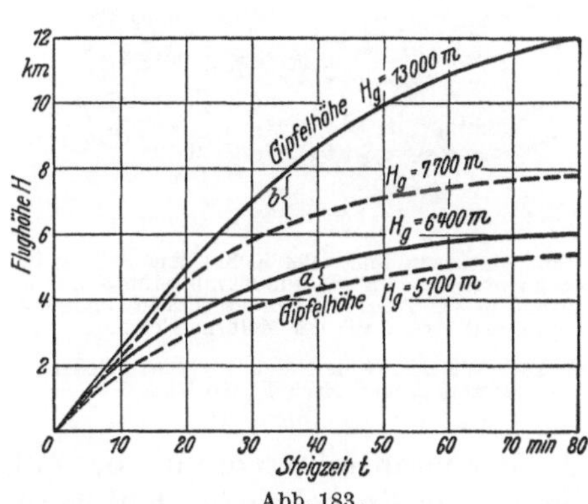

Abb. 182.
Abb. 183.

Abb. 182. Zugkraft und zugehörige Drehzahl einer starren und einer verstellbaren Luftschraube bei verschiedener Fluggeschwindigkeit. Nach Goßlau.

Abb. 183. Erreichbare Flughöhen für ein zweimotoriges Frachtflugzeug mit nichtverstellbaren (gestrichelte Kurven) und mit verstellbaren Schrauben (ausgezogene Kurven) in gleichen Steigzeiten. Nach F. Gutsche. a Leistung der Höhe entsprechend veränderlich, b Leistung für verstellbare Schrauben in allen Höhen gleichbleibend, für nichtverstellbare Schrauben von einer Flughöhe von 2,5 km ab durch Drehzahl beschränkt.

und sonstiger Gründe bei Dieselmotoren kleiner als bei Ottomotoren, ganz zu schweigen vom kleineren Brennstoffverbrauch von Dieselmaschinen, der allerdings durch die schwerere Anlage und den (infolge des im Gegensatz zu luftgekühlten Ottomotoren erforderlichen Kühlers) größeren Kühlwiderstand, s. S. 90, zum Teil wieder aufgehoben wird. Da die Abgastemperaturen bei Zweitaktdieselmotoren nur etwa 550° C gegenüber 800 bis 1000° bei Ottomotoren betragen, liegen auch die Verhältnisse für die Gasturbine von Turboaufladegebläsen günstiger.

Als überaus wichtig haben sich verstellbare Schrauben erwiesen. Der Motor will nämlich bei starren Schrauben bei gleichem mittleren Kolbendruck in großer Höhe eine unzulässig hohe Drehzahl annehmen, die er nicht längere Zeit aushält. Beim Start und beim Steigen erreicht er aber wegen der geringeren Fluggeschwindigkeit bei gleichbleibender Schraubensteigung nicht dieselbe Drehzahl wie beim Waagerechtflug unter Vollgas, wobei zu seinem Leistungsabfall noch ein stark verschlechterter Schraubenwirkungsgrad hinzukommt. Verstellbare, vor allem ihre Steigung selbsttätig der Flughöhe anpassende und dadurch das Einhalten einer willkürlich gewählten Motordrehzahl ermöglichende Schrauben schonen den Motor in geringer Höhe mechanisch, in großer Höhe thermisch und sind für betriebssicheren, wirtschaftlichen Höhen- und Schnellflug unentbehrlich. Sie geben mit demselben Motor nicht nur bei großer Flughöhe eine wesentlich höhere Fluggeschwindigkeit, sondern verkürzen die Zeit bis zum Erreichen der gewünschten Flughöhe, steigern die erzielbare Gipfelhöhe und schaffen bei Ausfall eines Motors für die intakt bleibenden günstigere Verhältnisse, Abb. 182 und 183.

c) **Lebensdauer von Flugmotoren.** Die Lebensdauer eines Motors hängt davon ab, mit wieviel Prozent seiner Spitzenleistung er im normalen Flugbetrieb belastet wird. Man rechnet nach Pirath mit etwa 1200 h Lebensdauer von Ottomotoren und etwa 3000 h der zugehörigen Flugzeugzelle. Eine Zelle überlebt also etwa 2,5 bis 3 Motoren, wenn sie nicht wegen Überalterung vorher verworfen wird. Nach 200 bis 300 Betriebsstunden oder 30 000 bis 50 000 km Flugleistung muß der Motor, nach 800 bis 1000 Flugstunden die Zelle vollständig überholt werden, was langwierig und teuer ist.

d) **Kühlung von Flugzeugmotoren.** Bei Flugzeugmotoren müssen etwa 250 bis 500 kcal/PSh durch Kühlung mit Luft oder Flüssigkeiten abgeführt werden. Aber auch im letzteren Fall muß die Kühlwärme an die Luft übergehen, nur geschieht dies durch einen Zwischenträger, mit dessen Hilfe die verhältnismäßig kleine Mantelfläche der Motorzylinder durch die größere Fläche eines besonderen Kühlers ersetzt

Abb. 184. Flüssigkeitskühlung. Kühler *a* braucht je nach Einbau und Fluggeschwindigkeit etwa 22 vH Motornutzleistung.

Abb. 185. Luftkühlung. Kühlwiderstand der mit Ringhauben versehenen Sternmotoren verschlingt etwa 15 vH der Motornutzleistung.

Abb. 186. Flächenkühlung. Der Kühlwiderstand der in den Schwimmern, den Schwimmerabsteifungen, im Rumpf und in den Tragflächen untergebrachten Kühler verschlingt etwa 3 vH der Motornutzleistung.

Abb. 184—186. Kühlwiderstand bei verschiedener Motorkühlung. Nach F. Goßlau.

wird. Bei unmittelbarem und bei mittelbarem Kühlen entsteht ein Verlust an nutzbarer Motorleistung (im folgenden Kühlverlust genannt), der berücksichtigt werden muß, wenn man ein richtiges Bild von der tatsächlichen Vortriebsleistung eines Motors gewinnen will. Der „Formwiderstand" schneller Flugzeuge wurde durch glatte Flächen von Flügel und Rumpf, Vermeiden vorstehender Teile, versenkte Nieten, aerodynamisch günstig gestalteten Rumpf und allmählichen Übergang zwischen Flügel und Rumpf bis nahe an den theoretisch möglichen Wert verringert, Abb. 2. Soweit man aber nicht Flügel oder Rumpf als Kühlflächen benutzt, sind zusätzliche Widerstände und entsprechende Verluste an nutzbarer Maschinenleistung zum Heranschaffen der Kühlluft an Motoren oder Kühler unvermeidlich. Durch geeignete Führung der Kühlluft bei luftgekühlten Motoren mittels „Ringhauben" wurde zwar der Kühlverlust beträchtlich verringert, er beträgt aber immerhin noch bei dem wassergekühlten Reihenmotor in Abb. 184 rd. 22 vH, bei dem mit einer Ringhaube versehenen Sternmotor in Abb. 185 rd. 15 vH der nutzbaren Motorleistung.

Bei Heißkühlung mit Glykol (etwa 120° Kühlmitteltemperatur) bzw. bei Druckluftkühlung ist man auf 8 bzw. 6 vH und bei Unterbringung der Kühlfläche in den Schwimmern oder Tragflächen, wie z. B. bei dem Rennflugzeug in Abb. 186 bis auf 3 vH Kühlverlust gekommen. Die bereits auf S. 86 erwähnten Junkers-Jumo-205-Dieselmotoren, Abb. 175 und 176, arbeiteten mit 130° Kühlmittel-temperatur, ohne daß sich eine Ver-schlechterung des Brennstoffverbrauches gezeigt hätte. Heißkühlung ist insofern wichtig, als sie nicht nur Gewicht spart, sondern infolge des durch das größere Temperaturgefälle zwischen Kühlmittel und Außenluft ermöglichten kleineren

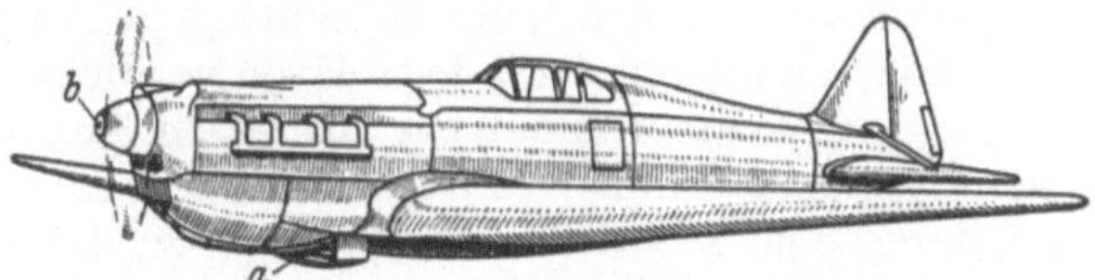

Abb. 187. Ansicht des französischen Jagdeinsitzers ,,Morane-Saulnier 405" mit einziehbarem Kühler (a) und eingezogenem Fahrwerk.

Kühlers auch den Kühlverlust verringert. Zum Verringern des Kühlverlustes haben manche Flugzeuge mit flüssigkeitsgekühlten Motoren ausschwenkbare Kühler, die je nach Bedarf mehr oder weniger weit ausgefahren werden, Abb. 187.

e) Höhen- und Stratosphärenflug. Der Höhen- und Stratosphärenflug erregt immer stärkeres Interesse. Da bei ihm die Art des Flugzeugantriebes eine entscheidende Rolle spielt, soll kurz auf ihn eingegangen werden. Abb. 188 zeigt für ein bestimmtes Flugzeugmodell die bei konstanter nutzbarer Schraubenleistung mit der Flughöhe zunehmende Fluggeschwindigkeit. Sie ist bei 5 km Höhe um etwa 13 vH, bei 10 km um etwa 30 vH und in der eigentlichen Stratosphäre, d. h. über 11 km Flughöhe, von wo ab die Lufttemperatur konstant — 57° beträgt, um einen noch größeren Betrag höher als in der Nähe des Meeres. Infolge der erheblich größeren Fluggeschwindigkeit in großer Höhe nimmt nicht nur die Flugdauer, sondern in annähernd ähnlichem Maße auch der Brennstoff-

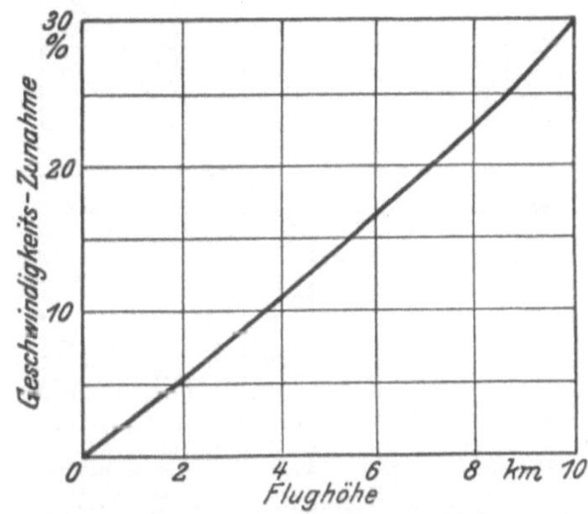

Abb. 188. Zunahme der Fluggeschwindigkeit mit steigender Flughöhe bei gleichbleibender nutzbarer Schraubenleistung. Nach Johnson und Gagg.

verbrauch ab. Diese Brennstoffersparnis, die der Hauptvorteil von Höhen und Strato-sphärenflügen ist, bedeutet eine entsprechende Verminderung des mitzuschleppenden Brennstoffvorrates, bzw. eine Erhöhung der Nutzlast, durch die wieder der Mehr-aufwand an Gewicht für die besondere Ausstattung derartiger Flugzeuge mehr oder

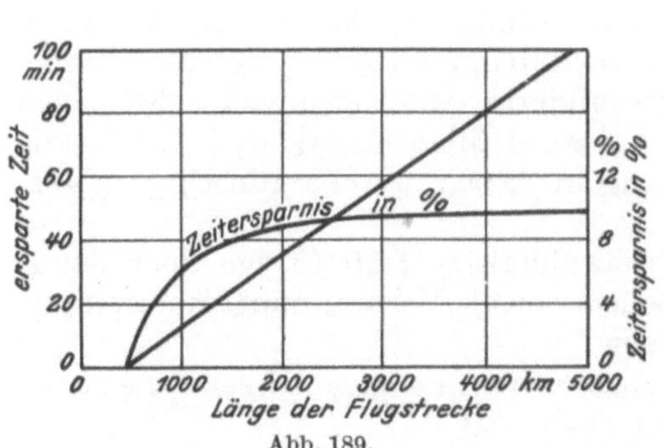

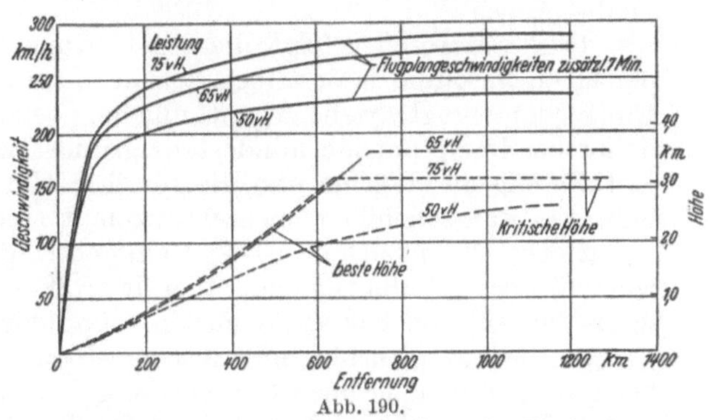

Abb. 189.

Abb. 190.

Abb. 189. Zeitersparnis durch Flüge in 7,5 km statt in 3 km Flughöhe in Abhängigkeit von der Länge der Flugstrecke. Nach Johnson und Gagg.

Abb. 190. Flugplan, Geschwindigkeit und günstigste Reisehöhe abhängig von der Länge der Flugstrecke für verschiedene Drosselleistungen. Nach H. F. Hibbard.

weniger ausgeglichen werden kann. Trotzdem sind die Aussichten des Höhen- bzw. Strato-sphärenfluges schon deshalb nicht so groß, wie vielfach angenommen wird, weil der Start, das Steigen auf große Höhe und das Landen die mittlere Reisegeschwindigkeit erheblich heruntersetzen. Nach Abb. 189, die die Zeitersparnis bei Ottomotoren angibt, wenn in 7,5 km statt in 3 km Höhe geflogen wird, ist ein Flug in mehr als 3 km Höhe nur bei Flugstrecken über 600 km vorteilhaft. Auch Abb. 190 zeigt, daß Flüge in großer Höhe nur bei weiten Entfernungen lohnen. Stratosphärenflüge kommen daher für den mitteleuropäischen Festlandsverkehr nicht in Betracht. Aber auch Eigenschaften der Flugmotoren verursachen beim Höhenflug Schwierigkeiten. Die Verbrennungsluft muß nicht nur von besonderen Aufladegebläsen verdichtet, sondern in besonderen Apparaten gekühlt werden. Trotzdem und trotz der tiefen Außenlufttemperatur nähert sich die Temperatur der Zylinderwandungen luftgekühlter Motoren immer mehr einer gefährlichen Grenze. Es ist daher eine verstärkte Kühlung nötig, die wieder zusätzliche Gewichte und Verluste an nutzbarer Motorenleistung verursacht. Auch das Schmieröl wird nach Bass ungünstig beeinflußt, weil die Kolben und Zylinder, mit denen es in Berührung kommt, in großer Höhe

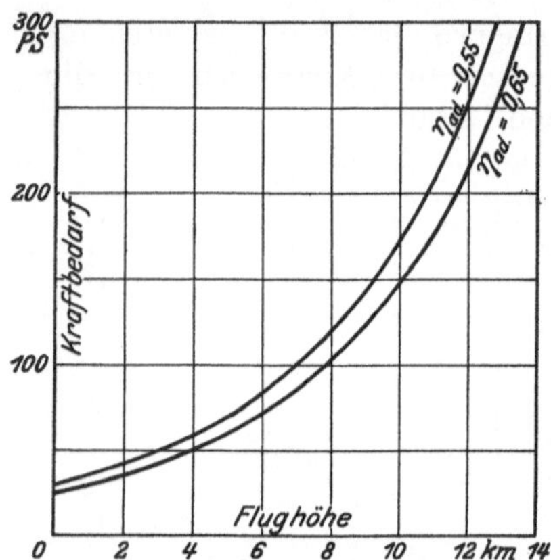

Abb. 191. Kraftbedarf des Gebläses bei 55 und 65 vH Wirkungsgrad in Abhängigkeit von der Flughöhe bei freiem Auspuff der Kesselabgase (hinter Kessel ist keine Gasturbine zum Antrieb des Gebläses geschaltet) und daher mit der Flughöhe fallendem Druck im Feuerraum des Kessels.
Voraussetzungen: Wirkungsgrad bezogen auf adiabatische Kompression; Widerstand von Brenner, Kessel und auf der Rauchgas- und Luftseite des Luftvorwärmers bei 0 km Flughöhe 1000 mm WS, stündliche Dampferzeugung konstant 4,7 t/h.

infolge der verminderten Kühlwirkung immer heißer werden, sein Siedepunkt aber immer tiefer fällt. Flugzeugmotoren für Flüge in großer Höhe werden also nicht nur erheblich komplizierter (s. S. 89) und schwerer, sondern vermögen aus den genannten Gründen dem Flugzeug nur eine verhältnismäßig kleinere nutzbare Vortriebsleistung zu geben als in niedrigerer Höhe. Außerdem muß die Kabine druckfest und mit einer Klimaanlage sowie Vorrichtungen zum Aufrechterhalten eines konstanten Luftdruckes ausgerüstet sein, die eine weitere Verwicklung mit sich bringen und Nutzlast bzw. Geschwindigkeit verringern.

3. Dampfantriebe. a) Einleitung. Außer einer 90 PS-Dampfmaschine der Besler-Systems, Emeryville, USA., existiert meines Wissens zur Zeit kein weiterer Dampfantrieb für Flugzeuge oder Luftschiffe. Schon rein gewichtsmäßig war der Vorsprung von Motoren so groß, daß der Gedanke, sie durch Dampfantrieb zu ersetzen, lange Zeit erst gar nicht mehr aufkam. Es gehört daher schon Mut und Entschlußkraft dazu, den entscheidenden Schritt zur Einführung des auf diesem Gebiet praktisch unerprobten Dampfantriebes in die Luftfahrt zu wagen.

Vier wichtige Unterschiede zwischen Verbrennungsmotor und Dampfantrieb fallen in die Augen:

1. Bei Motoren erfolgt die Entbindung und Umsetzung der Wärme in Arbeit in derselben Maschine, ja im selben Raume, beim Dampfantrieb in zwei getrennten Maschinen. Einige dem Flugbetriebe eigentümliche, soeben geschilderte Anforderungen sollten sich daher bei Dampfantrieb mindestens grundsätzlich besser erfüllen lassen, weil die für die Entbindung der Wärme und die für ihre Umsetzung in Arbeit jeweils günstigsten Verhältnisse wahrscheinlich leichter erzielbar sind.

2. Die Dampfturbine ist viel einfacher, gegen staubhaltige Luft (Flüge über Sandwüsten) unempfindlicher und hat weit größere Lebensdauer als Verbrennungsmotoren mit ihrer Vielzahl von Kolben, Ventilen, Zündkerzen usw.

3. Die Dampfturbine gibt bei derselben zugeführten Wärmemenge dieselbe Leistung bei großer Flughöhe ebenso zuverlässig her wie in Bodennähe.

4. Bei Dampfantrieben, bei denen die Feuerräume der Kessel durch Gebläse aufgeladen werden, sind bei starkem Wechsel der Flughöhe oder beim Start lediglich Überlastungen im Dampfkessel und zwar nur thermischer Art und nur an unbewegten, billigen und leicht ersetzbaren Teilen zu befürchten, falls die Automatik versagt oder von Hand unrichtig geregelt wird.

b) Allgemeines Verhalten von Flugzeugkesseln. Würde man einen Flugzeugkessel mit freiem „Auspuff" betreiben, so würde bei gleicher Ölmenge und Luftüberschußzahl sein „Zugverlust" mit zunehmender Flughöhe infolge der durch das zunehmende spezifische Volumen immer größer werdenden Rauchgasgeschwindigkeit schnell steigen und bei 55 vH Wirkungsgrad des mit der Schraubenwelle starr gekuppelten Gebläses und 1000 mm W.-S. Widerstand von Brenner und Heizfläche auf Seehöhe bei 4 km Flughöhe bereits 5 bis 6 vH, bei 10 km sogar 15 bis 18 vH der Maschinenleistung verschlingen, Abb. 191. In Wirklichkeit wäre der Verlust noch größer, weil das Gebläse durch eine Hilfsturbine angetrieben werden muß, deren Dampfverbrauch schlechter als der der Hauptturbine ist. Kuppelt man aber das Gebläse mit einer hinter den Kessel geschalteten Gasturbine und verdichtet die Luft in Bodennähe auf 2 bis 3 ata, so ergeben sich, wie auf S. 42 gezeigt wurde, für den Kraftbedarf des Gebläses und Gewicht und Raumbedarf des Kessels weit günstigere Verhältnisse. Man kann das Gebläse entweder so betreiben, daß es bei sämtlichen Flughöhen einen konstanten Druck im Feuerraum aufrecht erhält, Fall I, oder so, daß sich hinter Auflader der Druck einstellt, der sich aus dem der Flughöhe entsprechenden Luftdruck und dem vom Auflader hierbei erzeugten Überdruck ergibt, Fall II. Die Differenz beider Drücke vermindert um den Widerstand von Brenner, Kessel, Luftvorwärmer und Luft- und Abgasleitungen steht dann für die Arbeitsleistung der Rauchgase in der Gasturbine zur Verfügung. Nach Abb. 192 ist die benötigte Zusatzleistung gleich dem Abstand der beiden Kurvenscharen bei der betreffenden Flughöhe, d. h. bei 80 vH Wirkungsgrad des Gebläses und 65 vH der Gasturbine zwischen 2 und 6 km Flughöhe praktisch gleich Null. Bei Fall II beträgt der zusätzliche Kraftbedarf des Gebläses bei einem Zugverlust von Brenner, Kessel und Luft- und Rauchgasseite des Luftvorwärmers in 2 km Flughöhe von 1750 mm W.-S. und 60 vH bzw. 70 vH Wirkungsgrad des Gebläses bzw. der Gasturbine zwischen 0 und 3 km Flughöhe etwa 2,5 bis 4 vH der Leistung der Dampfturbine, Abb. 193. Um womöglich ohne zusätzlichen Kraftbedarf auszukommen oder gar eine Überschußleistung zu erzielen, müssen auch hier Wirkungsgrade von Gasturbine und Gebläse tunlichst hoch sein.

Der günstigste Wirkungsgrad, für den der Kessel bemessen werden soll, muß weit sorgfältiger überlegt werden als bei Schiffs- oder ortsfesten Kesseln, damit nicht der zum Erzielen eines um einige Prozente höheren Wirkungsgrades erforderliche Mehraufwand an Baustoffgewicht oder Kraftbedarf des Gebläses die Ersparnis an mitzuschleppendem

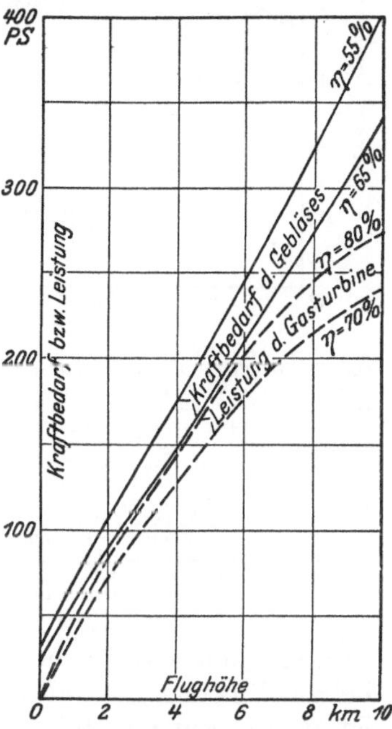

Abb. 192. Leistung der von den Kesselabgasen durchströmten Gasturbine bei 70 und 80 vH Wirkungsgrad und Kraftbedarf des von ihr zum Verdichten der Verbrennungsluft angetriebenen Gebläses bei 55 und 65 vH Wirkungsgrad in Abhängigkeit von der Flughöhe bei Arbeiten mit einem konstanten Druck im Feuerraum von 1,1 ata, Fall I. Voraussetzungen: Wirkungsgrade sind bezogen auf adiabatische Kompression bzw. Expansion, Widerstand von Kessel und Brenner auf Meereshöhe 1000 mm W.-S., stündliche Dampferzeugung konstant 4,7 t/h, Temperatur der Rauchgase am Eintritt in die Gasturbine konstant 500°.

Brennstoffgewicht wieder wettmacht oder ins Gegenteil verkehrt. Wie bereits auf S. 86 erwähnt wurde, ist die durchschnittliche Dauer einer Reise im europäischen Festlandsflugverkehr so außerordentlich kurz (1½ bis 4 h), daß es sehr schwer fällt, an mitzuschleppendem Brennstoffgewicht soviel zu sparen wie das Mehrgewicht einer thermisch besonders hochwertigen gegenüber einer etwas einfacheren Anlage mit höherem Brennstoffverbrauch beträgt. Dampfantriebe für Luftschiffe können schon aus diesem Grunde viel leichter für günstigsten Wärmeverbrauch gebaut werden als für Flugzeuge. Je länger ein Flug dauert, um so lohnender ist hoher Kesselwirkungsgrad. Sein Bestwert hängt unter anderem vom Wirkungsgrad von Gebläse und Gasturbine und von der konstruktiven und werkstättentechnischen Entwicklung ab, die erst einsetzen muß. Er dürfte beim heutigen Stand der Technik und der im mitteleuropäischen Verkehr üblichen Flugdauer näher bei 85 vH als bei 90 vH liegen. Kurven I und II in Abb. 194 zeigen unter gewissen Voraussetzungen für zwei Luftvorwärmer, in denen eine Gasgeschwindigkeit von 30 bzw. 60 m/s herrscht, wie groß die Summe aus ihrem Gewicht L und dem während eines Fluges zwischen 0 und 10 h Dauer zum Überwinden ihres Luft- und Rauchgaswiderstandes verbrauchten zusätzlichen Brennstoffgewicht B werden, wenn man hinter einen für 85 vH Wirkungsgrad ausgelegten Kessel mit einer Luftvorwärmung auf 100° größere Luftvorwärmer schaltet. Die nach rechts oben ansteigenden Geraden geben das Brennstoffgewicht B_{ersp} an, das infolge des durch die Luftvorwärmervergrößerung auf 86 bis 89 vH erhöhten Wirkungs-

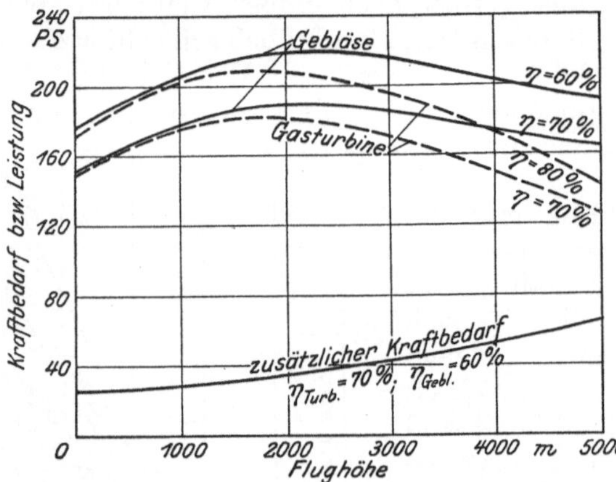

Abb. 193. Leistung der von den Kesselabgasen durchströmten Gasturbine bei 70 und 80 vH Wirkungsgrad und Kraftbedarf des von ihr zum Verdichten der Verbrennungsluft angetriebenen Gebläses bei 60 und 70 vH Wirkungsgrad in Abhängigkeit von der Flughöhe bei Arbeiten mit einem mit der Flughöhe sich ändernden durch den Widerstand des Brenners, der Heizfläche und der Gasturbine bedingten Gebläsedruck, Fall II. Voraussetzungen: Wirkungsgrade bezogen auf adiabatische Kompression und Expansion, Widerstand von Brenner, Kessel und des Luftvorwärmers auf der Rauchgas- und Luftseite bei 2 km Flughöhe 1750 mm W.-S.; Temperatur der Rauchgase am Eintritt in die Gasturbine konstant 482°, stündliche Dampferzeugung konstant 4,7 t/h, Rauchgase durchströmen den Luftvorwärmer nach ihrem Austritt aus der Gasturbine.

grades während des Fluges erspart wird. Der Einbau von Luftvorwärmern unter den Abb. 194 zugrunde liegenden Annahmen lohnt sich nur, wenn $B_{ersp} \geqq L + B$ ist, also z. B. bei einem 86 vH Kesselwirkungsgrad entsprechenden, für 30 m/s ausgelegten Luftvorwärmer bei einer Flugdauer über 3 h, Punkt A. Der für 60 m/s bemessene Luftvorwärmer wäre unter den Abb. 194 zugrunde liegenden Annahmen dem mit 30 m/s arbeitenden durchweg unterlegen. Unter den für Abb. 194 gültigen Voraussetzungen und für Warmlufttemperaturen über 100° C wird es also nicht leicht sein, Kessel mit Wirkungsgraden über 85 vH so zu bauen, daß sie für den normalen Festlandsflugzeugverkehr wirtschaftlich sind. Die auf S. 88 erwähnten Fortschritte im Bau sehr leichter, hochwertiger Gasturbogebläse im Verein mit verhältnismäßig hohen Werten von Verbrennungsdruck und Eintrittstemperatur der Gase in die Gasturbine sind eines der Mittel zum Bau leichter

Flugzeugkessel von hohem Wirkungsgrad. Bei großer Flughöhe liegen die Verhältnisse für hohen Wirkungsgrad unter anderem deshalb günstiger, weil die Luft um 40 bis 80° kälter ist als in geringen Höhen, Abb. 195. Infolge des mit dem Druck zunehmenden Wärme-

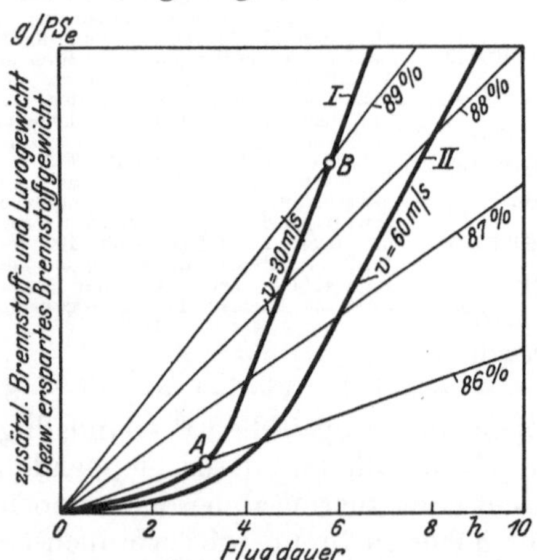

Abb. 194. Abhängigkeit des wirtschaftlichen Kesselwirkungsgrades von der Flugdauer für zwei Kessel mit Luftvorwärmern, die für 30 bzw. 60 m/s Luft- und Rauchgasgeschwindigkeit ausgelegt sind.

überganges werden die Wärmeübergangszahlen am größten, wenn die Verbrennungsgase zuerst den Luftvorwärmer und dann die Gasturbine durchströmen und wenn die Luft in den Vorwärmer in verdichtetem Zustand eintritt. Diese Schaltung ist aber höchstens für einen Teil des Luftvorwärmers zulässig, weil die Verbrennungsprodukte am Eintritt in die Gasturbine eine bestimmte Mindesttemperatur haben müssen, da ihre Leistung sonst nicht für den Antrieb des Gebläses ausreicht, Abb. 69, und weil die Temperaturdifferenz zwischen Luft und Rauchgasen infolge der von der Luft aufgenommenen Verdichtungswärme kleiner wird. Bei einem hinter den Luftvorwärmer geschalteten Gebläse könnte sein Kraftbedarf von der Gasturbine auch nicht mehr annähernd gedeckt werden, Abb. 73. Aus ähnlichen Gründen muß auch die wirtschaftlichste Höhe der Vorwärmung des Speisewassers durch Anzapfdampf sehr sorgfältig überlegt werden. Der Wirkungsgrad eines nach Fall II betriebenen Kessels ist bei gleicher stündlich verbrannter Ölmenge über einen weiten Flughöhenbereich etwa gleich groß, da die Wirkung der mit der Flughöhe zunehmenden Gasgeschwindigkeit im Kessel und die der gleichzeitig abnehmenden Gasdichte auf den Wärmeübergang sich ungefähr aufheben. Alles in allem sind aber bei Flugzeugkesseln die Aussichten von Luftvorwärmern offenbar nicht so günstig, wie man zunächst annehmen möchte.

c) **Geeignetstes Kesselsystem.** Auch bei Flugzeugen kann nicht mit Bestimmtheit von einer unbedingten Überlegenheit von Zwanglaufkesseln über Kessel mit natürlichem Wasserumlauf gesprochen werden, wenngleich vieles, so vor allem die unerläßliche hohe Feuerraumbelastung und die Unabhängigkeit des Wasserumlaufes von der Lage des Flugzeuges in der Luft, für eine Überlegenheit der ersteren spricht. Außer den auf S. 28 erörterten Gründen kommt Zwanglaufkesseln ferner der Umstand zugute, daß ihre Ummantelung bequemer und mit geringerem Gewicht so ausgebildet werden kann, daß sie den Druckunterschied zwischen Rauchgaszügen und Atmosphäre aushält. Für Kessel mit natürlichem Wasserumlauf spricht dagegen ihre große Einfachheit und der Wegfall von Gewicht und Kraftbedarf der besonderen Umwälzpumpen von Zwangumlaufkesseln. Aus letzterem Grunde haben Zwangdurchlaufkessel günstigere Aussichten als auf anderen Gebieten, zumal der größte Teil des Fluges bei annähernd gleicher Kesselbelastung erfolgt und nicht wie bei Elektrizitätswerken in jedem Augenblick eine ganz bestimmte, schnell wechselnde Leistung verlangt wird. Da sich außerdem wegen der kleinen Rauchgasquerschnitte die Überhitzung mit Rauchgasklappen zuverlässig regeln läßt, wird auch die Kesselautomatik verhältnismäßig einfach. Ein Abblasen der Sicherheitsventile — wenigstens ins Freie — muß freilich wie jeder Wasser- oder Dampfverlust peinlich vermieden werden.

d) **Die Kondensationsanlage.** Restlose Wiedergewinnung des Dampfes durch Kondensation ist ganz unerläßlich. Im Interesse eines kleinen Brennstoffverbrauches wäre eine möglichst tiefe Luftleere im Kondensator erwünscht. Außer den dann sich ergebenden großen Querschnitten der Abdampfleitung verbietet aber auch das zu kleine Temperaturgefälle zwischen Auspuffdampf und Atmosphäre wenigstens in mäßigen Flughöhen einen Kondensatordruck, der wesentlich unter 0,4 ata liegt, weil sonst der Kondensator zu schwer und sein Kühlwiderstand zu groß wird. Auf S. 90 wurde gezeigt, wie schwierig die Abfuhr der Kühlwärme bei Verbrennungsmotoren ist. Da sie bei Dampfantrieben 1900 bis 2100 kcal/PSh, d. h. rd. 4mal soviel beträgt, sind die Schwierigkeiten selbst bei einem Kondensatordruck von 0,4 at (75° Sättigungstemperatur) noch erheblich größer.

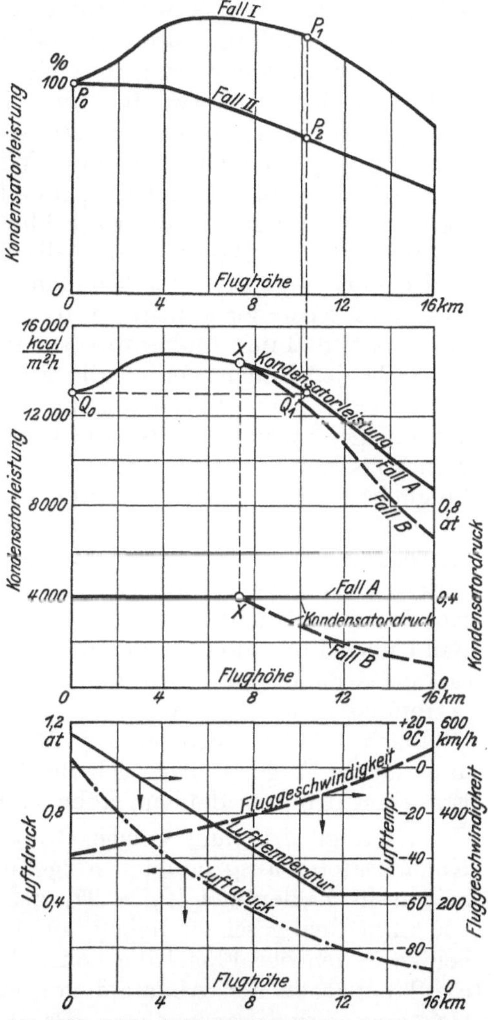

Abb. 195. (Unten.) Fluggeschwindigkeit bei konstanter Schraubenleistung und Luftdruck und -temperatur bei verschiedener Flughöhe.
Abb. 196. (Mitte.) Kondensatorleistung bei verschiedener Flughöhe unter der Voraussetzung einer nur geringfügigen Erwärmung der Kühlluft.
Abb. 197. (Oben.) Verhältnismäßige Kondensatorleistung in verschiedener Flughöhe unter tatsächlichen Verhältnissen. (In Fall I ist die Erwärmung der Kühlluft, in Fall II ihre Endtemperatur konstant.)
Abb. 195—197. Verhalten von Kondensatorkühlflächen bei verschiedener Flughöhe unter der Voraussetzung einer konstanten nutzbaren Schraubenleistung.

Abb. 196 zeigt die Kühlleistung von 1 m² Kondensatorfläche unter folgenden Voraussetzungen:

1. Nutzbare Schraubenleistung und Kühlverlust bleiben konstant, die Fluggeschwindigkeit nimmt daher mit steigender Flughöhe gemäß Abb. 195 zu.

2. Die Lufttemperatur fällt mit steigender Flughöhe bis zu etwa 11 km Abstand von der Erde stetig bis auf — 57° und bleibt dann konstant, Abb. 195.

3. Der Kondensator bildet einen Teil der Oberfläche der Flügel in der Nähe ihrer Nase und besteht aus in der Flugrichtung schmalen, senkrecht dazu breiten Streifen,

so daß die vorbeistreichende Luft die abgegebene Wärme (Kondensatorleistung) ohne nennenswerte Erwärmung aufnehmen kann.

Die Kondensatorleistung ist in Abb. 196 für einen konstanten Kondensatordruck von 0,4 at (Fall A) und für eine Kondensatorspannung angegeben, die von etwa 7 km Flughöhe ab gleich dem äußeren Luftdruck, bei 12 km Flughöhe somit nur noch rd. 0,2 ata ist (Fall B). Sie wird unter den vorstehenden Voraussetzungen mit zunehmender Flughöhe zu Anfang durch die fallende Lufttemperatur erhöht, durch die gleichfalls fallende Luftdichte verringert, steigt infolgedessen bis 5 km Flughöhe um etwa 13 vH und ist in Fall A bei etwa 10,2 km Flughöhe noch so hoch wie in Meereshöhe, Punkte Q_0 und Q_1. Von etwa 11 km an fällt sie schnell, weil oberhalb dieser Flughöhe die Lufttemperatur nicht mehr abnimmt. Wie weiter unten gezeigt werden wird, kann die benötigte Kühlleistung in der Flügeloberfläche auch nicht annähernd untergebracht werden, vielmehr wird der Kondensator ähnlich wie Luftkühler für Turbogeneratoren gebaut werden müssen. Damit entfällt die Voraussetzung unter Punkt 3. Will man daher das tatsächliche Verhalten von Kondensatoren in verschiedenen Flughöhen untersuchen, so kann man entweder annehmen, daß die Luft stets um denselben Betrag erwärmt wird, Fall I, oder daß ihre Endtemperatur in allen Fällen dieselbe bleiben soll, Fall II. Zwischen diesen beiden Fällen werden die wirklichen Verhältnisse etwa liegen. In Abb. 197 sind unter der weiteren Voraussetzung, daß die Geschwindigkeit der Kühlluft proportional der Fluggeschwindigkeit ist, die zugehörigen Kondensatorleistungen in ihrer ungefähren verhältnismäßigen Größe zueinander eingetragen. Sie sind in Fall I bei rd. 10,5 km Flughöhe wesentlich größer (Punkt P_1), in Fall II wesentlich kleiner (Punkt P_2) als in 0 km Flughöhe (Punkt P_0). Bei Punkt P_1 muß aber ein rd. 3mal größeres Luftgewicht als bei Punkt P_2 durch den Kondensator strömen. Berücksichtigt man diese und einige andere Umstände, so läßt sich zeigen, daß der Kühlverlust eines nach Fall I gebauten Kondensators bei 10,5 km Flughöhe kleiner als in Fall II bei derselben und kleiner als in Fall I und II bei 0 km Flughöhe ist. Die rechnerischen Unterschiede sind aber nicht groß, es dürfte daher die Annahme berechtigt sein, daß sich der Kühlverlust von für die betreffenden Höhen entworfenen Kondensatoren bis zu etwa 11 km Flughöhe nicht sehr erheblich von demjenigen auf Meereshöhe unterscheidet. (Eine andere, hier nicht untersuchte Frage ist, wie sich die für große Höhen bemessenen Kondensatoren bis zum Erreichen der betreffenden Höhe verhalten.)

Es fragt sich nun, welche Größenordnung die Maschinenleistung hat, die die als Kondensatoren ausgebildeten Flügel eines Flugzeuges etwa aufnehmen könnten. Bei den beiden in Zahlentafel 19, S. 87, gekennzeichneten Apparaten entfallen bei 320 bzw. 200 km/h Reisegeschwindigkeit auf 1 m² Tragfläche 14 bzw. 6 PS Leistung. Würden auf beiden Seiten der Flügel die hohen Wärmeübergänge von Abb. 196 erzielt, so könnten die Tragflächen den Abdampf von etwa 13 bzw. 9 PS Leistung kondensieren, würden also etwa gerade ausreichen. Da derartig hohe Werte aber höchstens auf $^1/_3$ bis $^1/_6$ der Flügeltiefe möglich wären und sich aus konstruktiven Gründen nur ein Teil der Flügel als Kondensator ausnutzen ließe, könnte sowohl bei schnellen wie bei langsamen Flugzeugen in den Flügeln nur ein kleiner Teil des anfallenden Dampfes kondensiert und also hierdurch der „Kühlverlust" nur wenig verringert werden.

e) Frischdampfzustand und Brennstoffverbrauch. Schon die mäßige Luftleere im Kondensator zwingt zu hohem Kesseldruck. Ein Wert von mehr als 70 bis 80 at wird sich aber möglicherweise im üblichen Festlandsflugverkehr infolge der kurzen Flugdauer und der verhältnismäßig kleinen Maschinenleistung nicht lohnen, weil die Spaltverluste in der Turbine den Vorteil des größeren Wärmegefälles wieder teilweise aufheben und der verbleibende Gewinn durch die schwerere Maschinenanlage noch weiter aufgezehrt wird. Auch der Umstand spricht gegen einen erheblich höheren Kesseldruck, daß wegen der Einfachheit und des Gewichtes bei Flugzeugen für den normalen Festlandsverkehr mehr als 2 Anzapfungen der Turbine voraussichtlich nicht in Frage kommen und eine Vorwärmung des Speisewassers durch Anzapfdampf auf mehr als 150° hohem Kesselwirkungsgrad abträglich wäre, siehe S. 93. Wenngleich die günstigsten Verhältnisse nur durch Erfahrung und eingehende theoretische und konstruktive Arbeiten gefunden werden können, so steht doch fest, daß es bei Flugzeugen infolge der kurzen Flugdauer und der eigenartigen Arbeitsbedingungen während des Fluges ungleich schwieriger als bei jeder anderen Benutzung von Dampfantrieben ist, das wärmetechnisch theoretisch Mögliche auch wirklich herauszuholen.

Heute bestimmte Angaben über den Brennstoffverbrauch dampfangetriebener Flugzeuge für den normalen Festlandsverkehr zu machen, ist schon deshalb gewagt, weil Vorbilder noch nicht existieren. Man ist daher bei der Beurteilung, wie weit z. B. der ungünstige Einfluß der verhältnismäßig kleinen Maschinenleistung auf den Dampfverbrauch durch die bei Flugzeugantrieben zulässige Verwendung teurer Konstruktionselemente ausgeglichen werden kann, fast ganz auf Vermutungen angewiesen und läuft Gefahr, Zahlen zu nennen, die entweder viel zu nieder oder viel zu optimistisch erscheinen. Es ist daher am zweckmäßigsten, eine Grenze anzugeben, die nach menschlichem Ermessen in absehbarer Zeit nicht unterschritten werden kann, indem man den unter besonders günstigen Bedingungen voraussichtlich erzielbaren Brennstoffverbrauch ermittelt. Zu diesem Zweck wurde von einem für sehr weite Entfernungen bestimmten, sehr schnellen Flugzeug, das in großer Höhe bzw. in der Stratosphäre fliegt, ausgegangen. Infolge der langen Flugdauer (beispielsweise 5 bis 10 Stunden) rentieren sich wärmesparende Vorrichtungen, die für den normalen Festlandsverkehr viel zu schwer wären, und während des Hauptteiles des Fluges wird infolge der großen Flughöhe möglicherweise ein Kondensatordruck von etwa 0,2 ata erzielbar sein. Außerdem haben die Turbinen wegen der in Frage kommenden großen Leistung hohen Gütegrad und die wegen ihrer Größe gleichfalls mit gutem Wirkungsgrad ausführbaren Hilfsmaschinen können im normalen Flug unmittelbar von der Schraubenwelle, d. h. ohne nennenswerte Zwischenverluste angetrieben werden. Der Frischdampfdruck möge bei derartigen Flugzeugen 100 bis 120 at, die Frischdampftemperatur etwa 600° betragen. Letzterer Wert wäre heute zweifellos zu hoch, erscheint aber auf Grund der Fortschritte der letzten Zeit in ein paar Jahren als beherrschbar, zumal Flugzeugdampfantriebe nicht die Lebensdauer ortsfester Anlagen zu haben brauchen. Werden schließlich noch durch Abgasturbinen betriebene Aufladegebläse verwendet, so müßte ein Brennstoffverbrauch von etwa 200 g/PSh erzielbar sein. Bei Dampfantrieben für den üblichen Festlandsverkehr muß man sich aber beim heutigen Stande der Technik auf weit höhere Werte (schätzungsweise 280 bis 330 g/PSh) gefaßt machen, teils infolge der verhältnismäßig kleinen Turbinenleistung, teils weil aus den angegebenen Gründen der Kesseldruck, die Frischdampftemperatur und die Speisewasservorwärmung nicht so hoch und die Luftleere im Kondensator nicht so tief sein können. Der weite Spielraum von über 100 g/PSh wirkt weniger überraschend, wenn man an die großen in verhältnismäßig kurzer Zeit erreichten Verbesserungen bei Flugzeugverbrennungsmotoren denkt. Es ist nicht einzusehen, weshalb es der hochentwickelten Dampftechnik nicht gelingen soll, Ähnliches zustande zu bringen, wenn man ihr hierzu die Gelegenheit und die finanziellen Mittel gibt.

Da der thermische Wirkungsgrad von Zweistoffanlagen (Hg/H_2O-Anlagen) um etwa 15 vH besser ist als bei Wasserdampfanlagen von 100 at Druck und 500 bis 550° Frischdampftemperatur, scheinen sie sich für Flugzeuge besonders zu eignen. Da aber die, wie wir gesehen haben, bei Flugzeugen der heutigen Größe ohnehin kleine benötigte Antriebsleistung auf eine Hg- und eine H_2O-Turbine verteilt werden müßte, wird ein Teil ihrer thermischen Überlegenheit infolge des schlechteren Wirkungsgrades der kleineren Turbinen aufgezehrt. Außerdem werden mehr Hilfsmaschinen von einem infolge ihrer Kleinheit verhältnismäßig großen Gewicht, Wärmeverbrauch und Kraftbedarf benötigt. Der Hg-Kessel wird mindestens so schwer wie ein Wasserdampfkessel, das Gewicht von zwei kleinen Turbinen wird größer als das einer einzigen von doppelter Leistung, dazu kommt das Gewicht des Hg-Kondensators, der gleichzeitig als Dampfkessel für die nachgeschaltete Wasserdampfturbine dient. Diese zusätzlichen Lasten gleichen einen weiteren Teil des Mindergewichtes an mitzuschleppendem Brennstoff aus. Berücksichtigt man schließlich, daß Zweistoffanlagen nicht so kompendiös und einfach sind wie Wasserdampfanlagen, so können unter den derzeitigen Verhältnissen bei Flugzeugen für den europäischen Festlandverkehr ihre Aussichten nicht als günstig bezeichnet werden. Hieran dürfte auch der Umstand nicht viel ändern, daß Leistung und damit Gewicht und Kühlwiderstand des Wasserdampfkondensators kleiner werden als bei reinen Wasserdampfanlagen. Aber auch hier können sich die Verhältnisse ändern, wenn stärkere Antriebe als bisher verlangt und die Flugzeiten wesentlich länger werden als die heutigen.

Die oben angegebenen Brennstoffverbrauche setzen voraus, daß der Kühlverlust von Dampfantrieben nicht größer als bei flüssigkeitsgekühlten Dieselmotoren, bzw. luftgekühlten Ottomotoren ist. Diese Annahme ist zur Zeit m. E. nicht erfüllbar. Vom Standpunkt des Brennstoffverbrauches, der bei Flugzeugen zugleich eine Frage der zulässigen Nutzlast ist, sind daher die Aussichten von Dampfantrieben besonders Dieselmotoren gegenüber bei den kleinen Leistungen des normalen Festlandflugverkehrs nicht günstig. Bei Leistungen und Betriebsverhältnissen[1], wie sie bei Transozeanflügen vorliegen, rechtfertigen sie aber durchaus eine sorgfältige Beschäftigung mit Dampfantrieben.

f) Gewicht von Dampfantrieben. Die einzigen mir bekannten Angaben stammen von den zwei Anlagen in Zahlentafel 20, von denen nur die kleinere ausgeführt wurde.

Zahlentafel 20. Hauptwerte zweier Flugzeugdampfantriebe mit Zwangdurchlaufkesseln.

Firma		Besler-Systems	Great Lakes Aircraft Corp.
Kraftmaschine		Dampfmaschine	Dampfturbine
Leistung	PS	90	2300
Frischdampfzustand:			
Druck	at	77	70
Temperatur	⁰ C	430	535
Drehzahl der Maschine . . .	U/min	—	20000
Gewichte:			
Kessel	kg/PS	1,10	0,45
Kraftmaschine und Getriebe	kg/PS	0,90	0,35
Kondensator.	kg/PS }	2,45	0,45
Hilfsmaschinen.	kg/PS }		0,35
Summe	kg/PS	4,45	1,60

Beim heutigen Stand der Entwicklung dürfte sich ein 1000 PS-Dampfantrieb mit etwa 1400 kg Gewicht bauen lassen, nach Ausführung einiger Anlagen müßte ein Einheitsgewicht von 1,2 bis 1,3 kg/PS und bei Antrieben von einigen 1000 PS Leistung von 1,0 bis 1,1 kg/PS erreichbar sein.

Die Brennstoffkosten für 1 PSh[2] betragen auf Grund der Brennstoffpreise in Zahlentafel 6 bei

Ottomotoren . . . . . etwa 2,7 bis 8,6 Pfg.
Dieselmotoren . . . . etwa 2,7 bis 3,6 Pfg.
Dampfantrieben . . . etwa 2,6 bis 4,0 Pfg.

Die Schmierölkosten verschieben die Verhältnisse zugunsten von Dampfantrieben.

---

[1] Siehe auch Fußnote auf S. 99.

[2] Um den Verbrauch an mineralischen Ölen und die Brennstoffkosten zu erniedrigen, wird hin und wieder die Entwicklung von Kohlenstaubmotoren für Flugzeuge gefordert. Abgesehen davon, daß es ein müßiges Unterfangen wäre, Kohlenstaubmotoren für Flugzeuge zu bauen, solange sie nicht den weit einfacheren Ansprüchen in ortsfesten Anlagen genügen, wären ihre Aussichten auch dann schlecht, wenn man den Aschengehalt der Kohle mit erträglichen Kosten stark verringern oder beseitigen könnte, weil der Staubmotor die zwei Hauptschwächen von Verbrennungsmotoren, ihren hohen Preis und ihre geringe Lebensdauer in verstärktem Maße hätte. Zu der schwierigeren Bunkerung und Zufuhr des Kohlenstaubes zum Motor, dem wahrscheinlich höheren Schmierölverbrauch und anderen Nachteilen käme hinzu, daß dieselbe mitgeführte Brennstoffwärme bei Kohle rd. 20 vH mehr wiegt als bei mineralischen Ölen. Schon dieses Umstandes wegen sind Bemühungen um den Bau von Flugzeugkohlenstaubmotoren mindestens zur Zeit aussichtslos und verfehlt.

4. Die Aussichten von Dampfantrieben. a) Gewicht und Brennstoffverbrauch. Zusammenfassend läßt sich über die Aussichten von Dampfantrieben etwa folgendes sagen:

Ganz ähnlich wie bei Dampftriebwagen liegen bei den bei Verkehrsflugzeugen verlangten Antriebsleistungen von 500 bis 1000 PS die Verhältnisse für Verbrennungsmotoren insofern günstiger als für Dampfantriebe, als die Zylinderabmessungen sich thermisch und mechanisch noch gut beherrschen lassen, vorzügliche Wärmeverbräuche erreicht werden, der Motor mit seinen Hilfsapparaten, wie Zündvorrichtungen, Vergasern, Schmierpumpen usw. sich in eine gedrängte, starre Einheit von geringem Platzbedarf zusammenbauen läßt, Abb. 198, und daher wenig unter den Formänderungen der Flugzeugzelle oder Undichtheiten der kurzen Schmier-, Brennstoff- und sonstigen -leitungen leidet. Das Gewicht von Dampfantrieben wäre bei Leistungen bis zu 1000 PS erheblich größer als das gleichstarker Otto- bzw. Dieselmotoren. Ihr Brennstoffverbrauch könnte unter besonders günstigen Voraussetzungen den von Ottomotoren etwa erreichen und den von Dieselmotoren nur um 10 bis 20 vH überschreiten. Die Brennstoffkosten könnten unter denselben Voraussetzungen bei Dampfantrieben und Dieselmotoren etwa gleich und erheblich billiger als bei Ottomotoren sein.

Abb. 198. Neuzeitlicher Sternmotor mit Ringhaube. *a* Ringhaube, *b* nachgiebige Befestigungsbügel zwischen Zylindern und Ringhaube, *c* Gasanlasser, *d* Ladedruckregler, *e* Gemischregler, *f* Schwungradanlasser.

Für Dampfturbinen sind aber selbst 1000 PS hinsichtlich Schaufelhöhen, Spielräumen zwischen Rotor und Gehäuse, Stopfbuchsen usw. noch eine kleine Leistung, die nur mäßigen Gütegrad ermöglicht. Je größer die verlangte Leistung wird, um so mehr verschiebt sich die Lage zugunsten des Dampfantriebes und um so stärker kommt seine überragende Anspruchslosigkeit, Einfachheit und Betriebssicherheit gegenüber den aus einer Vielzahl von Kolben, Triebstangen, Ventilen, Zündkerzen, Brennstoffpumpen usw. bestehenden Motoren zur Auswirkung. Aber auch thermisch und gewichtsmäßig schneiden Dampfantriebe um so besser ab, je stärker die Anlage ist, während bei Motoren über 1000 PS das Einheitsgewicht erheblich weniger und der spezifische Wärmeverbrauch wohl überhaupt nicht mehr abnimmt. Man darf sogar vielleicht sagen, daß die Schwächen von Flugzeugmotoren sich um so schärfer zeigen werden, je mehr die verlangte Leistung über 1000 PS liegt. Man nimmt an, daß die heutigen Baumuster von Ottomotoren bis etwa 1400 PS verwendbar sind, und daß sich Leistungen bis zu etwa 2000 PS durch Verdoppelung vorhandener Modelle erzielen lassen. Welche hohen Anforderungen an Herstellung und Wartung derartige Motoren stellen, wird aber klar, wenn man an die Unzahl bewegter Teile und dicht zu haltender Verbindungen ihrer 20 bis 24 Zylinder denkt. Aber auch hier scheint der Dieselmotor Überraschungen zu bringen und neue Tatsachen zu schaffen, stellen doch die Junkerswerke bei zwölfzylindrigen Motoren von 1500 bis 2000 PS bereits ein Einheitsgewicht von nur 0,5 kg/PS in Aussicht, Abb. 199 bis 201[1].

---

[1] Einige auf der Hauptversammlung der American Society of Mechanical Engineers am 4. Dezember 1936 geäußerte Ansichten namhafter amerikanischer Fachleute zu der Frage: „Was wird das Flugwesen in den nächsten fünf Jahren bringen?" sollen kurz wiedergegeben werden: Sikorsky glaubt, daß Ende 1941 Flugzeuge mit Gewichten zwischen 50 und 100 t im Bau oder ausgeführt sein werden, und daß man 1950 mit heute bekannten Mitteln Flugboote von rd. 500 t Gewicht für 1000 Fluggäste werde bauen können. Die Entwicklung größerer Apparate werde von einer Erhöhung der Reisegeschwindigkeit von Flugbooten auf 320 km/h, von Landflugzeugen auf 400 km/h begleitet sein. Je größer ein Flugzeug werde, um so günstiger würden sich die Verhältnisse gestalten. Schon heute sei über eine Entfernung von 8000 km eine zahlende Last von 10 vH des Gewichtes des startbereiten Flugzeuges erzielbar. Die normalen Höhen für Verkehrsflugzeuge werden in den nächsten 5 Jahren zwischen 6 und 7,5 km liegen.

C. F. Taylor hält durch Aufladen und höheres Verdichtungsverhältnis einen Brennstoffverbrauch von Flugzeug-Ottomotoren bis herab auf 145 g/PSh für erzielbar. G. Edgar verspricht sich von Brennstoffen

Dagegen sind von Dampfantrieben erheblich niedrigere Anschaffungs- und vor allem Unterhaltungskosten zu erwarten.

Das Auspuffgeräusch fällt zwar bei Dampfantrieben fort, aber das Schraubengeräusch bleibt. Auch hinsichtlich der Feuersicherheit und Explosionsgefahr sind Dampfantriebe kaum günstiger gestellt als Dieselmotoren. Ob die Kreiselwirkung schnell laufender Turbinen die Flugeigenschaften mehr als bei Motoren stören würde, ist wohl noch ungeklärt.

b) Anwendungsgebiete von Dampfantrieben. Das eine Anwendungsgebiet für Dampfantriebe sind daher meines Erachtens große Transportflugzeuge, die mit mäßiger Geschwindigkeit Strecken bis zu etwa 500 km befliegen, weil unter diesen Verhältnissen das gegenüber Verbrennungsmotoren größere Gewicht und der höhere Brennstoffverbrauch die Nutzlast noch in erträglichem Maße verringern, Abb. 202. Der Anreiz zu Dampfantrieben besteht hierbei in der Hoffnung auf wesentlich kleinere Anlage- und Unterhaltungskosten. Das andere Anwendungsgebiet sind voraussichtlich sehr schnelle,

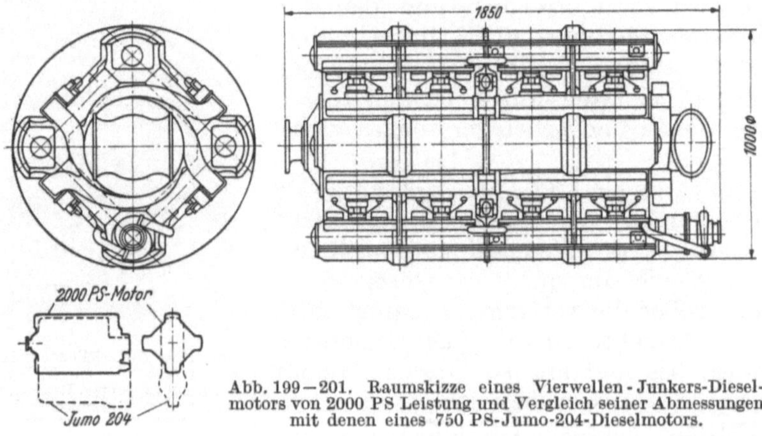

Abb. 199—201. Raumskizze eines Vierwellen-Junkers-Dieselmotors von 2000 PS Leistung und Vergleich seiner Abmessungen mit denen eines 750 PS-Jumo-204-Dieselmotors.

große, über sehr weite Strecken im Höhen- oder Stratosphärenflug verkehrende Flugzeuge mit sehr starken Einzelantrieben, weil hier die größere Einfachheit und Betriebssicherheit um so stärker zugunsten von Dampfantrieben spricht, je größer die benötigte Leistung eines Antriebes ist, und weil die große verlangte Leistung und die besonderen Verhältnisse von Flügen in großer Höhe Dampfantrieben mehr zustatten kommen als Verbrennungsmotoren. Z. B. sieht der Entwurf des Dornier-Flugbootes Do 20 450 m² tragende Fläche; 8 tandemartig hintereinander in die Flügel eingebaute, auf 4 dreiflüglige Schrauben arbeitende Motoren von je 800/1000 PS; 29,5 t Leergewicht; 58 t Fluggewicht; 250 km/h Reise- bzw. 290 km/h Höchstgeschwindigkeit und 4000 km Flugbereich vor. Noch weiter geht ein in England in Erwägung begriffenes Flugboot mit 200 t Fluggewicht, das bei einem Leistungsverhältnis von $\frac{G}{N}$ von 5 bis 6,5 eine Maschinenleistung von etwa 30 000 bis 40 000 PS erfordern würde. Nach englischen Nachrichten denkt man an den Antrieb durch 6 bis 8 Schrauben, von denen jede mit mehreren Motoren von je 1000 bis 2000 PS Leistung gekuppelt werden soll. Eine solche Anordnung wäre zweifellos nicht schön und dem Antrieb durch einige Dampfturbinen an Übersichtlichkeit, Einfachheit und Betriebssicherheit weit unterlegen. Vielleicht werden daher eines Tages ähnlich wie bei Seeschiffen Flugzeuge mit sehr großer Antriebsleistung die Domäne des Dampfantriebes, während kleine und mittlere Leistungen Verbrennungsmotoren vorbehalten bleiben. Eines scheint sicher zu sein, daß Dampfantriebe um so günstigere Aussichten haben, je

---

mit einer Oktanzahl von mindestens 100 und starkem Aufladen Brennstoffverbrauche von weniger als 160 bis 170 g/PSh gegenüber dem heutigen Werte von 195 g/PSh. Dieselmotoren bieten seines Erachtens keinen wesentlichen Vorteil gegenüber Ottomotoren, falls der für sie bestimmte Brennstoff nicht verbessert werden kann und die Motorleistung nicht 2000 PS oder darüber beträgt. Ein weiterer Redner sah die heutige Bedeutung des Dieselmotors vor allem in den billigeren Brennstoffkosten.

mehr sich Flugzeuge als Verkehrs- und Transportmittel durchsetzen, je länger die Flugstrecken werden und je stärker das Flugwesen von kaufmännischen Gesichtspunkten
beherrscht wird. Die Turbinengröße ist freilich durch die Leistung beschränkt, die eine
Schraube noch aufnehmen kann (der 3200 PS-Fiat-Rennmotor des Flugzeuges in Abb. 186
arbeitete auf zwei gegenläufigen Schrauben). Da die Geschwindigkeit ihrer Spitzen 300 m/s
nicht übersteigen darf, werden Schrauben mit zunehmender Leistungsaufnahme auch immer
schwerer (nach Goßlau beträgt das Gewicht einer 1000 PS-Verstellschraube rd. 200 g/PS).
Die größte Leistung einer Dampfturbine wird aber weiter dadurch eingeschränkt, daß
die gesamte Antriebsleistung aus Rücksichten der elementarsten Betriebssicherheit immer
soweit unterteilt werden muß, daß das Flugzeug mindestens bei Versagen eines Antriebes
seine Reise noch sicher beenden kann. Gerade bei Transozeanflügen ist der Flugsicherheit
wegen angemessene Unterteilung der Maschinenanlage unerläßlich. Aber auch Festigkeits-
und Strömungsrücksichten dürften hierzu zwingen. Ob man zwecks Gewichtsersparnis
gegebenenfalls mehrere Turbinen auf einen Kessel
schalten soll, hängt davon ab, mit welcher Betriebssicherheit sich Flugzeugkessel bauen lassen
werden.

c) Betriebssicherheit. Dampfantriebe sind
aber zweifellos hinsichtlich Betriebssicherheit,
Einfachheit, Preis und anspruchsloser Wartung
Verbrennungsmotoren grundsätzlich überlegen.
Es kann als fast sicher gelten, daß die Zeit zwischen zwei Überholungen mit zunehmender Ausnutzung der Volleistung bei ihnen lange nicht so
schnell abnimmt wie bei Verbrennungsmotoren,
Abb. 179. Zu den billigeren Brennstoffkosten
treten dadurch Ersparnisse an Anlage- und Unterhaltungskosten. Außerdem ist es wohl möglich,
ja wahrscheinlich, daß die Spanne zwischen Nenn-

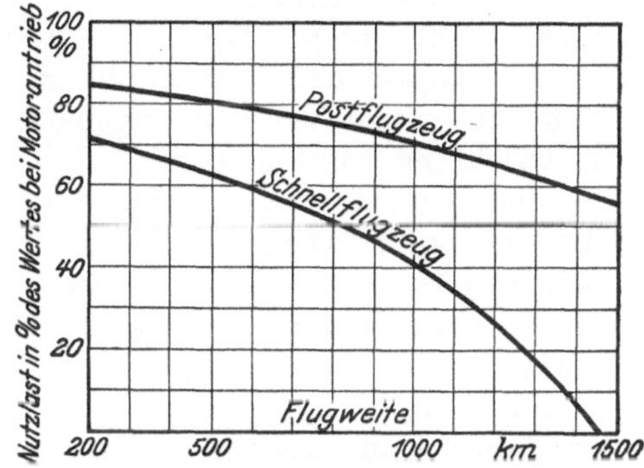

Abb. 202. Ungefährer Prozentsatz der Nutzlast bei
einem dampfangetriebenen Post- bzw. Schnellflugzeug
von den bei motorischem Antrieb erreichbaren
Werten in Abhängigkeit von der Länge
der Flugstrecke.

leistung und Reiseleistung kleiner sein kann als bei Verbrennungsmotoren. Das würde
aber auf ein entsprechend kleineres Einheitsgewicht von Dampfantrieben hinauslaufen, als
es den vorstehenden Betrachtungen zugrunde gelegt wurde. Bei stark belasteter Maschinenanlage ist eigentlich nur die Heizfläche im Feuerraum, nicht der übrige Teil von Dampfantrieben gefährdet. Sie läßt sich aber insbesondere bei Zwanglaufkesseln sicher und
so bauen, daß sie schnell und mit wenig Kosten ausgewechselt werden kann. Zudem ist
es mit einem geringen Mehraufwand an Gewicht möglich, den Feuerraum so zu gestalten,
daß gefährliche Überlastungen kaum zu befürchten sind. In diesem Zusammenhang
verdienen die Ausführungen auf S. 64 Beachtung. Daß Fehler der Bedienung oder
Versagen automatischer Regelapparate bei Dampfantrieben nicht so großen Schaden wie
bei Ottomotoren anrichten können, zeigen die Darlegungen auf S. 92.

Der größte unsichere Faktor in unseren Betrachtungen ist die Kondensation, von
deren befriedigender Lösung die Aussichten von Dampfantrieben noch stärker ab-
hängt als vom Bau brauchbarer Kessel. Es ist durchaus möglich, daß die endgültige
Lösung des mit Dampfkraft betriebenen Flugzeuges eine Abkehr von der üblichen
Flugzeugform bringen wird. Gegenüber diesen Punkten treten sonstige mit dem Dampfantrieb zusammenhängende Schwierigkeiten, wie Anlassen, Erzeugen eines ausreichenden
Vakuums im Kondensator beim Start usw. zurück, so bedeutungsvoll auch die Lösung
dieser Aufgaben ist.

d) Schluß. Infolge der eigenartigen, oben geschilderten Verhältnisse im Flug-
verkehr wird der Wettbewerb von Dampfantrieben nicht leicht sein. Er wird aber durch
die Verbesserungen der letzten Zeit an Dieselmotoren noch weiter erschwert, so daß
trotz der unverkennbaren Vorzüge von Dampfantrieben die Frage, ob sie sich in absehbarer Zeit im Flugzeug Eingang werden verschaffen können, ganz offen bleibt. Jedenfalls
wird ihre Einführung eine schwere, dornenvolle, viel Zeit und Geld verlangende Aufgabe
sein. Dampfantriebe befinden sich beim Wettbewerb mit Verbrennungsmotoren in einem

eigenartigen Dilemma. Um im Gewicht und Brennstoffverbrauch mitzukommen, müssen sie leicht, aber mit all den Vorrichtungen ausgestattet sein, die trotz der mäßigen Luftleere im Kondensator zum Erreichen eines niederen Brennstoffverbrauches nötig sind. Außerdem müssen mindestens ihre Unterhaltungskosten, wahrscheinlich auch ihre Anschaffungskosten wesentlich niederer, ihre Betriebssicherheit jedoch größer als bei Verbrennungsmotoren sein. Es wäre zwecklos, Dampfantriebe zu bauen, die zwar verhältnismäßig wenig wiegen und nicht erheblich mehr Brennstoff verbrauchen als Dieselmotoren, ihnen aber in Betriebssicherheit, Anlage- und Unterhaltungskosten nicht mindestens gleichwertig sind. Man darf aber nicht übersehen, daß — wie gerade die in der letzten Zeit an Dieselmotoren erzielten Fortschritte zeigen — im Flugwesen mit Überraschungen gerechnet werden muß, die plötzlich eine ganz neue Sachlage schaffen können. Auch Mehrfach-Dieselmotorenantriebe für große Flugzeuge bleiben bei aller Anerkennung der ausgezeichneten Eigenschaften des Dieselmotors vielgliedrige und unter Bedingungen arbeitende Maschinen, die den sonst bei Antrieben großer Leistung üblichen Grundsätzen nicht recht entsprechen. Die Aussichten von Dampfantrieben werden daher letzten Endes hauptsächlich davon abhängen, ob das Verkehrsflugwesen sich mit den erwähnten Schwächen von Verbrennungsmotoren auf die Dauer abfindet. Schließlich wurden der Entwicklung wohl keiner anderen Maschine in kaum zwei Jahrzehnten so ungeheure Summen geopfert wie Flugzeugmotoren. Wären lediglich wirtschaftliche Rücksichten maßgebend gewesen, so hätten sie und das ganze Flugwesen nicht annähernd ihren heutigen Stand erreicht. Selbst am Ende des Weltkrieges war die Motorleistung trotz der aufgewendeten Mittel noch recht bescheiden. Seit 1918 wurde sie von 260 auf über 1000 PS und die Fluggeschwindigkeit auf fast das 3fache erhöht, das Einheitsgewicht von 1,5 auf 0,5 kg/PS verringert und die Flugsicherheit außerordentlich verbessert. Es ist daher kein uferloser Optimismus, wenn man annimmt, daß es mit angemessenen Mitteln in absehbarer Zeit auch gelingen müßte, Flugzeugdampfantriebe zu bauen, die mindestens auf gewissen Gebieten Verbrennungsmotoren gleichwertig oder überlegen sind. Es ist wohl möglich, daß das von Hilaire Belloc über die Großen der Weltgeschichte geprägte Wort „Die Früchte, die das Werk eines Mannes trägt, sind niemals diejenigen, die er erwartet. Immer gibt es eine Nebenwirkung, die nach einer gewissen Zeit als die Hauptwirkung erscheint" sich eines Tages auch bei den Bemühungen um die Entwicklung von Dampfantrieben für Flugzeuge bewahrheiten wird.

IV. Schlußbetrachtungen.

Professor Alois Riedler, 1850 bis 1936.
Hervorragender Hochschullehrer, erkannte als einer der ersten die wirtschaftliche Bedeutung hoher Drehzahlen (Schnellbetrieb).

1. Erfahrung, Phantasie und Hingabe. Das Bild, das dieses Buch vermitteln will, wäre lückenhaft und die Wege, die zu dem in ihm herausgestellten Ziel führen, wären unvollständig angegeben, wenn es nicht zum Schluß noch einige allgemeine für den Erfolg wichtige Fragen erörterte. So wie eine Maschine trotz an sich richtiger Berechnung versagen kann, weil letztere auf falschen Annahmen beruht, so trägt die Tätigkeit vieler Ingenieure deshalb keine ihren Anstrengungen entsprechenden Früchte, weil sie sich nie über einige für den Erfolg unerläßliche allgemeine Voraussetzungen klar geworden sind. In Ergänzung von Ausführungen in meinem Buche „Dampfkraft" gehe ich daher auch hier auf einige Zusammenhänge ein, über die in technischen Abhandlungen aber anscheinend auch auf den technischen Lehranstalten kaum etwas gesagt wird, obgleich ohne ihre Kenntnis der einzelne weder die Leistungen vollbringen, noch die innere Befriedigung finden kann, die auf Grund seiner Begabung und seines Fleißes an sich erreichbar wären. In den vorausgegangenen Abschnitten wurde immer wieder gezeigt, welche Unzahl von Punkten aus den verschiedensten Wissensgebieten selbst bei einfach gelagerten Fällen beachtet werden muß, welch wichtige Rolle also die Erfahrung beim technischen Schaffen spielt. Trotzdem ist sie nur eine der Voraussetzungen des Erfolges. Außer Erfahrung, d. h. der geordneten Kenntnis zahlloser Einzeltatsachen, bedarf es nämlich zum Schaffen von etwas Neuem der Gabe ihrer sinnvollen und neuartigen Kombination, d. h. der Phantasie. Hierzu muß sich als dritte Voraussetzung die oft viel Geduld und Beharrlichkeit verlangende Fähigkeit, zwischen einander widersprechenden Forderungen einen guten Ausgleich zu finden; die Schwierigkeiten technischer und menschlicher Art, die sich allem Neuen entgegenstellen, zu überwinden; mit der stürmischen Entwicklung der Technik auf dem laufenden zu bleiben, d. h. die Hingabe ans Werk gesellen.

2. Erfahrung und Erziehung. Das Erwecken dieser drei Eigenschaften im technischen Nachwuchs und ihre Hege und Förderung im späteren Leben ist für den Erfolg eines einzelnen Werkes und der Technik eines ganzen Landes unerläßlich.

Systematisches Sammeln von Einzeltatsachen bedingt aber zum Teil andere Charaktereigenschaften als ihre schöpferische Kombination, und nur verhältnismäßig wenige Menschen haben die Einsicht, den Willen und die Energie, Mängel an sich in der einen oder anderen Hinsicht auszugleichen und zu einer glücklichen Synthese beider Fähigkeiten zu kommen.

Die Vielgestaltigkeit der Technik sollte nicht dazu verführen, die Studierenden mit möglichst vielerlei Wissen vollzustopfen, weil sie es gar nicht verdauen können, weil es sie zur Überheblichkeit und Flüchtigkeit verleitet, ihnen nie die Bedeutung gründlicher Kleinarbeit klar werden und zum Aneignen von Fähigkeiten nicht mehr genügend Zeit läßt, ohne die sie weder wirkliche Führer ihrer Gefolgschaft noch Persönlichkeiten werden können, die auch außerhalb ihres Berufes etwas darstellen. Die Aneignung eines dem Umfang nach zwar beschränkten, aber soliden Wissens in den grundlegenden technischen Fächern während des Studiums reicht für die meisten Ingenieure sowieso aus und befähigt diejenigen, die in selbständige Stellungen aufrücken, sich das Sonderwissen schnell anzueignen, das sie dort benötigen. Studenten sollten aber immer wieder auf die großen Zusammenhänge und Fragen von allgemeiner Bedeutung hingewiesen werden. So, wie oft nicht der Ingenieur mit dem besten Fachwissen am erfolgreichsten ist, so ist er auch häufig nicht der geeignetste Lehrer, jedenfalls dann nicht, wenn er seinen Schülern außer technischen Dingen nichts zu sagen weiß.

Ein tüchtiger junger Ingenieur wird nach seinem Eintritt in den Beruf sein Streben vor allem darauf richten, sich das anzueignen, was ihm am meisten fehlt, Erfahrung. Dies und die Einordnung der einzelnen Tatsachen in ein logisches System, wodurch er sie von ihrem zufälligen Charakter befreit, nimmt seine Kräfte jahrelang in Anspruch. Unter dem Eindruck des auf sie einströmenden Neuen neigen aber viele zum Unterschätzen eines gediegenen theoretischen Wissens und manche kommen überhaupt nie zu einem vernünftigen Ausgleich zwischen Theorie und Praxis, sondern bleiben ihr Leben lang Routiniers und Empiriker, die eine auffallende Erscheinung ebenso leicht überschätzen, wie sie ohne Prüfung ihrer Ursachen oft achtlos über sie hinweggehen.

3. Erfahrung und technisches Schrifttum. Bei vielen Ingenieuren kommt aber der Augenblick, wo Mangel an Zeit infolge ihrer zunehmenden Obliegenheiten sie zum Verzicht auf die Beschäftigung mit Einzelheiten zwingt. Es entgeht ihnen infolgedessen manche Erfahrung, die ihren nur für einen engeren Pflichtenkreis verantwortlichen Fachgenossen zufließt. Diesen Nachteil müssen sie durch gediegenere wissenschaftliche Bildung, sichereres Urteil, überlegene geistige Beweglichkeit und fruchtbarere Phantasie ausgleichen, wenn ihnen auch der reine Spezialist in Sonderfragen hin und wieder voraus ist. Aber auch sie müssen auf den verschiedensten Gebieten auf dem laufenden bleiben und sich über auftauchende Fragen wenigstens in großen Zügen schnell unterrichten können. Ein hervorragendes Mittel hierzu sind Veröffentlichungen, wie sie z. B. Verbände über ihr Arbeitsgebiet herausgeben, und Fachzeitschriften. Leider kommen viele ausgezeichnete Abhandlungen infolge ihrer unzweckmäßigen Abfassung nur einem kleinen, vorwiegend aus Spezialisten bestehenden Kreise zugute und verlieren viel von ihrer an sich unschwer möglichen Breitenwirkung. Der dadurch verursachte Verlust an wertvollen Erfahrungen für die Allgemeinheit ist außerordentlich. Viele Verfasser übersehen nämlich völlig, daß die Notwendigkeit, trotz weitgehender Spezialisierung auf den verschiedensten Gebieten auf dem laufenden zu bleiben, und das Tempo der modernen Technik zu einer anderen Berichterstattung als vor 15 bis 20 Jahren zwingen, wenn sie ihren Zweck erfüllen soll. Die industrielle Stärke eines Landes hängt aber erheblich von einer zweckmäßigen technischen Berichterstattung ab. Insbesondere 2 Hauptmängel kehren auch in gehaltvollen Abhandlungen immer wieder: Ihre zu große Länge und ihre Belastung mit Dingen, die nicht nur zum Verständnis der Arbeit entbehrlich sind, sondern das schnelle Auffinden dessen, worauf es ankommt, erschweren[1]. Ungebührlich viel Raum wird oft auf das Beschreiben einer Versuchsanordnung, das Ableiten verwickelter, vielen Lesern unverständlicher mathematischer Formeln und ähnliches verschwendet; Wichtiges wird mit Unwichtigem durcheinandergemischt, und die natürliche Entwicklung des Themas immer wieder durch solche Abschweifungen unterbrochen. Dabei ließen sich nebensächlichere Dinge meist leicht in einem Anhang bringen, wodurch den Spezialisten nichts verloren ginge, die Allgemeinheit aber sehr viel gewänne.

4. Gesunder Menschenverstand und Theorie. Theorie ist nur ein, wenn auch wichtiges Mittel zum technischen Erfolg. Ihre nutzbringende Anwendung scheitert aber nicht selten daran, daß ein Ingenieur in der Handhabung der theoretischen Hilfsmittel, vor allem der Mathematik, zwar gewandt, aber in der Festlegung der Voraussetzungen, auf denen er seine Rechnungen aufbaut, oder in der Anwendung ihrer Ergebnisse nicht glücklich ist. Viele schwere Mißerfolge in der Technik rühren weniger von fehlerhaften Feinheiten

---

[1] Kennzeichnende Beispiele hierfür sind manche gehaltvolle, aber sehr unzweckmäßig aufgezogene, für Ingenieure bestimmte Abhandlungen über chemische Speisewasseraufbereitung oder metallurgische und Festigkeitsfragen. Auch sonst ist der Hang zur Breite in Deutschland bedauerlich stark. Zum Beispiel haben mir 60 Seiten starke Berichte über einfache Abnahmeversuche zum Wirkungsgradnachweis an ganz normalen Kesseln vorgelegen, deren Verfasser sich offenbar nie gefragt haben, woher ihre Auftraggeber die Zeit zum Studium derartiger Wälzer nehmen sollen.

der Berechnung als von groben Irrtümern bei der allgemeinen Beurteilung eines Problemes her. Gesunder Menschenverstand, der die grundsätzliche Richtigkeit eines bestimmten Vorgehens mit Hilfe einiger einfacher Überlegungen schnell kontrollieren kann, ist fast immer wertvoller als theoretische Spitzfindigkeiten und der sicherste Schutz gegen ungebührliches Überschätzen theoretischer Erwägungen.

Bei einer Kesseltrommel mit angekümpelten Böden ist z. B. der Kraftfluß zweifellos günstiger als bei eingenieteten, und die Wandstärke von Siederohren aus legiertem Stahl kann dünner als bei gewöhnlichem sein. Wenn aber ein Sachverständiger deshalb bei einem normalen 15 at-Sektionalkessel zu einer Obertrommel mit angekümpelten Böden rät oder seinem Kunden vorrechnet, daß sich bei einem hochlegierten Stahl die Wandstärke der Siederohre eines ortsfesten Zwanglaufkessels für hohen Druck von 3 auf 2,5 mm verringern und dadurch erhebliches Gewicht sparen lasse (ohne zu bedenken, daß die größere Wandstärke werkstättentechnisch vorteilhafter ist und Sonderstähle nur in wirklich notwendigen Fällen verwendet werden sollten), so hat er „theoretisch" zwar recht, man kann aber bezweifeln, ob seine Ratschläge für den Kesselbesteller nützlich sind. Für die Kesselindustrie sind sie es bestimmt nicht, weil sie zu einer nutzlosen Verteuerung ihrer Erzeugnisse führen, die im Inland eine Zeitlang tragbar sein mag, nicht aber im internationalen Wettbewerb.

Unsere Kraftmaschinen bauende und unsere Kraftmaschinen verwendende Industrie sind ja nicht zwei Organismen mit voneinander unabhängigem Eigenleben, sondern Glieder einer gemeinsamen Volkswirtschaft. Auf die Dauer kann daher keine ohne Schaden auf Kosten der anderen leben. Aber auch der Wettbewerb auf fremden Märkten wird erschwert oder verunmöglicht, wenn die für das Inland bestimmte Erzeugung durch überflüssige Vorschriften und Sonderwünsche belastet wird, oder man müßte zweierlei Sorten von Maschinen bauen, die eine für den deutschen, die andere für den ausländischen Bedarf, was erst ein rechtes Unding wäre.

Sicher bauen ist ein ausgezeichneter Grundsatz. Statt aber die gesamte Erzeugung durch ein Übermaß von Sicherheitsvorschriften und Kontrollen zu verteuern und damit gewissermaßen die Kosten jeder Maschine mit einer Versicherungsprämie gegen das Auftreten aller unter besonders ungünstigen Verhältnissen irgendwie denkbarer späteren Anstände zu belasten, ist es auch für den Käufer oft vorteilhafter, wenn billiger gebaut und im einen oder anderen Falle für das Beheben von Anständen später ein zusätzlicher Betrag aufgebracht wird. Ein Überhandnehmen der Neigung zu übertriebenen oder überflüssigen Sicherheits- und anderen, die freie Verfügung der Industrie beeinträchtigenden Vorschriften führt im Laufe der Zeit leicht zu einer Verkümmerung des betreffenden Zweiges der Technik, weil es die Initiative und die Bereitwilligkeit, Risiken auf sich zu nehmen, lähmt, die im Interesse eines gesunden Fortschrittes getragen werden müssen. Das Streben nach absoluter Sicherheit ist eine Chimäre. Es kann wohl pflichteifrige geschäftige Bürokraten, aber keine unternehmungslustigen Ingenieure hervorbringen.

Ähnlich wichtig wie gesunder Menschenverstand ist die Fähigkeit, „sehen" zu können und geistige Beweglichkeit, denn die Wahrheit „Nichts ist so beständig wie der Wechsel" gilt für die moderne Technik in besonderem Maße. Ein Hauptfeind des technischen Fortschrittes ist aber die instinktive Abneigung der meisten Menschen gegen das Ungewohnte und Neue, weil es sie in vertraut gewordenen Gedankengängen stört. Dieser Umstand und nicht mangelhaftes Fachwissen sind an vielen Fehlbeurteilungen der Aussichten neuer Ideen und Erfindungen schuld. Die Fähigkeit, diese Schwäche immer wieder bei sich und anderen zu überwinden und das Neue auch da, wo es lieb gewordene Gewohnheiten erheblich stört, leidenschaftslos auf seinen Wert zu prüfen, ist in rein technischer wie allgemein menschlicher Hinsicht überaus wertvoll und muß daher mit allen Mitteln erworben und gefördert werden.

Dazu kommt die für den Ingenieur unerläßliche Notwendigkeit, sehen zu lernen, zumal auf Entwicklung und Benutzung keines anderen Organes unseres Körpers Generationen hindurch so wenig geachtet wurde, wie auf die des Auges, dieses unübertroffen schnellen Rechenmeisters und unbeirrbaren Statikers.

5. Gesunder Menschenverstand und Konstruktion. Erste Voraussetzung jedes dauernden industriellen Erfolges ist gutes Konstruieren, dann erst kommen, so unerläßlich sie natürlich sind, gute kaufmännische Leitung, Fertigung und Werbung. Je schneller Erfindungen und technische Fortschritte aufeinander folgen, um so wichtiger sind Konstrukteure, die neue Ideen mit einem Mindestaufwand an Geld, Zeit und Umwegen in lebensfähige Formen zu gießen verstehen, die bekannten Konstruktionen überlegen sind und mit einem solchen Nutzen verkauft werden können, daß das für ihre Entwicklung verausgabte Geld in angemessener Zeit wieder hereinkommt und darüber hinaus ein Gewinn, der weitere Fortschritte ermöglicht. Fehlen gute Konstrukteure oder können sie sich in einem Unternehmen nicht durchsetzen, so wird auch aus brauchbaren Ideen nie eine brauchbare Konstruktion oder ihr Werden ist von einer Unsumme von Rückschlägen, ihr Verkauf von andauernden Reklamationen und ärgerlichen Auseinandersetzungen mit der Kundschaft begleitet. Das Auf und Nieder im Leben einer Reihe von Maschinenfabriken, in deren Verhältnisse ich durch vieljährige Beziehungen habe Einblick gewinnen können, war fast stets begleitet von den über- oder unterdurchschnittlichen Fähigkeiten ihrer Konstrukteure oder doch von dem Verständnis, das die leitenden Persönlichkeiten der betreffenden Firmen für gutes Konstruieren hatten und der Auswirkungsmöglichkeit, die sie tüchtigen Konstrukteuren verschafften.

Wenn heute immer allgemeiner über den schweren Mangel an guten Konstrukteuren geklagt und nach einer Änderung gerufen wird, so ist zu bedenken, daß die Zahl der konstruktiv Begabten erheblich kleiner als die Zahl derjenigen ist, die sich für andere technische Betätigung eignen. Es wäre aber ebenso zwecklos, junge Leute ohne konstruktive Veranlagung zu Konstrukteuren auszubilden zu versuchen, wie wenn man Getreide auf einem Acker ernten wollte, auf dem kein Korn gesät wurde. Bei der Ausbildung von Konstrukteuren auf den technischen Lehranstalten kommt es unter anderem darauf an, den jungen Leuten über die anfängliche Entmutigung hinweg zu helfen, die auch konstruktiv Begabte so leicht befällt und abschreckt, wenn sie erstmals in ihrem Leben vor die Aufgabe gestellt sind, etwas zu gestalten, was noch nicht existiert, und im buchstäblichen Sinne des Wortes nicht wissen, wo und wie beginnen.

Eine Wendung zum Besseren ist nicht zu erwarten, solange der Ingenieurnachwuchs nicht die Überzeugung gewinnt, daß er als Konstrukteur in der Praxis nicht nur anfänglich ebensogut weiterkommt wie seine anderen Zweigen der Technik sich widmenden Kollegen, sondern daß ihm bei entsprechenden Leistungen auch erste Stellungen offen stehen. Dieses Vertrauen ist schwer erschüttert, und solange es nicht wieder hergestellt sein wird, ist ein grundsätzlicher Wandel nicht zu erwarten.

Ragt aber in einem Unternehmen aus der Schar guter Konstrukteure ein besonders begabter hervor, so sollte man ihm geldlich und, was seinen Einfluß betrifft, eine solche Stellung einräumen, daß er nicht in die Versuchung kommt, auf ein für ihn lukrativeres Gebiet hinüberzuwechseln. Man sollte ihn auch nicht mit sonstigen Aufgaben belasten, die andere ebensogut verrichten können. Besonders niederdrückend für gute Konstrukteure ist es, wenn andere in wichtigen konstruktiven Fragen mitentscheiden wollen, die weder selbst konstruieren können, noch Verständnis für eine gute Konstruktion haben.

Aber auch die Tätigkeit des tüchtigen Konstrukteurs muß von dem Grundsatz der Wirtschaftlichkeit geleitet sein; nicht die Erzeugung von Maschinen an sich, sondern die Erzielung eines angemessenen Nutzens, ohne den ein Unternehmen auf die Dauer nicht leben kann, ist Endzweck jeder industriellen Betätigung. Gegen diese Erkenntnis wird hauptsächlich in zwei Richtungen gesündigt: Es werden Geldmittel von einer untragbaren Höhe für die Entwicklung von Maschinen verausgabt, von denen man sich bei nüchterner Überlegung hätte sagen müssen, daß sie der günstigenfalls mögliche Umsatz nie wieder hereinbringen kann. Der zweite Fehler ist, Neuerungen lediglich des Neuen und nicht positiver Vorteile oder ausgesprochener Bedürfnisse wegen herauszubringen. Bei mancher Erscheinung aus dem Kraftmaschinenbau der letzten Zeit kann man sich nicht des Eindruckes erwehren, daß ihr Hauptzweck der ist, den Beweis zu führen, daß eine Aufgabe auch anders als auf bekannte und erprobte Weise gelöst werden kann. Für andere Neuerungen werden so gekünstelte Vorteile in Anspruch genommen, daß es

erstaunlich ist, wie Menschen hierfür ihr Geld zu opfern bereit sind. Auch hier wäre mehr
gesunder Menschenverstand oft sehr am Platze.

6. Erfahrung und Kritik. Kritik ist in der Technik unentbehrlich, es kommt aber,
wenn sie nutzen soll, darauf an, wie sie geübt wird. Gerade reine Spezialisten stoßen oft
dadurch auf erbitterten Widerstand, daß sie es an Takt und Rücksicht auf die elementarsten Empfindungen des Kritisierten bedenklich fehlen lassen. Statt nur wirklich
Anfechtbares zu bemängeln, lassen sie an der ganzen Sache kein gutes Haar; versteifen
sich auf persönliche Liebhabereien; erklären alle von ihrer oft sehr subjektiven abweichende
Auffassungen für falsch; erlassen auf Grund von ungenügend erprobten Beobachtungen
überflüssige Vorschriften und vergessen vollständig, daß viele Aufgaben auf sehr verschiedene Weise gleich gut lösbar sind. Wenige andere Berufe schaden durch hemmungs-
loses Kritisieren und Besserwissen dem eigenen Fachgenossen und Standesbewußtsein
so schwer wie Ingenieure.

Ein Ingenieur mit eigenen Leistungen wird in der Beurteilung fremder schon deshalb
zurückhaltend sein, weil er weiß, wie schwer es ist, Neues zu schaffen und zu erkennen,
„ob er auf der dünnen Linie steht, die Erfolg und Fehlschlag manchmal voneinander
trennt" (Hibbard). Viele „erfolglose Vorgänger" sind ja keine nutzlosen Versager,
sondern unentbehrliche Stufen auf dem Wege zum schließlichen Erfolg, denn große
Erfindungen entspringen nicht, wie so viele glauben, der Pallas Athene gleich fertig einem
begnadeten Gehirn, ja selbst ihre eigenen Väter erkennen ihre Bedeutung oft erst allmählich und spät. Wie gerade die Luftfahrt beweist, sind zur Verwirklichung großer technischer Gedanken hohe menschliche Eigenschaften, wie Geduld, Beharrlichkeit, Selbst-
vertrauen und Hingabe ebenso nötig wie überragendes technisches Können. Aber auch
beim Erfinden steht der Aussicht, Ruhm und klingenden Lohn zu ernten, das Risiko des
Verkanntwerdens, des Zufrühkommens oder des Versagens der Kräfte vor Erreichen des
Zieles gegenüber. Solange es Erfinder gibt, wird es daher unter ihnen außer Phantasten
und Charlatanen auch immer Märtyrer geben.

Literaturverzeichnis[1].

„Atlantik-Schnelldampfer Queen Mary". RTA-Nachr., 19. Aug. 1936.
Bailey, Smith a. Dickey: „Steamotive." Mech. Engng. 1936 S. 771. Abb. *49* bis *52*.
Bauer, G.: „Die praktische Grenze von Hochdruckheißdampf im Schiffsbetrieb." Werft Reed. Hafen 1934
S. 1553.
Bauer, G.: „Hochdruck-Schiffsturbinen-Anlagen mit Kesseln für natürlichen Umlauf." Werft Reed. Hafen
1936 Heft 6. Abb. *29* bis *31*, *103* bis *108*, *110*, *111*, *128*.
Bdt.: „Deutsche Flüge über den Nordatlantik 1936." Z. VDI 1936 S. 1379. Abb. *2*.
Bergmann, W.: „Die Energieträger für den Eisenbahnbetrieb." Z. VDI 1937 S. 445.
Biedermann u. Ulrichs: „Der Schnelldampfer „Scharnhorst" für den Ostasien-Dienst des Norddeutschen
Lloyd." Schiffbau 1933 S. 139.
Bleiken, B.: Ostasien Schnelldampfer „Potsdam". Z. VDI 1935 S. 969. Abb. *116*.
Bock: „Treibgasbetriebe in Kraftfahrzeugen." Automob.-techn. Z. 1936 S. 549.
Boden, F.: „Neuerungen im Personenwagenbau der Deutschen Reichsbahn." Z. VDI 1935 S. 1467.
Abb. *136*, *137*.
Breuer, M.: „Schnelltriebwagen der deutschen Reichsbahn." Z. VDI 1935 S. 1111. Abb. *1*, *147*, *149*,
150, *166*.
Brobeck, W. M.: „Steam power and aircraft." Vortrag vor der A.S.M.E.
Buchli: „Anregungen zu neuzeitlichen Dampflokomotiven." Schweiz. Bauztg. 1936 S. 113. Abb. *139* bis *146*.
Büchi, A. J.: „Supercharging of internal-combustion engines with blowers driven by exhaust-gas turbines."
Trans. Amer. Soc. mech. Engr., Februar 1937.
Capson, R. S.: „Einige Probleme der Motorenforschung." Luftwissen Dezember-Sonderheft 1935 S. 28.
Culemeyer, H.: „Der Kraftwagen im Dienst der Reichsbahn." Z. VDI 1935 S. 1256.
„Dampfantrieb in Flugzeugen." Z. VDI 1934 S. 1456.
„Das Erdöl der Welt und die Kriegswirtschaft." RTA-Nachr. 13. Nov. 1935.
Dawson, Ph., Sir: „Road, rail and fuel." J. Inst. Fuel 1936.
„Der italienische Turbinenschnelldampfer Conte di Savoia." Schiffbau 1933, S. 196.
„Der Schnelldampfer Bremen." Z. VDI 1930 S. 653.
„Der Schnelldampfer Normandie der Compagnie Générale Transatlantique." Schiffbau 1935 S. 257.

---

[1] Die Zahlen in Kursivschrift geben die Nummern der Abbildungen dieses Buches an, die der betreffenden
Arbeit entnommen sind.

„Der Vierschrauben-Turbinen-Schnelldampfer Imperator." Z. VDI 1914 S. 993.

Deutsche Allgemeine Zeitung.

„Die Verkehrsflugzeuge der deutschen Lufthansa A.G." Werbeschrift.

Dight, S. R.: „Naval water-tube boilers." Engineering 1936 S. 409.

Dörr u. Sturm: „Das Zeppelin-Luftschiff L. Z. 129." Z. VDI 1936 S. 377. Abb. *17, 177, 178.*

en.: „Die deutsche Erdölförderung." RTA-Nachr., 23. Dez. 1936.

Fieser, H.: „Das zweimotorige Fracht- und Postflugzeug Dornier DoF." Z. VDI 1934 S. 600.

Frahm, H.: „Die Verwendung von Höchstdruckkesseln im Schiffsbetrieb mit besonderer Berücksichtigung des Benson-Kessels." Jb. schiffbautechn. Ges. 1931. Abb. *129* bis *132.*

Friedrich, K.: „Flüssigkeitsgetriebe für Triebwagen mit Verbrennungsmotoren." Z. VDI 1935 S. 1283. Abb. *18.*

Fuchs, F. u. Graßl, R.: „1400 PS-Diesellokomotive der Deutschen Reichsbahn mit Flüssigkeitsgetriebe." Z. VDI 1935 S. 1229. Abb. *151* bis *154, 165.*

Gasterstaedt: „Vom Junkers-Flugdieselmotor." Luftwissen 1936 S. 311. Abb. *175, 176, 181, 199* bis *201.*

Gießmann, W.: „Die Klopffestigkeit der Leichtkraftstoffe." Z. VDI 1936 S. 833.

Goos, E.: „Betrieb und Ergebnisse des Benson-Kessels auf D. „Uckermark". Jb. schiffbautechn. Ges. 1931.

Goos, E.: „Neuzeitliche Schiffsantriebe unter betriebstechnisch-wirtschaftlichen Gesichtspunkten." Jb. schiffbautechn. Ges. 1934 S. 77.

Goßlau, F.: „Flugmotorenbau." Z. VDI 1935 S. 569. Abb. *182, 184* bis *186, 198.*

Goßlau, F.: „Zukunftsaufgaben des Flugmotorenbaues." RTA-Nachr. 14. Okt. 1936.

Goßlau, F. u. Noack, P.: „Luftgekühlte Flugmotoren." Z. VDI-Sonderheft „Luftfahrt" 1936 S. 117.

Gresley, H. N., Sir: „Address to Institution of Mechanical Engineers." Engineering 1936 S. 489.

Gutsche, F.: „Verstellpropeller." VDI-Sonderheft. Luftfahrt 1936, S. 29. Abb. *183.*

Hadeler, W.: „Entwicklung der ausländischen schweren Kreuzer nach dem Weltkrieg." Z. VDI 1936 S. 405. Abb. *93, 95.*

Hadeler, W.: „Entwicklung der ausländischen leichten Kreuzer nach dem Weltkrieg." Z. VDI 1936 S. 587. Abb. *95.*

Hadeler, W.: „Die Entwicklung der Zerstörer seit dem Ausgang des Weltkrieges." Z. VDI 1936 S. 1541.

Hansen: „Verbrennungskraftmaschinen und ihre Anwendung auf den Höhen-Flugmotor." Forsch.-Arb. Ing.-Wes. Heft 344 vom Mai 1931.

Hdr. „Triebwagen mit Holzkohlenantrieb." RTA-Nachr., 1. Juli 1936.

Hedler: „Das Erdöl der Welt und die Kriegswirtschaft." RTA-Nachr. 13. Nov. 1935.

Herpen, A.: „Der La Mont-Kessel." Wärme, 7. Dez. 1935. Abb. *46, 47, 48, 82, 117.*

Hibbard, H. F.: „Das Schnellflugzeug: Entwicklung und Zielsetzung." Luftwissen 1935 Dezember-Sonderheft S. 3. Abb. *190.*

Hüttner, F.: „Der thermische Wirkungsgrad des Hüttner-Motors." Arch. Wärmewirtsch. 1936 S. 269. Abb. *81.*

Imfeld, K. u. Roosen, R.: „Neue Dampffahrzeuge." Z. VDI 1934 S. 65. Abb. *155, 156, 157, 159, 172* bis *174.*

Jäger, H.: „Hydrierung-Synthese-Schwelung." Arch. Wärmewirtsch. 1936, S. 51.

Jebens, O.: Moderne Hochdruckdampfanlage für Schiffe." Werft Reed. Hafen 1934 Heft 12.

Johnson, R. E. u. Gagg, R. F.: „Engineering problems in aircraft operation at high altitudes." Engineering 1935 S. 591. Abb. *188, 189.*

Johnson, J.: „The future of steam propulsion." Engineering 1936 S. 72.

Kahlert: „Dampfantrieb von Kraftfahrzeugen." Wärme 1935 S. 543.

Laudahn: „Die doppelt wirkenden Zweitakt-Dieselmotoren der Reichsmarine." Z. VDI 1931 S. 1425. Abb. *13, 15, 16.*

Leibbrand, M.: „Fortschritt der Wirtschaftlichkeit im Schienenverkehr." Z. VDI 1936 S. 349. Abb. *133, 138.*

Leunig, G.: „Gestaltungsmerkmale neuzeitlicher Personenkraftwagen." Z. VDI 1936 S. 1173. Abb. *171.*

Liebegott, G.: „Erfahrungen an Löfflerkesseln." Z. VDI 1936 S. 1198.

Litz, W.: „Stand und Entwicklungsmöglichkeiten der mit Kohle gefeuerten Dampflokomotiven." Glückauf 1934 S. 1237.

Löffler, St.: „Das Zeitalter des Hochdruckdampfes." Z. VDI 1928 S. 1353. Abb. *60.*

Mauck, P.: „Erfahrungen mit einem Dampftriebzug." Z. VDI 1936 S. 881. Abb. *158.*

Mauck, P., Heise, v. Waldstätten u. Lüttich: „Doppelstöckiger Stromlinienzug für 120 km/h." Z. VDI 1936 S. 693. Abb. *135.*

Mitteilungen der Vereinigung der Großkesselbesitzer.

Münzinger, F.: „Dampfkraft." Berlin: Julius Springer 1933.

Münzinger, F.: „Die deutsche Energiewirtschaft." Z. VDI 1934 S. 229.

Münzinger, F.: „Die Vorteile von Zwanglaufkesseln für Hüttenkraftwerke." Stahl u. Eisen 1935 S. 1235.

Münzinger, F.: „Über leichte Kessel für schnelle Schiffe." Schiffbau 1936 Heft 4.

Münzinger, F.: „Modern forms of water-tube boilers for land and marine use." Proceedings of the Institution of Mechanical Engineers, London 1937.

Najork u. Wichtendahl: „Wirtschaftliche Betrachtungen über Dampflokomotiven mit erhöhtem Wärmegefälle." Z. VDI 1930 S. 1645. Abb. *164.*

Noack, W. G.: „Der Velox-Dampferzeuger und seine Anwendung in Hüttenwerksbetrieben." Stahl u. Eisen 1935 S. 1087. Abb. *91.*

Noack, W. G.: „Drei Jahre Velox-Dampferzeuger." Z. öst. Ing.- u. Arch.-Ver. 1936 Heft 7/8.
Nordmann, H.: „Versuchsergebnisse mit Stromlinien-Dampflokomotiven." Z. VDI 1935 S. 1226.
Nordmann, H.: „Kohlengefeuerte Dampftriebwagen." Z. VDI 1936 S. 567. Abb. *162, 163*.
Nutt, A.: „Flugmotoren und ihre Betriebsprobleme." Luftwissen 1936 S. 287. Abb. *179*.
Oetken, F.: „Die Schwelung von festen Brennstoffen und ihre Bedeutung für die Beschaffung flüssiger
    Treib- und Brennstoffe." VDI-Heft zur 74. Hauptversammlung. Abb. *5, 6*.
Pflaum: „Zusammenarbeiten von Motor und Gebläse bei Auflade-Dieselmaschinen." Sonderheft zur 74. Haupt-
    versammlung des VDI. Abb. *19*.
Pirath, C.: „Forschungsergebnisse des verkehrswissenschaftlichen Instituts für Luftfahrt Stuttgart", 3. Heft.
    München: R. Oldenbourg 1930.
Pleines, W.: „Fortschritte im Bau von Reiseflugzeugen." Z. VDI 1934 S. 1209.
Pleines, W.: „Leistungen neuzeitlicher Flugzeuge für Sport- und Reisezwecke." Z. VDI 1935 S. 57.
Pleines, W.: „Entwicklungsrichtungen im ausländischen Kriegsflugzeugbau." Z. VDI 1937 S. 89. Abb. *187*.
Pohlmann, H.: „Das Schnellverkehrsflugzeug „Junkers Ju 160" im Vergleich zu den Junkers Baumustern
    „F 13" und „W 34"." VDI-Sonderheft „Luftfahrt" 1936 S. 73.
Prescott, F. L.: „Military aircraft engines of the future." Engineering 1936 S. 157.
Preuß, M.: „Gestaltungsmerkmale neuzeitlicher Großraum-Kraftwagen." Z. VDI 1937 S. 170. Abb. *167,
    169, 170*.
„Recrudescence of steam." Mech. Engng. 1936 S. 769.
Relf, E. F.: „Modern developments in the design of aeroplanes." Engineering 1936 S. 513.
Ricardo: „Der Fortschritt des Verbrennungsmotors und seiner Kraftstoffe." Luftwissen 1936 S. 73.
Rixmann: „Leuchtgasbetriebe von Fahrzeugmotoren." Z. VDI 1936 S. 627.
Römer, E.: „Schneller fliegen — billiger fliegen." RTA-Nachr., 5. Febr. 1936.
Rohr, von: „Die Hochdruck-Dampfturbinen- und Kesselanlage der „Tannenberg". Werft Reed. Hafen 1935
    S. 344.
RTA-Nachrichten. Abb. *3, 4*.
Ryssel: „Klärgas als Kraftstoff für die Fahrzeug der Gemeinden." Z. VDI 1936 S. 1290.
Saß: „Der Dieselmotor im Verkehr." Z. VDI 1930 S. 823.
Schmidt, F.: „Die Entwicklung der Dieselflugmotoren." VDI-Sonderheft „Luftfahrt" 1936 S. 110.
Schöne O.: „Der gegenwärtige Stand der Dampftechnik in Deutschland." Z. VDI 1936 S. 1010. Abb. *21, 23*.
Schultes, W.: „Die Verwendung fester Brennstoffe zum Betrieb von Straßen- und leichten Schienenfahr-
    zeugen." Glückauf 1934 S. 1213. Abb. *160, 161*.
Schulz, E.: „Bericht über die Versuchsfahrt mit hemischen Treibstoffen 1935." VDI-Sonderheft mit den
    Fachvorträgen auf der 74. Hauptversammlung des Vereins Deutscher Ingenieure, S. 287. Abb. *168*.
Statistisches Jahrbuch für das Deutsche Reich. Verschiedene Jahrgänge.
„Steam coach." Engineer 1928 S. 722.
„Steam power plant on the R.M.S. „Queen Mary". Steam Engineer 1936 S. 382.
„Steam versus internal combustion engines for road vehicles." Informale Aussprache. J. Inst. Fuel 1937
    S. 203.
Straub, F. G.: „Cause and prevention of turbine plade deposits." Trans. Amer. Soc. mech. Engr. 1935 S. 447.
Stroebe: „Neue dieselelektrische Schnelltriebwagen der deutschen Reichsbahn." Reichsbahn 15. Mai 1935.
„Sulzer mono-tube marine boiler." Engineering 1936 S. 437.
„The Johnson naval type boiler." Engineer 1933 S. 648.
„The Smithfield Club show." Engineer 1926 S. 631.
Uhlig: „Der Dampfomnibus." Verkehrstechn. 1934 S. 134.
„Untersuchungen von Flugmotoren im Höhenprüfstand." Z. VDI 1933 S. 753.
Völkischer Beobachter.
Vorkauf, H.: „Dampferzeuger mit Turbine." Z. VDI 1932 S. 988. Abb. *75, 76*.
Vorkauf, H.: „La Mont-Kessel." Wärme 2. Dez. 1935.
Wagner, R.: „Die leichte Hochdruckdampfturbinenanlage in der Schiffahrt." Werft Reed. Hafen 1930 S. 268.
    Abb. *112 bis 115*.
Wagner, R.: „Dampfturbinenanlage für schnelle Zollwachtschiffe." Z. VDI 1930 S. 1597.
Whayman, W. M.: „Review of present position of marine steam boilers." Engineering 1936 S. 435.
    Abb. *118 bis 121*.
Zaepke: „Die Bedeutung der nationalen Treibstoffwirtschaft für den Dampfkessel- und Apparatebau."
    Jb. VDDA 1935.

Namenverzeichnis.

Sachverzeichnis.